U0338019

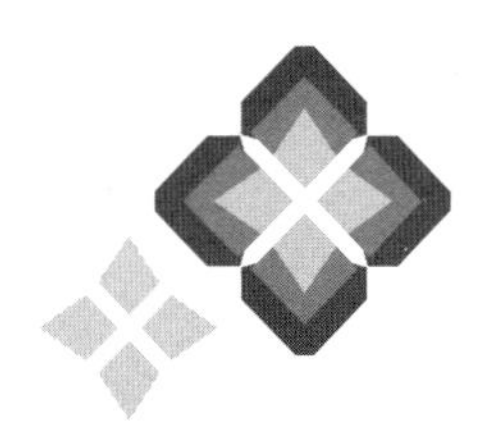

录音艺术专业“十二五”规划教材

数字音频工作站原理

雷 伟 著

中国传媒大学出版社

前　言

关于数字音频工作站的知识，近十年来已经成为录音艺术和传媒音乐学科教学当中必不可少的组成部分。从内容归属来看，数字音频工作站的相关知识毫无疑问应该属于录音设备原理课程的组成部分。但是，无论是外观形态、内部结构还是操作方法，数字音频工作站却又与传统的录音设备存在很大区别。因此，相关学科在进行课程设计时，往往将数字音频工作站的相关知识从录音设备原理中划分出来，作为一门单独的课程来展开教学。

数字音频工作站课程的教学内容可以分为数字音频工作站原理与数字音频工作站操作两个部分。但是，在很多相关专业的教学以及学生自身的学习过程中，往往突出了后者，而对前者有所忽视。造成这一现象的原因，主要有三个。

原因之一在于，工作站软件操作的实用性很强，学生只要掌握了一些基本操作方法，便可以展开声音节目的创作实践。因此，出于让学生快速上手的目的，很多相关专业忽略了对数字音频工作站原理的教学。

原因之二在于，对数字音频工作站原理的理解，是以掌握必要的计算机、录音设备和数字音频知识为前提的。对于从事声音作品创作的学生而言，他们可以通过计算机基础和录音设备原理等课程来获得关于计算机系统和录音设备的相关知识，但却并不需要（基于学科背景，通常也没有能力）完整掌握传统的数字音频技术课程所涉及的全部内容。事实上，作为数字音频工作站原理先修课程之一，数字音频技术课程的传统内容及相关教材，对于这些学生来说显得过于宽泛，针对性不够强，难度也有些偏大，这就使得数字音频技术课程在很多相关专业的教学中难以展开，从而进一步影响了数字音频工作站原理的教学。

原因之三在于，国内目前还没有一本适合的教材能够作为数字音频工作站原理教学的参考。事实上，对于不同工作站软件操作方法的介绍，国内外的相关资料已经非常丰富了，学生完全可以根据自己的需要，参考这些资料进行学习。但是，对于数字音频工作站原理的介绍，现有的中文资料却并不系统，难以满足教学和学生自主学习的要求。

尽管存在上述原因，但是在录音艺术及传媒音乐相关学科当中，对数字音频工作站原理的教学却又是必须的。这是因为，相关学科的培养目标，并不仅限于将学生培养为掌握软硬件操作方法的“操机员”，而是更希望让他们变成懂得原理、掌握方法，并具有自主学习能力和相关创作思维的声音艺术创作者。对于数字音频工作站原理的理解，不只是为了更好地进行工作站软件的操作，更是为了深入理解相关的音频系统，为进一步的学习和实践打下基础。因此，很多相关专业尽管没有专门开设数字音频工作站原理的课程，却都对增强这一部分知识的教学有着强烈的呼声。

中国传媒大学录音系是国内较早开始数字音频工作站教学的专业院系之一。早在 1997 年，录音系教师就编写了讲授数字音频工作站基础知识的专业教材。从 2005 年开始，录音系针对录音艺术专业的学生，开设了“数字音频工作站与 MIDI 概论”课程，并一直采用原理与操作并重的教学方法。2012 年，经过新一轮的教学改革，该课程被划分为“数字音频工作站原理”与“数字音频工作站操作”两门课程，前者以课堂教学的形式，集中讲授数字音频工作站原理的相关知识，后者则以学生自主学习和上机实操的方法，完成软件操作方面的训练。本书便是按照相关课程教学内容的需求，在总结若干年来的教学经验并整合现有资料的基础上，对数字音频工作站原理相关知识进行的一次系统论述。

本教材在编写过程中力图解决以上提到的各种问题。教材的主要特点为：

1. 整合了数字音频和 MIDI 技术的相关知识，难度适中，针对性较强，使得从事声音作品创作的学生可以通过本教材的学习，理解数字音频工作站以及数字录音系统的技术基础，为接下来的学习扫清障碍。

2. 专门针对数字音频工作站原理进行论述，基本上不涉及具体软件的操作细节，使得内容更为精炼，体系更为清晰。

3. 依据最新资料进行编写，尽可能体现相关领域的前沿技术。不过，由于数字音频工作站是整个声音制作系统当中发展最为迅速的一个环节，因此建议读者在阅读时更注重对基本理论的把握。

4. 紧密结合录音设备原理，使得教材的体系与先修课程具有很好的延续性，从而帮助学生在本课程中复习和巩固录音设备原理的相关知识，并加以运用。

希望本教材的出版，能够在一定程度上改变国内相关专业教学当中轻原理、重操作的现状，也能够为广大师生和音频爱好者提供一定的参考。

目　录

概论

本章要点

1. 数字音频工作站的概念和地位
2. 数字音频工作站的特点
3. 数字音频工作站的技术基础

一、数字音频工作站的概念和地位

关键术语

数字音频工作站（Digital Audio Work-station，简称DAW、音频工作站、工作站）是一种用来处理、交换音频信息及其他控制信息的计算机系统。它是随着数字音频技术和计算机技术的发展而产生的音频处理设备。它的出现，使得音频信号的录制、编辑、处理及合成变得极为便捷、高效，也为节目的自动化播出带来了技术保障。[①]

从地位上来看，数字音频工作站目前已经代替了传统的调音台、录音机、硬件效果器和硬件声音合成设备，成为录音系统和数字音频制作系统的核心设备，并在扩声和音乐现场演出等领域发挥着越来越显著的作用。毫不夸张地说，数字音频工作站的出现，是声音传播历史上的一次革命。对数字音频工作站的理解和把握，已经成为掌握现代录音系统、数字音频制作系统及相关技术的必备条件。

二、数字音频工作站的特点

相比于传统的录音和声音制作设备，数字音频工作站的主要优点表现为：

1. 操作便捷，具有可视化操作特性；
2. 基于非线性编辑，使得编辑速度大为提高；
3. 数据存储容量大；
4. 效果处理和声音合成能力强；
5. 成品输出速度快；
6. 自动化能力强，能够自动完成信号处理和节目播出；
7. 升级便捷，扩展力强；
8. 协同处理能力强，能够通过联网完成协同作业；
9. 体积小巧，便携性好。

目前，数字音频工作站相比于模拟音频设备和硬件数字音频设备的唯一缺点，可能在于其稳定性仍然不如后者。原因在于，数字音频工作站是一种计算机系统，而计算机永远存在死机的可能性，也容易受到计算机病毒的影响，此外，数字音频工作站本身强大的兼容性和扩展力也容易造成系统内部的软硬件冲突。但是，随着目前数字音频工作站的发展完全进入成熟期，它们的稳定性也在逐步提高，设计合理的工作站系统，其稳定性已经相当可靠了。

---

① 参见胡泽、雷伟：《计算机数字音频工作站》，中国广播电视出版社2005年版，第4页。

三、数字音频工作站的技术基础

数字音频工作站建构在三大技术基础之上：计算机技术、数字音频技术和录音设备技术。首先，计算机技术是数字音频工作站的技术根本。数字音频工作站归根结底就是一台添加了特殊硬件和软件的计算机，因此它的原理和操作完全建构在计算机平台上，它的发展也和计算机软硬件的发展息息相关。其次，数字音频技术是数字音频工作站的技术保障。数字音频工作站的工作方式，是将模拟信号数字化，再进行记录、编辑，或者直接进行数字声音的合成、处理，这一切都离不开数字音频技术的支持。再次，各种录音设备是数字音频工作站的技术原型。由于数字音频工作站本身属于一种录音和声音制作设备，因此，它在实际使用中的一些核心概念与传统录音设备当中的概念非常类似。比如，尽管数字音频工作站用软件调音台代替了传统的硬件调音台，但是插入、发送、母线分配、编组等概念依然存在，功能也是相似的。

此外，随着数字音频工作站功能的不断增强，MIDI 技术、网络技术、多媒体交互技术等其他技术也对它的发展产生了重大影响。可以说，数字音频工作站是录音设备中各种先进技术的集大成者，它反过来又对录音技术及录音设备的发展起到了显著的推动作用。比如，当前的数字调音台和数字音频工作站在某种程度上已经非常接近了，而某些硬件的数字效果器也开始具备按照插件方式被数字音频工作站软件调用的能力。

不过，由于数字音频工作站的具体操作是软件化的，这和传统的硬件录音设备存在很大的不同，因此数字音频工作站的相关课程应该分为数字音频工作站原理和数字音频工作站操作两个部分，前者从根本上解决对工作站系统构成和工作原理的理解，而后者则用来解决录音和声音创作过程中的软硬件操作问题。

本教材针对数字音频工作站原理展开论述，教材的内容包括数字音频技术（涵盖 MIDI 技术）和数字音频工作站系统两个部分。学生在进行本教材学习之前，应该完成计算机基础（计算机软硬件系统构成和操作方法）以及录音设备原理（传声器、扬声器、调音台、效果处理设备等传统录音设备）的学习。此外，还可以参考相关资料，扩展对数字音频技术的理解，并展开软件操作方面的训练。

思考与研讨题

1. 什么是数字音频工作站？它在现代录音系统中的地位如何？
2. 数字音频工作站有哪些优点？
3. 数字音频工作站的技术基础有哪些？

延伸阅读

1. 胡泽、雷伟：《计算机数字音频工作站》，中国广播电视出版社，2005。
2. 胡泽：《数字音频工作站》，中国广播电视出版社，2003。

chapter 1

第一章　数字音频基础

本章要点

1. 数字音频信号的概念
2. 二进制数和十进制数的相互转换
3. 补码的概念
4. PCM的三个步骤
5. 采样定理
6. 采样频率和量化精度
7. 抖动的概念及其作用
8. 时基抖晃的概念
9. 码率的概念
10. 典型的有损音频编码方案
11. 常见的数字音频文件格式

数字音频技术是数字音频工作站的技术基础之一。传统的数字音频技术课程主要包括数字音频原理与数字音频设备两个部分。本章主要介绍与数字音频工作站相关的数字音频基础知识，关于数字音频设备的知识将在第三章进行介绍。

第一节　数字音频信号

一、数字音频信号的概念

> **关键术语**
>
> 与模拟信号相反，所谓的数字（digital）信号，是一种时间轴上的离散（不连续）信号，它仅在一定的时间点上存在振幅值，从而让数字信号成为一种跳变信号。

数字信号是与模拟信号对应的概念。“模拟”（analog 或 analogue）一词，原指与当前物体类似的物体。当我们谈到模拟音频信号的时候，一般是指用其他物体的运动来“模仿”声音的波动所产生的信号，比如模拟电信号、扬声器纸盆的振动，等等。模拟音频信号的最大特点在于它是一种时间上的连续性信号，任何一个时间点上都存在一个与之对应的振幅值，这使得模拟信号成为一种渐变信号，如图 1.1 所示。

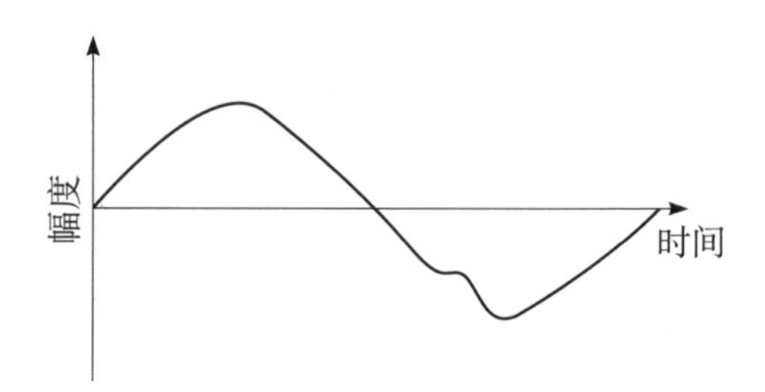

图 1.1　一个模拟信号

> **背景延伸**
>
> digital 一词来自于拉丁语的 digit，原意指的是手指。由于人们经常用手指来计数，后来这个词就用来表示“数位”这个概念。digit 一词本身就带有不连续的意思，因为人的 10 个手指是不连续的，不存在“6.7 个手指”这种概念。

典型的数字信号是二进制数字信号，它只存在不连续的两种状态，比如“0/1”、“开 / 关”、“高 / 低”、“亮 / 灭”，等等。比如，图 1.2 所示的信号就是一个二进制数字信号：

0101110101001010001010101010101011111010
1000101010101010101110010101010101010111
1101010010101011110101000101010101000100
10101010001010101010001010101010001010101……

图 1.2　一个二进制数字信号

如果这个数字信号代表的是一个音频信息，那么它就是一个数字音频信号。在本书中，除非进行专门的说明，否则涉及的所有数字信号，一律为数字音频信号。

二、数字音频信号的优点

数字音频技术的核心问题，就是模拟信号与数字音频信号之间的相互转换，即模/数转换和数/模转换问题。我们之所以要将模拟信号转换为数字信号，是因为数字信号存在很多优点。

（一）数字信号可以进行无损复制

数字信号的最大优点，可能就在于它容易进行无损复制。从理论上讲，任何复制操作都会对原始信号产生一定的干扰，从而使得原始信号发生失真。因此，模拟信号在经过了若干次复制以后，由于失真的累加，就会变得无法使用。这方面的典型例子就是对模拟音频磁带进行复制，当我们将原版磁带复制到第 3 代或第 4 代时，复制得到的磁带的音质就会变得很差，这也是磁带不需要进行版权保护的原因所在。

相比之下，对数字信号进行复制所得到的结果会完全不同。事实上，在进行复制的过程中，数字信号一样会产生失真，但是这种失真是很难让数字信号的振幅产生很大变化的。在复制以后，数字信号经过校验电路的处理，又可以生成与原始信号完全一致的结果。因此，从理论上说，对数字信号的复制是完全无损的（事实上无法实现）。正因为如此，我们日常进行的复制光盘、通过 U 盘拷贝文件、下载歌曲、发送电子邮件等一系列行为，才变得可行。

（二）数字信号容易进行加工处理

数字信号容易进行加工处理的主要原因在于，它能够被计算机识别。这样，我们就可以将各种信号处理方式转换为数字运算，然后将这些运算工作交给计算机来完成。由此，不但简化了音频处理所需要的设备，而且还能够实现自动化处理。这种通过计算机对数字音频信号进行处理的设备，实际上就是数字音频工作站。目前，它已经具备录音、转换、编辑、处理、合成、输出等一系列功能。相比之下，对模拟信号的不同处理就需要使用不同的设备来完成，使得复杂性大为增加。

（三）数字设备的成本相对较低

数字信号容易进行加工处理所带来的一个直接后果，就是数字设备相对于模拟设备来说，成本大为降低。从表面看来，数字设备似乎并没有比模拟设备便宜多少，甚至有时会更贵。但实际上，这是由于这些数字设备的功能要比同类的模拟设备丰富很多，同时声音的技术指标也会高出很多而造成的。如果一台数字设备与一台模拟设备的功能接近，那么前者往往会比后者便宜不少。如今，以数字音频工作站为核心的家庭工作室，已经具备20年前大型录音棚所具备的全部信号处理功能，而前者的设备成本只是后者的十分之一甚至几十分之一。数字音频设备低廉的价格，大大降低了录音和声音制作的门槛，从而有力地推动了个人化节目制作的发展。

第二节　二进制

上文已经谈到，最常见的一种数字信号就是二进制数字信号。二进制是最适合数字音频系统的计数方式，使用它来进行信息存储和处理是非常方便的。

一、二进制的概念

二进制是计算技术中广泛采用的一种数制。人们最熟悉的数制是十进制，即我们使用到的所有数字只有0、1、2、3、4、5、6、7、8、9这十个，比9更大的数字就是10，比99更大的数字是100，以此类推，这就是所谓的“逢十进一”。这种基数为10的计数系统对于有着10个手指的人们来说，是非常容易理解的。不过，十进制并非是唯一的数制，常用的数制还有二进制、八进制、十六进制，等等。

表1.1　四种常用的数制及数值对应关系

十六进制	十进制	八进制	16进制
0	0	0	0000
1	1	1	0001
2	2	2	0010
3	3	3	0011
4	4	4	0100
5	5	5	0101
6	6	6	0110
7	7	7	0100
8	8	10	1000
9	9	11	1001
A	10	12	1010
B	11	13	1011

续表

十六进制	十进制	八进制	16 进制
C	12	14	1100
D	13	15	1101
E	14	16	1110
F	15	17	1111

简单来说，二进制就是只包括0和1两个数字的数制。它的基数为2，进位规则是“逢二进一”，借位规则是“借一当二”。二进制发明于1679年3月15日①。尽管人们对这种数制的熟悉程度不如十进制，但它对计算机系统和数字音频设备来说却更为有效。在使用二进制以后，这些电子设备只需要使用两种状态，比如高/低、明/暗、开/关，就可以完成计数。因此，二进制使得设备的设计更为简单，而且运行速度更快。

十进制中的加、减、乘、除运算，在二进制中也适用，而且由于只有0和1两个数字，所以运算法则更为简单。比如：

二进制加法运算法则：$0+0=0$

$0+1=1+0=1$

$1+1=10$

二进制乘法运算法则：$0\times0=0$

$0\times1=1\times0=0$

$1\times1=1$

二、二进制数与十进制数的互换

在二进制的学习过程中，最初遇到的一个问题，就是如何进行二进制数与十进制数的相互转换。其实，只要理解了数制中位权的意义，这种转换就会变得非常容易。

（一）二进制数转十进制数

让我们首先来研究一个十进制数，比如：3521.76。当这个数是一个十进制数的时候，我们不需要思考就会明白它代表“三千五百二十一点七六”。但事实上，这个数所代表的实际大小，仍然是经过计算得到的。这个数当中每一位上的数字，实际的大小都是这个数字与其对应位权的乘积，因此这个数所代表的数值就是：

$3\times10^3+5\times10^2+2\times10^1+1\times10^0+7\times10^{-1}+6\times10^{-2}=3521.76$

① 〔美〕Ken C. Pohlmann 著，苏菲译：《数字音频原理与应用》(第四版)，电子工业出版社 2002 年版，第 5 页。

与此类似，当我们遇到一个二进制数的时候，也可以用相似的方法，将二进制数转换为十进制数。只不过，每一位上位权值的底数不再是 10，而是 2。例如，二进制数 110.11 转换为十进制数，就是：

$2^2\times 1 + 2^1\times 1 + 2^0\times 0 + 2^{-1}\times 1 + 2^{-2}\times 1 \rightarrow 6.75$

总结来说，将二进制数转换为十进制数的方法为：用每一位上的数字（0 或 1），乘以这一位的位权值（2^x），再进行累加，就可以了。

（二）十进制数转二进制数

十进制数转二进制数的方法，需要按照小数点前和小数点后，分别进行。

1. 十进制整数转二进制整数

十进制整数转二进制整数的方法是“除二取余法”。即对十进制整数除以二，余 0 或 1，再对得数除以二，余 0 或 1，如此类推，直到得数为 0 为止，然后从后向前排列余数即可。例如，将十进制数 250 转换为二进制数，方法为：

250/2=125　余 0　低位

125/2=62　余 1

62/2=31　余 0

31/2=15　余 1

15/2=7　余 1

7/2=3　余 1

3/2=1　余 1

1/2=0　余 1　高位

十进制的 250 →二进制的 11111010

2. 十进制小数转二进制小数

十进制小数转二进制小数的方法是“乘二取整法”。即对十进制小数乘以二，取得数中个位上的 0 或 1，然后对得数中的小数部分继续乘以二，再取得数中个位上的 0 或 1，如此类推，直到得数为 0，或者运算次数达到了系统的限制为止，最后，将取得的 0 或 1 由前到后排列在小数点后即可。例如，将十进制数 0.65 转换为二进制数，方法为：

$0.65\times 2 = 1.3$ 取 1，留下 0.3 继续乘二取整

$0.3\times 2 = 0.6$ 取 0，留下 0.6 继续乘二取整

$0.6\times 2 = 1.2$ 取 1，留下 0.2 继续乘二取整

$0.2\times 2 = 0.4$ 取 0，留下 0.4 继续乘二取整

$0.4\times 2 = 0.8$ 取 0，留下 0.8 继续乘二取整

$0.8\times 2 = 1.6$ 取 1，留下 0.6 继续乘二取整

$0.6\times 2 = 1.2$ 取 1，留下 0.2 继续乘二取整

……

这样一直运算下去，直到达到精度限制才停止。

十进制的 0.65 →二进制 0.1010011

由此可见，将十进制小数转换为二进制小数时一般会有误差。所以，这种转换只能在一定精度范围内实现近似转换。

三、负数的二进制表示

与十进制数不同，二进制数是不带正负符号的。那么，这是否意味着使用二进制不能表示负数呢？其实不然。我们可以使用“带符号的二进制”来表示负数。

所谓带符号的二进制，是指将二进制数的最高位（最左边一位）设置为符号位，如果这一位的数字是 0，整个二进制数就是正数；如果这一位的数字是 1，整个二进制数就是负数。这就意味着，这个二进制数的绝对值，由符号位右侧的若干位数字决定。因此，在使用带符号的二进制时，需要定义数值位的位数，而总的位数（比特数）为数值位数加 1。比如，10000100 这个二进制数中，总的位数是八位，最左边一位是符号位，后面的七位为数值位，该数字转换为十进制后为 –4。与之对应，00000100 转换为十进制后为 +4。

四、补码

尽管我们可以简单地用带符号的二进制数来表示正数或负数，但对于设备而言，这种方法却是无法理解的。事实上，在所有数字设备当中，二进制数都是用补码表示的。要解释什么是补码，我们首先要定义原码和反码。

（一）原码和反码

1. 原码

将一个十进制数，转换成带符号的二进制数，就是其二进制原码。

例如，如果总的位数是八位，那么：

+5 的原码为：0000 0101；

–5 的原码为：1000 0101。

2. 反码

正数的反码就是其原码；负数的反码是将原码中除符号位以外每一位取反（0 变成 1，1 变成 0）。由此，负数的反码也可理解为，将其绝对值（正数）的原码当中的所有位（包括符号位）取反后的结果。

例如，如果总的位数是八位，那么：

+5 的反码为：0000 0101（等于其原码）；

–5 的反码为：1111 1010（将 5 的原码中的所有位取反）。

（二）补码的计算方法和意义

1. 补码的计算方法

在反码的基础上，我们可以定义二进制补码的计算方法：

正数的补码就是其原码；负数的补码为其反码加 1。

例如，如果总的位数是八位，那么：

+5 的补码为：0000 0101

–5 的补码为：1111 1011（–5 的反码 +1）。

在补码系统中，有一个特殊的数字，这就是 0。由于 +0 和 –0 完全相同，所以定义 +0 的补码 =–0 的补码 =0000 0000。

因此，十进制的 –7 至 +7，用二进制补码表示为：

表 1.2　十进制的 –7 至 +7 用二进制补码表示的结果（总的位数为四位）

十进制数	二进制数	十进制数	二进制数	十进制数	二进制数
+7	0111	+2	0010	–3	1101
+6	0110	+1	0001	–4	1100
+5	0101	0	0000	–5	1011
+4	0100	–1	1111	–6	1010
+3	0011	–2	1110	–7	1001

从这个列表可以看出，补码本身也能够代表正负。最高位为 0 的数一定是正数，而最高位为 1 的数一定是负数。

2. 补码的意义

补码的意义何在呢？从表 1.2 可以看出，任何两个互为相反数的数值，比如 +5 和 –5，它们的二进制补码相加，正好等于 1 0000。实际上，补码的意义就在于，我们可以通过在原有的正数上加上其相反数的补码，来使原有正数所有的位都变为 0 ，同时在高一位的地方产生 1，从而得到一个在总的位数上增加一位的最小数值（即 1000……00）。

因此，负数的二进制补码实际上还有另外一种计算方法，这就是将负数原码中的所有位都变为 0，然后在这些 0 的左侧添 1，再用得到的这个数值减去负数的绝对值的原码。

比如，–5 的二进制补码 =1 0000–0101=1011。

不过，上述方法涉及减法，实际计算起来要比加法略微复杂，因此我们用在反码基础上加 1 的方法来代替了减法。

（三）补码的表示范围

从表面看上去，无论是使用补码还是使用带符号的二进制码，都会使某一固定位数下所能够表示的数值范围有所减少。因为，二进制数中的最高一位代表符号位，它的存在使得实际表示数值大小的位数减少了一位。

以八位二进制数为例，当它为不带符号的二进制数时，其最小值为 0000 0000，等于十进制的 0；最大值为 1111 1111，等于十进制的 255。因此，不带符号位的八位二进制数的表示范围是 [0,255]，共有 256 个数。如果采用补码，那么这个八位二进制数的最高位可以被看成是符号位，实际用来表示数值的位数减少了一位，能够表示的最大数值也就减半了。

但是，最高位是符号位同时也意味着这八位数字既可以表示正数的补码，也可以表示负数的补码。其中，0000 0000 代表十进制的 0，0111 1111 代表十进制的 +127，1000 0001 代表十进制的 –127。此外，令人略感不可思议的是，八位二进制补码还可以表示 –128。因为 128 的原码为 1000 0000（忽略符号位），按照补码的计算方法，–128 的反码为 0111 1111，因此它的补码为 1000 0000，这是八位二进制补码所能够表示的最小值。

因此，八位二进制补码的表示范围为 [–128，+127]，共有 256 个值，与不带符号位的八位二进制数所能表示的范围相同。其实，我们可以认为，经过补码运算，这八位二进制数所能够表示的范围没有变，只是整体下移了 128。

（四）补码的优点

如同上文所提到的那样，在数字音频设备中，所有的数据都是使用二进制补码表示的。这是因为补码存在一些非常突出的优点：

1. 补码能够表示正负数值。由于音频信号是一种波动信号，存在正向和负向的振幅，因此使用补码正好能够满足这种对正负数值的要求。

2. 通过补码，可以将加法运算转变为减法运算。数字 A 的原码减去数字 B 的原码，等于数字 A 的原码加上数字 B 的补码。这就使得数字设备当中不再需要设置减法器，只通过加法器即可完成所有的加减运算，从而简化了系统的设计。

3. 使用补码可以减小突发故障所引起的噪音。当数字音频设备当中的一部分出现故障时，往往会让数据中的所有位都变为 0 或 1。如果原码中的所有位都变为 1，比如 111……11，这就意味着突发性噪声达到最大。与之相反，在使用补码的情况下，000……00 和 111……11 分别对应于十进制数的 0 和 –1，这就意味着当系统出现故障时，输出的数值会保持最接近于 0 的状态。这样，就可以有效的降低突发性噪声，防止故障的扩大。

第三节　模 / 数转换和数 / 模转换

数字音频技术当中最重要的理论，就是模拟信号和数字信号之间的相互转换，分别称为模/数转换（变换）和数/模转换（变换），或称 A/D 转换（变换）和 D/A 转换（变换）。

一、模/数转换

日常生活中我们所听到的声音，是在空气当中传播的声波，这种声波是一种模拟（连续）信号。如果想用数字设备对它进行记录或处理，就必须首先将模拟信号转换为数字信号，这就是模/数转换的意义。

（一）模/数转换的基本方法

模/数转换的基本方法称为 PCM（Pulse Code Modulation），即"脉冲编码调制"。这一过程分为三个基本步骤：

1. 采样（sampling，也称取样）
2. 量化（quantization）
3. 编码（coding）

PCM 并非是唯一的模/数转换方法，但却是最为常用的一个，绝大部分的数字音频信号都是基于 PCM 变换得到的。

关键术语

采样频率（Sample Rate）可以理解为每秒钟采集的声音样本的个数。采样频率越高，即采样的间隔时间越短，则在单位时间内得到的声音样本数量就越多，对声音波形的表示也越精确，如图 1.3 所示。

（二）采样

采样又称取样，是指每隔一个相同的时间间隔在模拟声音的波形上取一个幅度值，从而把时间上的连续信号变成离散信号的过程。这一时间间隔称为采样周期，其倒数为采样频率（Sample Rate）。采样的过程也被称为脉冲振幅调制（Pulse Amplitude Modulation），简称 PAM。

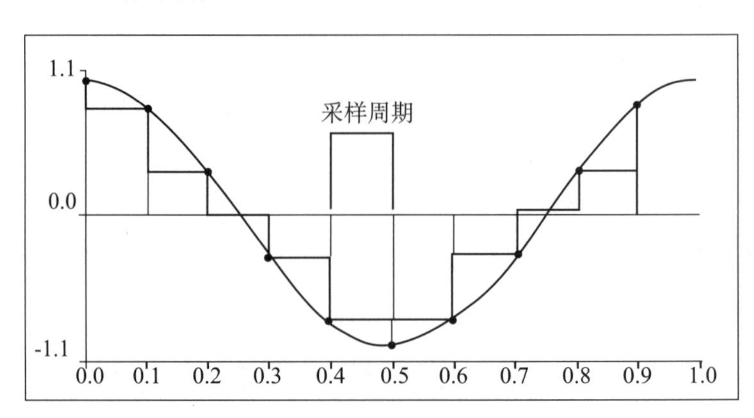

图 1.3　对模拟信号进行采样

1. 采样定理

采样定理指出，当采样频率（f_s）大于等于被采样信号最高频率（f_u）的两倍时，就可以通过在采样值上进行插补的方法，得到原始信号的波形。也就是说，当 $f_s \geq 2f_u$ 时，采样之后的数字信号就能够完整地保留原始模拟信号中的信息。

我们通常将采样频率的一半，也就是 $f_s/2$，称为“奈奎斯特频率”。

采样定理可以通过图 1.4 加以说明。

背景延伸

1927 年，美国物理学家哈利·奈奎斯特（Harry Nyquist）提出了著名的采样定理。该定理是信息论，特别是通信与信号处理学科中的一个重要的基本结论，也是模/数转换和模/数转换的基础。因此，该定理也被称为“奈奎斯特采样定理”。

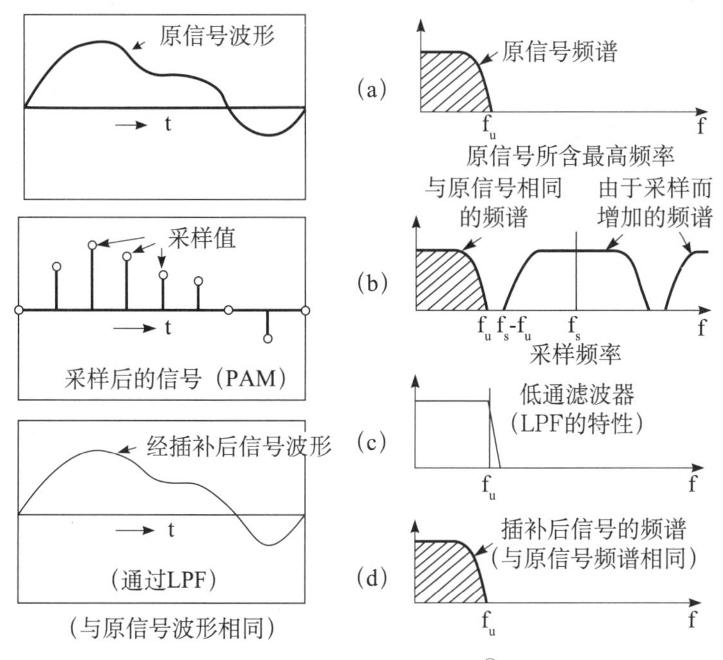

图 1.4　采样定理的图示[①]

任何一个音频信号都可以通过时域和频域两种方法来进行分析。在图 1.4 中的（a）部分，左侧为原始模拟信号的时域图（横轴为时间，纵轴为振幅），右侧为该信号的频域图（横轴为频率，纵轴为振幅），二者完全等价。信号系统理论证明，对一个信号进行时域上的采样，等于在频域上以奈奎斯特频率及其倍频为镜子，进行镜像处理，如（b）部分所示。可以看出，如果我们想恢复原始的模拟信号，只需要对（b）部分的信号进行低通滤波处理就可以了，具体的低通滤波器显示在（c）部分当中，而这

① 李正本:《数字音频技术知识（二）》，载《广播与电视技术》1999 年第 11 期，第 109 页。

种在频域上的低通滤波处理，等同于在时域上的插补处理。经过低通处理的信号显示在（d）部分，它实际上已经恢复为原始的模拟信号了。

2. 频谱混叠

采样定理之所以要规定 $f_s \geq 2f_u$，是因为如果采样频率（f_s）低于被采样信号最高频率（f_u）的两倍，就会使得新增加的频谱成分有一部分与原信号的频谱相重叠，从而混杂在一起，这种频谱发生重叠的现象称为频谱混叠（aliasing），也叫频谱折叠。

频谱混叠的发生可以通过图 1.5 加以说明。

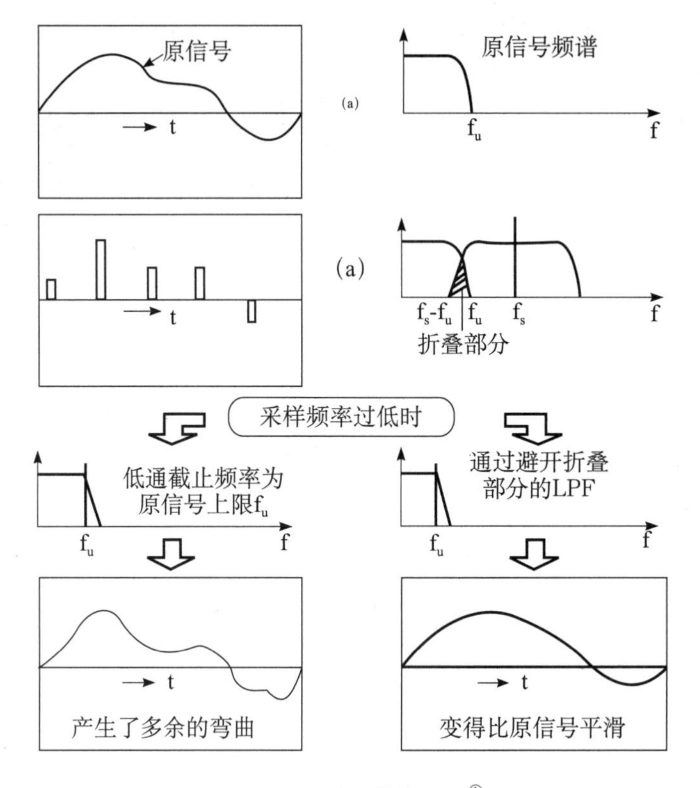

图 1.5　频谱混叠的图示[①]

在图 1.5 中的（a）部分，原始信号依然是一个连续的模拟信号，它也依然可以通过频域来进行分析。但是，如果采样频率（f_s）不够高，低于原始信号最高频率（f_u）的两倍，就会造成采得的样本过于稀疏，如（b）部分左侧图所示。而在（b）部分右侧的频域图当中我们可以看到，f_s 小于 $2f_u$ 的后果，是使奈奎斯特频率低于被采样信号最高频率，造成镜像处理的镜子位置跑到了 f_s 的左侧，从而在镜像处理之后，产生了频谱的混叠。

当我们希望对混叠后的信号进行恢复的时候，办法依然是进行低通滤波处理。但是，这时候，低通滤波器的截止频率的选择就会出现问题。如果我们让低通滤波器的截止频率

① 李正本:《数字音频技术知识（二）》，载《广播与电视技术》，1999 年第 11 期，第 113 页。

等于 f_u，滤波后就会造成恢复的信号当中多了一些由于混叠而加入的新的成分；但如果我们让低通滤波器的截止频率正好避开混叠的部分，又会损失一部分原始信号的成分。如图 1.5 下半部分所示。

总之，在发生频谱混叠以后，采样信号就无法再完全恢复为原始信号了。这就是我们必须要求 $f_s \geqslant 2f_u$ 的原因。也就是说，在进行采样处理的时候，采样频率必须满足采样定理的要求。

3. 采样定理成立的条件

采样定理证明，对于音频信号的采样并不需要过高的采样频率，只需要让采样频率等于或者稍大于被采样信号最高频率的两倍，就足够了。对于人耳而言，最高的可闻频率为 20kHz，因此，我们只需要使用 40kHz 的采样频率就够了，使用更高的采样频率是没有意义的。

但是，采样定理是在理想状态下得到的。这些理想状态实际上无法满足，这也就导致了我们实际使用的采样频率一般会高于被采样信号最高频率的两倍，甚至高出很多。

（1）采样定理的成立，需要在采样前使用低通滤波器控制被采样信号的频率上限。

f_u 是被采样信号的最高频率，从理论上来说，被采样信号在 f_u 以上肯定不会存在任何频率成分。但是我们在考虑音频信号采样的时候，往往会以人耳可闻频域的上限，即 20kHz，作为被采样信号的最高频率，因为在这个频率以上，人耳是听不到声音的。这样，就会得到最低采样频率为 40kHz 的结论。

然而，音频信号当中实际上存在很多我们听不到，但却能够被录音设备记录下来的高频成分。这些高频成分通常是不会对我们产生影响的，但是一旦以 40kHz 对音频信号进行了采样处理，就会导致高于 20kHz 的信号经过频谱混叠以后进入到人耳可闻频域当中。因此，我们必须在进行采样处理之前，首先对被采样信号进行低通滤波器处理，这个低通滤波器的截止频率就是 20kHz，它也被称为“防混叠滤波器”。只有经过了这个滤波器，被采样的音频信号的频率上限才可以被认为是 20kHz。

（2）采样定理的成立，需要使用理想脉冲信号。

理想的脉冲信号是一种在时间上无限短的信号，只有使用理想脉冲信号按照采样频率对原始信号进行采样，我们才能得到一系列幅度值与原始信号相同，但宽度无限小的理想脉冲序列。如图 1.4（b）部分左侧所示。

但是，理想脉冲序列是不存在的。事实上，经过采样得到的脉冲序列都有一定的宽度，如图 1.5（b）部分左侧所示。这就会造成在采样信号被恢复为模拟信号以后，高频部分有所损失，这一现象称为孔径效应（aperture effect）。

实际的采样过程中，脉冲宽度通常会被设置为小于采样间隔的 1/4，这样由于孔径效应所引起的高频损失大约为 0.2dB，人耳对此很难有所觉察。

（3）采样定理的成立，需要在恢复模拟信号时使用理想的低通滤波器。

所谓理想的低通滤波器，就是在通带内衰减量为零，在阻带内衰减量为无限大，同时通带与阻带之间的过渡非常陡峭的滤波器。只有使用这种滤波器，才可以保证完美地滤除信号上限以上的所有频率成分。

但事实上，理想的低通滤波器是不存在的，任何的低通滤波器，在其通带和阻带之间总会存在一个过渡区域。因此，我们选择音频信号的采样频率时，不能选择 40kHz，而必须大于这个数值，从而让低通滤波器的处理获得一个缓冲。

4. 音频信号常用的采样频率

音频信号常用的采样频率包括：

- 32kHz，这是纯粹的语音信号常用的采样频率。
- 44.1kHz，这是 CD-DA（音频 CD）唯一使用的采样频率，也是 MP3 常用的采样频率。
- 48kHz，这是 DAT 和伴随视频的音频信号常用的采样频率。
- 88.2kHz，这是某些高质量音频文件使用的采样频率。
- 96kHz，高质量录音常用的采样频率，也是 DVD-Audio 在环绕声状态下可实现的最高采样频率。
- 192kHz，目前公认的最高质量录音所使用的采样频率。

此外，音频信号所使用的采样频率还包括 176.4kHz、352.8kHz 和 384kHz 等，其中后两者只有特殊的音频文件格式能够支持。

在设定音频信号的采样频率时，通常要从以下三个方面进行考虑：

（1）音频信号的最高频率；

（2）采样定理及其成立的条件；

（3）软硬件系统的条件。

以语音信号为例。纯粹的语音信号一般不会超过 10kHz，最多也不会超过 12kHz，因此原则上说，使用 24kHz 的采样频率就够了。但是考虑到采样定理成立的条件和系统的实现方式，一般使用 32kHz。

而对于音乐信号来说，其高频上限可以超出 20kHz。因此在使用了防混叠滤波器以后，我们只需要使用略大于 40kHz 的采样频率就可以满足要求。但是，在数字录音技术发展的早期，人们是利用比较成熟的磁带录像机来记录数字音频信号的，因此对采样频率的选择，必须要考虑磁带录像机的场、行参量。人们规定，对于 50 场、625 行制式的隔行扫描的 PAL 制录像机，使用每一场 312.5 行中的 294 行记录数字音频信号，场逆程和空余部分占 17.5 行，控制信号占 1 行，且每行记录 3 个采样值。这样，设定的采样值即为：

f_s=50（场）×294（行）×3（采样值）=44100（Hz）[①]

---

① 杨耀清：《数字音频原理及应用》，北京广播学院录音艺术学院，第 4 页。

CD-DA 在开发的时候，为了与这种习惯性的数字信号记录方法相统一，便采用了 44.1kHz 这个采样频率。但是，正是因为采用了这一采样频率，才导致了本书后面所提到了采样率转换及其相关问题。

（三）量化

量化指将模拟信号的采样值幅度以一定的单位进行度量，并以其整数倍的数值来表示的过程。从简化的角度讲，可以将量化理解为一种四舍五入处理。例如，一个模拟信号经过采样以后的采样值分别是：0、5.9、9.1、7.4、4.9、4.1、0、-4.2，那么这一系列采样值经过量化以后的量化值就分别是：0、6、9、7、5、4、0、-4。

量化的具体过程，是首先将采样后的信号按照整个信号的幅度划分成有限个区段（量化阶数）的集合，然后把落入某个区段内的采样值归为一类，并赋予相同的量化值。如图 1.6 所示。

由此可见，如果说采样是从时间上将连续信号变为离散信号的过程，量化就是从幅度上将连续信号变为离散信号的过程。

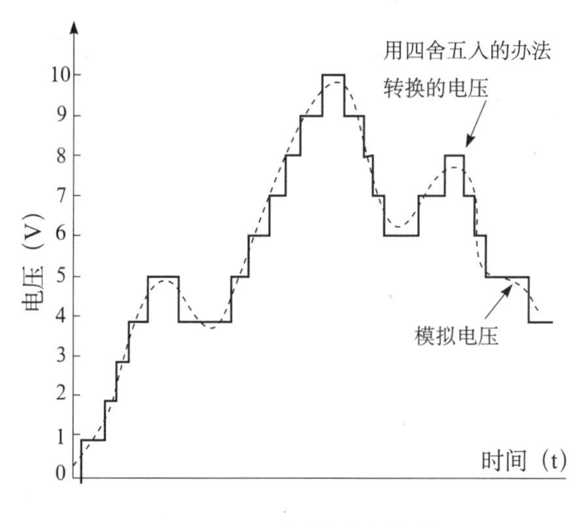

图 1.6　采样信号的量化[①]

1. 量化精度

比如，上述一系列经过量化后的量化值为：0、6、9、7、5、4、0、-4，它们用二进制（补码）表示分别为：00000、00110、01001、00111、00101、00100、00000、11100。其中每一个量化值的二进制码都是 5 位，因此上述量化操作的量化精度就是 5 位，或称 5bit。

某一量化精度所能够表示的数值个数，称为量化阶数。如果量化精度为 x bit，那么量

---

① 李正本：《数字音频技术知识（三）》，载《广播与电视技术》，1999 年第 12 期，第 133 页。

关键术语

采样信号的量化值通常用二进制来表示，这个二进制数的位数被称为量化精度（resolution），也称量化位数、量化比特数、量化位深（bit depth）。

化阶数就是 2^x 个阶。如前文所述，量化过程实际上是将信号的整个幅度范围划分为若干个量化阶，再按照四舍五入的原则，将某一量化阶附近的采样值都划定为该量化阶的过程。

量化的阶梯高度称为量化级，常用 Δ 表示。

从量化精度的定义可以看出，量化精度越高，则量化阶数也就越大。量化精度每增加 1bit，实际的量化阶数就增加一倍。如图 1.7 所示。如果两个信号的量化精度相同而幅度范围不同，那么最终的量化阶数（也就是可能存在的量化值）是相同的，不同的只是量化级而已。

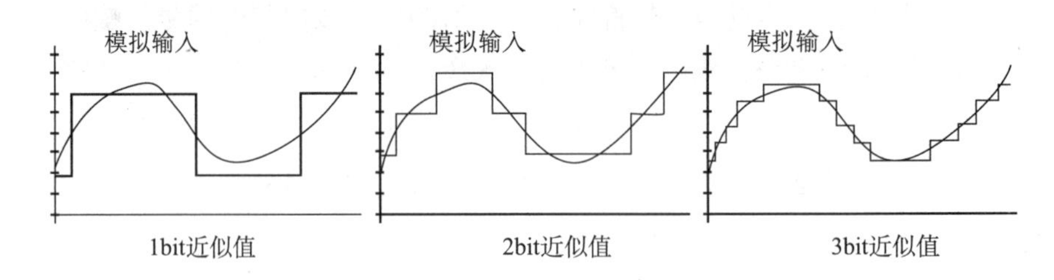

图 1.7　量化精度每增加 1bit，量化阶数就增加一倍

目前，数字音频信号常用的量化精度为：8bit、16bit 和 24bit。其中 8bit 为网络传播的低质量音频信号常用的量化精度（一般用于单声道格式的语音节目）；16bit 是标准质量的音频信号常用的量化精度，也是 CD-DA 唯一可用的量化精度；而 24bit 则是高质量音频信号常用的量化精度。

2. 量化误差

由于量化而引起的输出信号与输入信号之间的差别称为量化误差。量化误差对人耳听觉而言如同是一种噪声，所以也叫量化噪声（quantization noise）。在某些时候，量化误差会让信号产生比较明显的失真感觉，因此也称为量化失真。

从量化级的定义可以看出，量化误差的范围是：−Δ/2 至 +Δ/2。因此，通常量化级越大，量化误差也就越严重。如果信号的采样值范围不变，那么量化阶数越多，量化级就越小，从而造成量化误差越小。换句话说，在采样频率不变的情况下，量化精度越高，量化误差就越小。

经过计算，量化精度每增加 1bit，量化的信噪比大约增加 6dB。

3. 均匀量化与非均匀量化

前面提到的量化方法，实际上属于均匀量化。所谓均匀量化，也称线性量化，是一种按照固定的量化级数值进行量化的方式，量化级与输入信号的大小无关。如图 1.8 所示。经过均匀量化的 PCM 信号，称为线性 PCM（LPCM）。

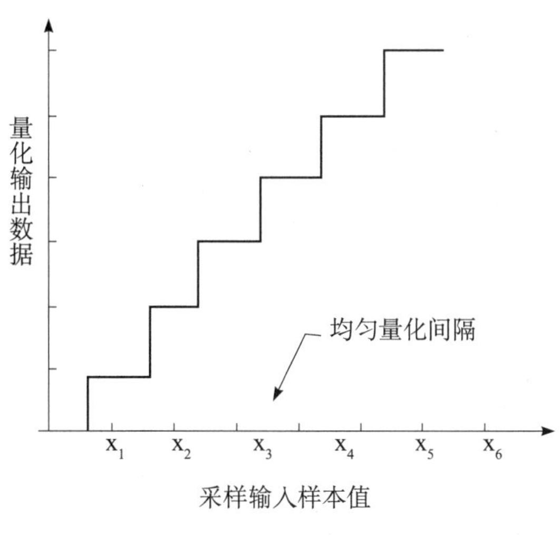

图 1.8　均匀量化

与均匀量化相比，根据输入信号的大小，改变量化级的数值进行量化的方式，称为非均匀量化，也称非线性量化。如图 1.9 所示。

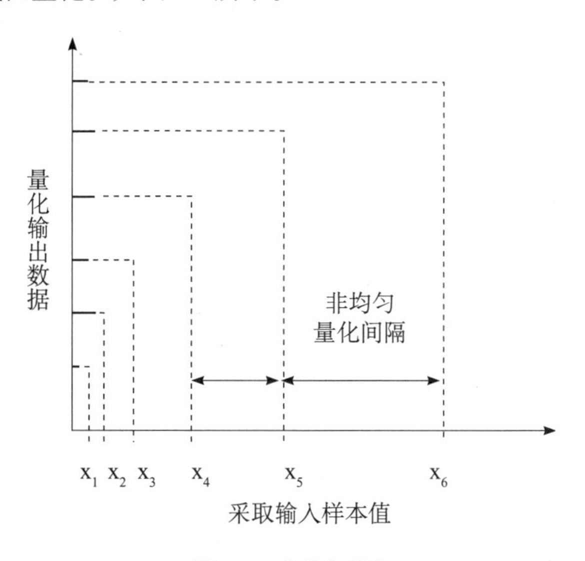

图 1.9　非均匀量化

非均匀量化能够对输入信号振幅较小的部分，使用小的量化级；而随着输入信号振幅的增大，量化级也逐渐变大。因此，在输入信号振幅较小时，量化噪声也比较小，信噪比相对较好；而在输入信号幅度变大时，量化噪声也会随着量化级的增加而变大，但由于人耳的掩蔽效应，这种增大的量化噪声会由于输入信号本身的增大而难以被人觉察。所以，使用非均匀量化，通常能够在保证信号质量不产生很大下降的情况下，减小量化的精度，从而降低系统的成本。

但是，在对音质要求很高的专业设备当中，这种量化噪声随输入信号大小发生变化的状态是不可接受的。因此，专业设备一般都采用均匀量化。

（四）编码

编码是按照一定的格式，把经过采样和量化得到的离散数据记录下来的过程，通常还会在有效的数据当中加入一些用于纠错和进行同步控制的数据。

一般的数字设备采用的编码方式都是二进制编码。实际上，在前文介绍量化的时候，我们将量化后的信号转变为二进制（补码）方式进行表示的过程，就是二进制编码。在一般的模/数转换设备中，量化和编码是同时完成的。

这里，有必要交代一些关于码的术语：

码的位叫做数位（digit）。对于十进制码称为十进制数位（decimal digit）。对于二进制码称为二进制数位（binary digit），简称为“比特”（bit）。

在编码中，常用“字节”（byte）来表示数据的信息量。数字音频信号当中的 1 个字节通常包括 8 个比特。

用二进制数表示某一数值时，该二进制数称为“字”（word）。这一操作的过程即为二进制编码。

在完成了采样、量化、编码以后，模拟信号到数字信号的 PCM 转换就基本完成了，如图 1.10 所示。

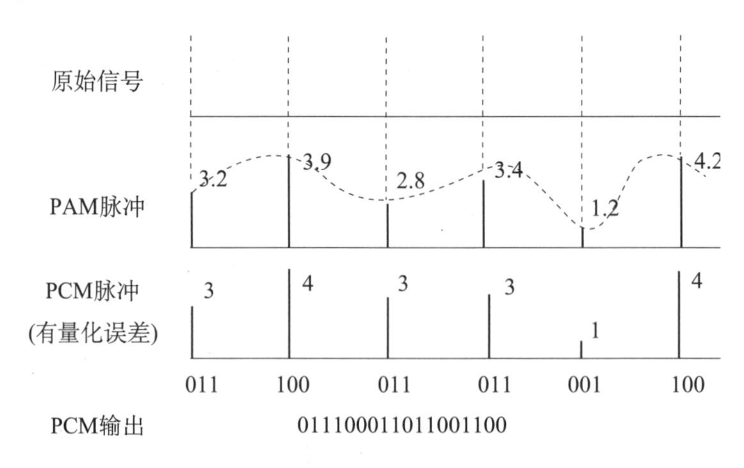

图 1.10　采样、量化、编码的过程

（注：为了简化，使用不带符号位的二进制编码，量化精度为 3bit）

（五）数据帧

从数字信号的特性上分析，我们可以知道，如果数字信号在时间上发生了整体的偏移（也就是位偏移），或者是出现了某些数据丢失，就会导致整个信号的意义产生极大的错误。

为了不使上述问题导致重大错误，数字信号不能像模拟信号那样进行连续记录，而是必须将数字信号分割成包含有若干个字的很小的字组，并且在每个字组的开头加上一定的标志，形成字组之间的分界线。这种在数字信号中划分的字组称为数据帧。如图 1.11 所示。

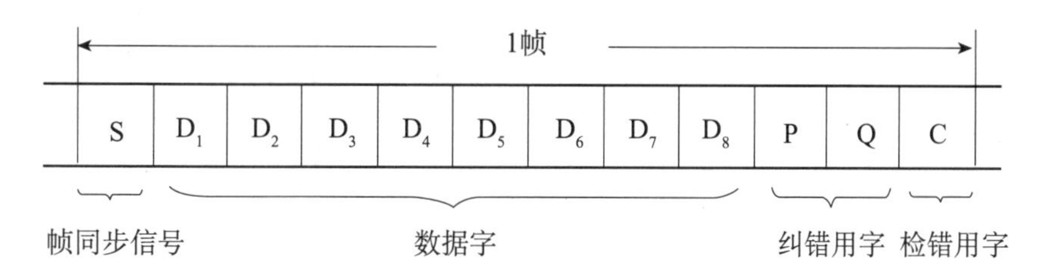

图 1.11　数据帧的结构

数据帧的记录方式，使得数字信号即使由于数据失落或出现抖晃而造成了某个字组的错误，也能够在下一个字组到来时恢复原有的同步，从而保证不会出现大面积的错误。

（六）调制

调制，在 AM 或 FM 广播中是指让高频载波的振幅或频率按照声音信号进行变化的过程。而这里所说的调制，是指将经过采样、量化、编码的二进制信号，变换成适宜传输和记录的形式，即规定这些“0”和“1”具体对应的是什么样的波形。

将 PCM 信号进行调制的方法大致有两类：一类是用“0”和“1”去调制（或改变）载波的某项参数，这种调制方法主要用于信号传输；另一种是根据 PCM 信号原来的波形（基带波形）按某种规则来进行变换，以改变基带波形，这种调制方法主要用于磁带和唱片记录。[①] 属于前者的有：移幅键控调制（ASK，amplitude shift keying）、移频键控调制（FSK，frequency shift keying）、移相键控调制（PSK，phase shift keying），等等；属于后者的则包括：不归零调制（NRZ，non return to zero）、不归零倒相调制（NRZI，non return to zero inverted）、相位编码（PE，phase encoding）、改进型调频（MFM，modified frequency modulation）、8—14 调制（EFM，eight-to-fourteen modulation），等等。具体的调制方法显示在图 1.12 中。

① 参见杨耀清：《数字音频原理及应用》，北京广播学院录音艺术学院，第 42 页。

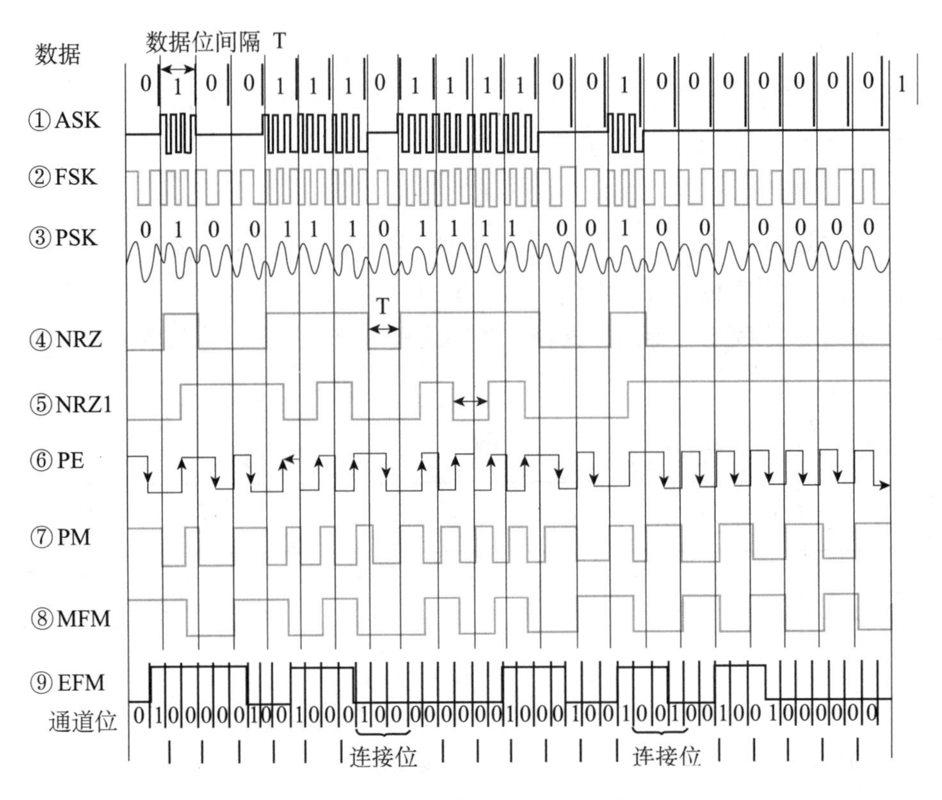

图 1.12　PCM 信号的几种调制方法

以 ASK 为例，这种调制方法是用有振幅代表 1，无振幅代表 0。与之相比，FSK 则用高频率代表 1，低频率代表 0。而 PSK 则用波形的转折代表 0 变成 1 或者 1 变成 0，而如果波形一直无变化持续下去，则代表一直持续为 1 或者持续为 0。

二、数 / 模转换

数字音频信号在经过处理、记录或传输之后，必须被转换为模拟声频信号，才能被我们所听到。在数字录音和音乐制作过程中，我们处理的对象有时并不一定是模拟信号，比如针对已经录制下来的多轨数字音频进行缩混，或者直接使用虚拟乐器完成声音合成，此时，信号流程当中有可能不会涉及模 / 数转换过程。但是，无论我们进行什么样的工作，只要处理的对象是音频信号，我们就必须进行监听，因此可以说，数 / 模转换在数字音频制作流程中是必不可少的一个环节。

数 / 模转换的理论实际上在采样定理当中已经给出了。只要在时域中对采样信号进行插补处理，或者在频域中对采样信号进行低通滤波，就可以从一系列采样值恢复得到原始的模拟信号。

但是，数 / 模转换的基本过程要比上述理论复杂一些。基本上，这一过程可分为三个步骤：

（1）通过解码，将数字音频信号的字转换为阶梯状电平链。

（2）通过“再采样”减少脉冲的宽度，目的是为了减少孔径效应。

（3）通过低通滤波器，将采样点连接起来形成一个平滑的波形，从而重建原始的模拟音频信号。

上述基本步骤如图 1.13 所示。但实际上，真正的数 / 模转换器的结构远比这三个步骤复杂得多。对此，读者可以通过专门讲授数字音频原理的书籍进行了解。

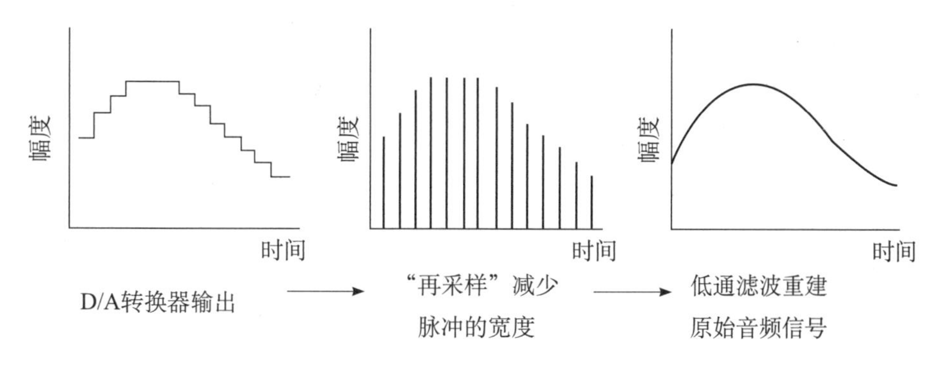

图 1.13　数 / 模转换的基本步骤[①]

（注：出于简化原因，只显示了正的采样值）

第四节　抖动与噪声整形

一、抖动

在量化过程中，不同电平的采样值所引起的量化误差实际上有所不同。高电平信号的量化误差是随机的，即量化误差与信号本身的关联性很小，因此这种量化误差主观听起来很像是白噪声，即量化噪声（也就是数字系统的本底噪声）。由于这种噪声的电平基本不变，因此在量化精度较高的情况下，人耳对它们不太敏感。

与之相反，低电平信号的量化误差会与信号本身产生关联性，也就是会随着信号而发生变化。这种不断变化的量化误差主观听起来会非常刺耳，就像是信号产生了明显的失真，所以也被称为量化失真。

上述这种量化失真主要产生在以下三种情况当中：

---

① 胡泽：《数字音频工作站》，中国广播电视出版社 2003 年版，第 44 页。

（1）模 / 数转换。只要进行了量化处理，从理论上说就会产生量化误差，从而带来量化失真。

（2）某些数字信号处理运算。由于运算精度不够高，某些设备会在运算过程中对得数进行舍入处理，从而产生误差，造成失真的感觉。

（3）数字信号降比特处理。比如，将一个 24bit 的数字信号转换为 16bit 的数字信号。通常的转换方法都是将 24bit 信号中位于右侧的低八位信号直接舍去，从而产生误差，引起失真效果。

关键术语

抖动（dither）是数字音频领域中的一个重要概念。所谓抖动，就是一种与音频信号不相关的随机性低电平噪声。如果在采样之前，将抖动信号加入到模拟信号当中，就可以在量化过程中消除量化误差与信号之间的相关性，使得量化误差随机化，从而具有白噪声的特性。此外，在加入抖动以后，数字系统的分辨率可以低于二进制编码的最低有效位（LSB，least significant bit，即二进制编码最右侧的一位），从而保留信号中的低电平信息。

降低这种量化失真最直接的方法是提高设备的量化精度，但这也会造成设备成本的提高。因此人们采用了一种被称为抖动的处理方式，来解决这一问题。

在加入抖动以后，原始模拟信号的振幅两侧会出现轻微的振动，如图 1.14 中的 C 图所示。这样，在原始信号与抖动信号一起被量化后，就会呈现出一种变化频率更高的状态，如图 1.14 中的 D 所示，图中的 PWM 代表脉冲宽度调制。

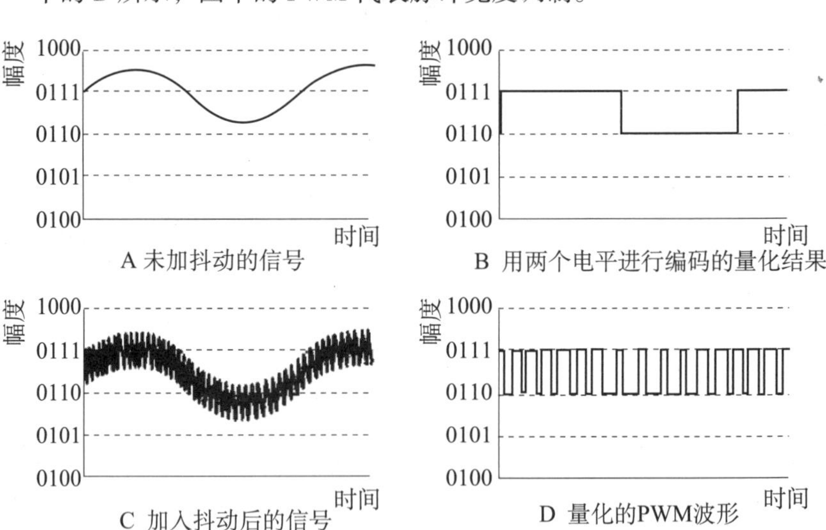

图 1.14　抖动前和抖动后的信号

图 1.15 以一个 1kHz 正弦波为例，进行了抖动前后的比较。对比其中的 D 图和 H 图可以看出，如果不加入抖动，那么信号中就会产生很多高于数字设备本底噪声的失真。但是在加入抖动之后，这些可闻的失真就消失了，代价则是让设备的本底噪声产生了提升。因此，抖动处理的实质，就是通过加入噪声的方法来消除可闻的失真，只不过这种噪声相对稳定，不容易令人产生嘈

杂不安的感觉。

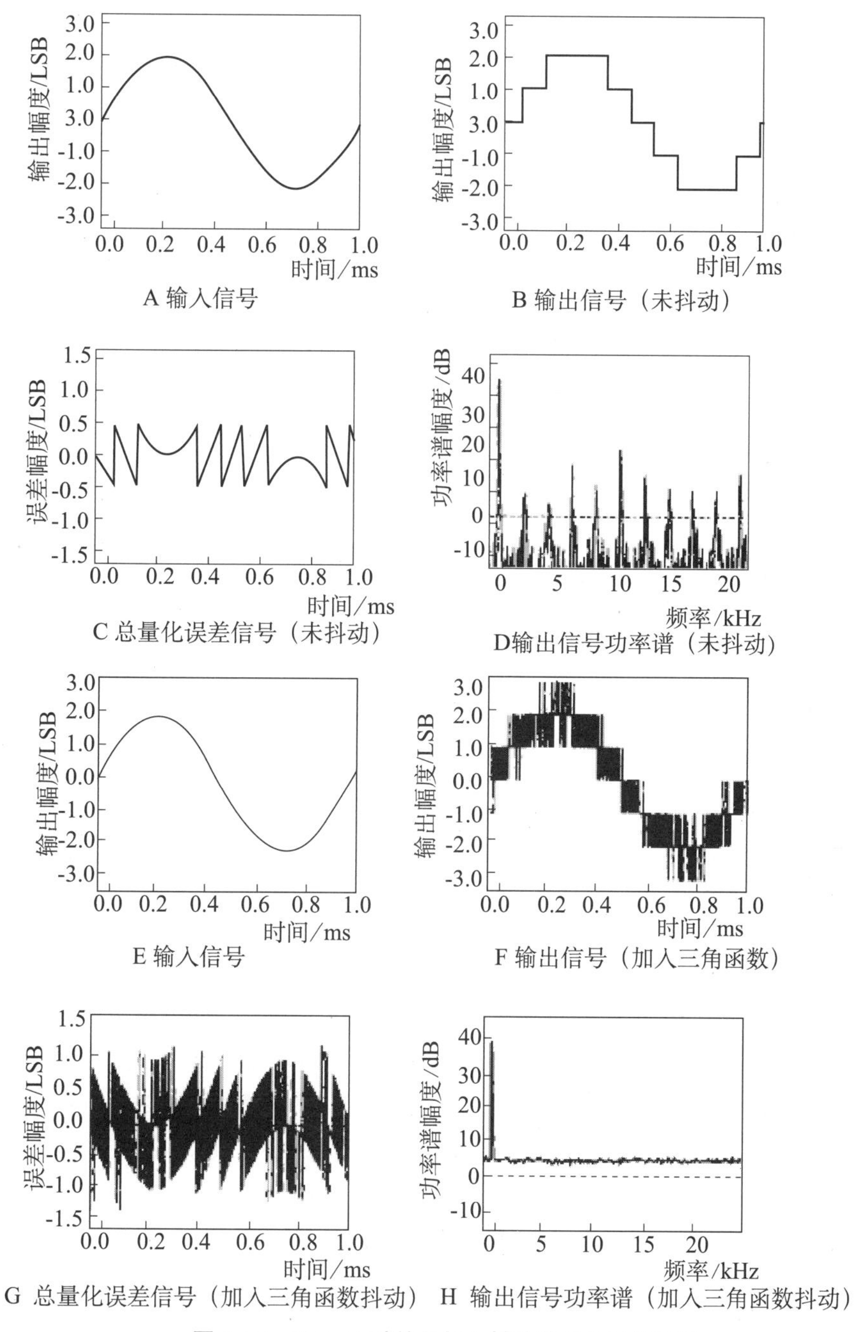

图 1.15　1kHz 正弦信号加入抖动前后的量化情况

由于抖动处理具有相当“神奇”的效果，因此它被广泛用于数字音频处理当中。基本上，所有的模 / 数转换器都会带有抖动处理，而很多大型数字调音台也会在信号处理过程中频繁使用抖动处理。具体到数字音频工作站来说，由于运算精度通常较高，也就很少专门针对信号运算过程加入抖动。因此，抖动处理在数字音频工作站当中主要被应用在两个领域：

（1）很多高精度（双精度）插件内部包含抖动处理过程；

（2）降比特操作过程通常需要加入抖动处理。

关于这两种运算方式以及抖动处理的效果，本书后面的部分会进行进一步的说明。在此，需要说明的是，尽管抖动本身是一种电平很低的噪声，但是在多次使用而产生累加之后，这种噪声就会变得比较明显。因此，在数字音频工作站的操作中主动加入的抖动处理（比如在降比特操作过程中加入抖动处理器），必须被安排在所有操作的最后一步进行（通常是位于总输出推子之后），而且抖动处理只能进行一次。

还有一点需要提及的是，从理论上说，我们必须对降比特操作进行抖动处理，但是由于量化失真本身出现在信号的低电平部分，在监听设备质量不够好，或者是监听电平不够大的情况下，这种量化失真是很难觉察的。因此，从数字音频工作站实际操作的层面上说，是否需要进行抖动处理，以及在处理过程中应该加入哪一种类型的抖动信号，都需要通过耳朵进行判断。

二、噪声整形

噪声整形（noise shaping）是一种用来降低量化噪声的数字信号处理方式。量化噪声具有白噪声的性质，它的能量均匀分布在整个频域范围内。不过，我们可以利用人耳对特定频率噪声反应的不敏感性，将噪声中的一些能量移动到这些频率上，即增加可闻频带外的噪声，降低可闻频带内的噪声，从而使人耳感觉到的量化噪声电平降低到最小。

由于抖动处理本身相当于增加了信号的量化噪声，因此数字音频工作站中的抖动处理器往往会伴随有噪声整形选项。通过噪声整形，我们可以降低抖动所带来的噪声，从而强化抖动处理的效果。不过，具体的噪声整形的类型往往有很多可选项，这需要通过试验或参考相关操作手册才能加以确定。

第五节　时基抖晃

前文曾经提到过，对数字音频信号而言，样本在时间位置上的准确性是极为关键的，如果出现的轻微的前后偏移，会很容易造成重大错误。所谓时基抖晃（jitter），就是指音频样本在时基位置上出现了错误。

产生时基抖晃的原因很多，包括阻抗不匹配、低质量的时钟信号、电子噪声干扰、数字音频接口信号传递中的错误、播放设备的播放速度变化，等等。时基抖晃所引起的问题是产生误码，最终导致噪声或失真。如图 1.16 所示。

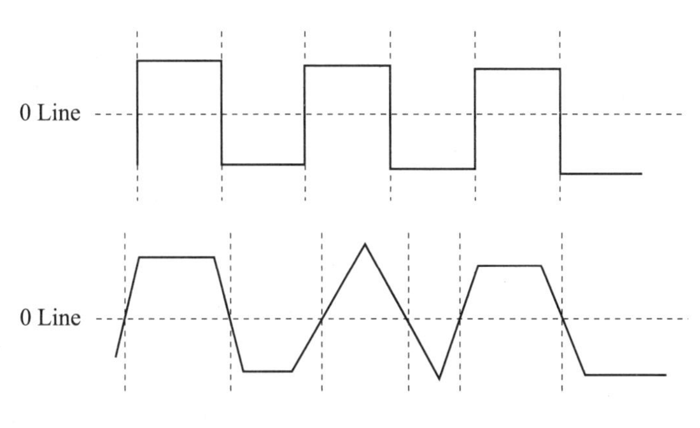

图 1.16 时基抖晃造成信号失真

数字系统中的各个环节都可能发生时基抖晃，但是在模 / 数转换和数 / 模转换过程中，它对音质造成的影响最大。时基抖晃可以通过设计良好的锁相环（PPL，Phase Locked Loops）电路加以消除。因此，很多著名品牌的 A/D 和 D/A 转换器都拥有独特的锁相环电路设计方案，来确保转换过程中的声音质量。

第六节 检错、纠错和掩错

从理论上说，数字信号的复制过程是不会出现错误的。但实际上，在数字信号传输、处理和记录过程中，随时都有可能产生误码。误码产生的原因有很多，主要包括：信号失落、设备机械运动的不稳定性、记录密度过高导致的峰值偏移、噪声干扰，等等。这些原因所产生的误码包括两种类型：

（1）随机性误码。即位置随机，出错位较少的误码，多见于光盘。

（2）突发性误码。也称群误码，即连续出现，出错位较多的误码，多见于磁带。

误码的大量存在，要求我们必须使用一定的手段对音频信号编码进行校验，并对其中的误码进行校正。具体的步骤主要包括检错、纠错和掩错。通过这些手段，数字音频设备（比如 DAT 和 CD 播放机）在读取带有错误的数字信号时，便能够重新构建正确的信号，从而得到正确的播放效果。

不过，需要注意的是，数字音频工作站由于采用硬盘记录和文件格式存储，并进行了硬盘的格式化，因此数据存储时的误码率比较低。如果在播放时出现了无法避免的错误，通常会导致整个文件无法播放，而不是像光盘数字磁带设备那样能够跳过或者重构错误的数码。此时，我们可以尝试使用计算机的数据恢复技术来进行帮助。

一、检错

通常，数字信号会在有用信息码之外添加冗余码，用于误码检纠错和信号同步等功能。这些冗余位会和有用信息位一起被打包为数据帧，参见图 1.11。

在冗余码中用于误码检纠错的部分，主要包括检错码和纠错码。其中，通过检错码判断是否存在误码，并对误码的位置进行定位的过程，称为误码检测（code error detection），简称“检错”。

常用的检错码有奇偶校验码（Parity Check Code）和循环冗余校验码（CRCC）。

（一）奇偶校验码

奇偶校验码是一种比较简单的检错方法。这种校验码会在表示有效数值的信息位之外，再加上一位额外的位（数值是 0 或 1），从而使包括该位在内的全体数码中的 1 的个数总是为奇数（或为偶数），这样当误码产生的时候，奇偶的性质就会颠倒，从而检验出误码。

比如，原有的信息码为 1011 和 1010，分别添加奇偶校验码后为 1011[1] 和 1010[0]，其中“[ ]”内的数码为奇偶校验码，这样全体数码中 1 的个数就为偶数了。利用横向和纵向排列的奇偶校验码，我们还可以判断出误码存在的位置。如图 1.17 所示。

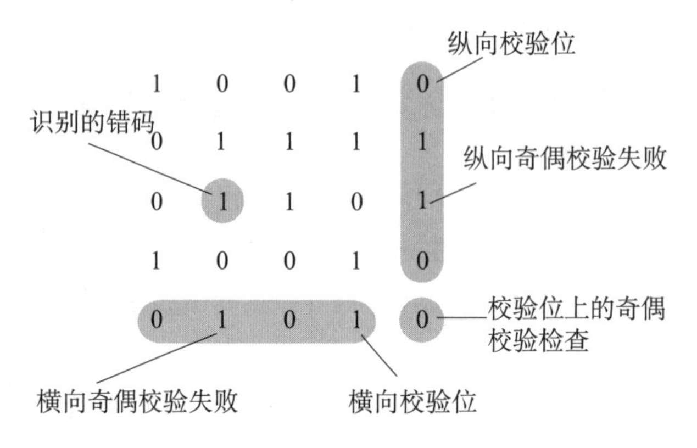

图 1.17　通过奇偶校验码判断误码的位置

（二）循环冗余校验码

奇偶校验码的方法虽然非常简单，但是如果全体数码中产生了一个以上的误码，往往就会失效。实际上，检错中常用的检错码是循环冗余校验码（CRCC，Cyclic Redundancy CheckCode）。

CRCC 检错的原理大致为：将有用信息码除以一个精心挑选的除数（生成多项式，generating polynomial），并将余数用作检验位，以有用信息码和检验位组成传输码。在读出时，用传输码除以同一除数（检验位），如果能整除（余数为 0）则为无误，不能整除则存在有误码。

CRCC 普遍用于数字磁带录音机等设备，检错的成功率理论上可以达到 99.9985%。

二、纠错

将接收或者读取到的误码矫正为正确数码的过程，称为误码校正（Code Error Correction），简称“纠错”。常用的纠错码为交叉交织里德—所罗门码（CIRC）。

（一）里德—所罗门码

里德—所罗门码（RSC，Reed-Solomon Code）是由里德和所罗门两人于1960年发明的。它以字为单位进行纠错，可以校正一个错误字和两个消失字，主要应用于CD播放机、数字磁带录音机和数字卫星广播当中。

使用里德—所罗门码进行纠错的步骤主要包括：

1. 写入（发送）方

（1）将有用信息适当分组；

（2）根据一定算法给字组添加检错码。

2. 重放（接收）方

根据一定的算法计算校正字，从而实现：

（1）确定有无错，若有错可以检出；

（2）根据校正子之间关系进行错误定位；

（3）自动纠错。

从以上步骤可以看出，里德—所罗门码本身具备检错和纠错两项功能。

（二）交织技术

在记录时，改变数字信号的顺序，以另外的规律进行重排的过程，称为“交织”（interleaving）。与此对应，在重放时，按照原来的顺序对数据进行重排的过程，称为“去交织”（de-interleave）。交织的功能，是将突发性误码转变为随机性误码，从而降低纠错的难度，如图1.18所示。

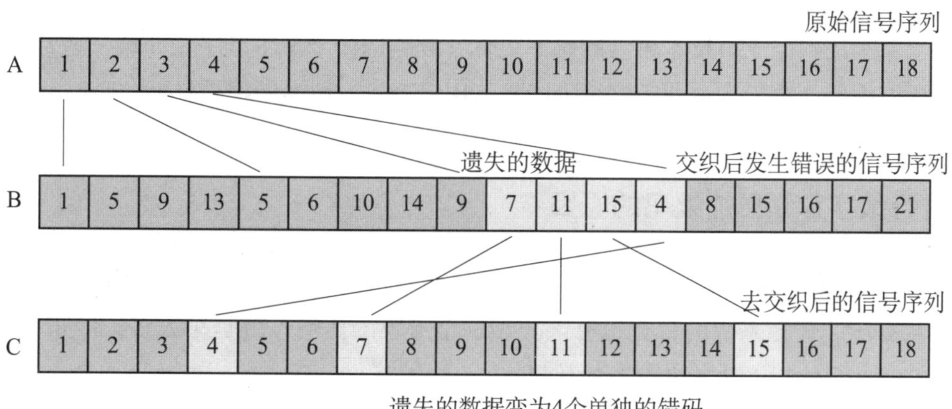

图1.18　通过交织技术将突发性误码转变为随机性误码

在交织技术的基础上，还产生了一种称为交叉交织（Cross Interleave）的技术。交叉交织又称互交织，具体的做法就是为交织前与交织后的不同字组都分别加上纠错码，从而使纠错能力进一步增加。

（三）交叉交织里德—所罗门码

交叉交织里德—所罗门码（CIRC，Cross Interleave Reed-Solomon Code）是里德—所罗门码与交叉交织技术的结合体。它的理论基础就是通过交织，将突发性误码转换为随机性误码，再通过交叉交织产生的双重 RSC 进行纠错，从而大大提高了纠错的能力，使得信号的误码率低于 10^{-9}。在 CD-DA 当中，实际使用的纠错码就是交叉交织里德—所罗门码。

三、掩错

在无法通过纠错的方式校正误码时，我们可以根据误码与前后正确值的关系，来推断其近似值，使结果接近于原来的码，这种方式称为误码补偿（code error concealment），简称“掩错”。

掩错的一般方法包括：

（1）哑音法（无声法）：将丢失的和无法纠正的误码以全 0 或者全 1 代替。

（2）前值保持法（零阶插补法）：用与错误字相邻的前一个正确字来替代该字。

（3）平均值插补法（一阶插补法）：用与错误字前后相邻的两个正确字的平均值来替代该字。

（4）n 阶插补法：根据错误字前后 n 个正确字来推测该字的值。

第七节　数字音频压缩编码

当前各种数字音频设备中所使用的数字音频信号，有很多并非是 PCM 信号，而是在其基础上，利用数据压缩技术得到的码率更低音频编码信号。本节主要介绍一些常见的数字音频压缩编码，关于每一种压缩编码的具体压缩算法，请参考相关资料。

一、进行数字音频压缩编码的原因

我们对 PCM 信号进行压缩编码的主要原因，在于 PCM 信号的码率比较高，而存储媒介的容量有限，传输系统的带宽也有限。做一个形象的比喻，就是车太多，停车场太小，路也不够宽，只能想办法减少汽车的数量。

PCM 信号每秒钟的码率＝采样频率（kHz）× 量化精度（bit）× 声道数，单位为

kbps，其中 k 表示 1000，bps（bit per second）表示位 / 秒。

以采样频率为 44.1kHz，量化精度为 16bit 的 PCM 信号为例：

1 个声道每秒钟的码率为 16 × 44100=705.6（kbps）；

2 声道每秒钟的码率为 705.6 × 2=1411（kbps）；

转换为以 MB/m 为单位，则是 $1411 \times 1000 \times 60/8/1024^2 = 10.09$（MB/m），其中 B 表示字节（byte），1M 字节为 1024^2 字节。

这说明，CD 质量（44.1kHz、16bit、2 声道）的数字音频信号，每秒钟的码率大约为 1411kb，每分钟的码率大约为 10MB。与之相比，一张标准 CD-ROM 的容量大约为 700MB，可以记录约 70 分钟的 CD 音频，这个时长并不算多；而早期网络音频的传输速率为 56kbps，根本无法满足 CD 质量音频信号的实时传输。

关键术语

所谓码率，也称比特率（bit rate），就是数字音频信号单位时间内包含的二进制数码的个数。

二、数字音频压缩编码的分类

在进行数字音频压缩编码的过程中，主要考虑的问题是码率与音质之间的相互妥协。据此，数字音频压缩编码可以分为无损编码和有损编码两类。

（一）无损编码

无损编码就是在压缩编码完成以后，音频信号的质量完全不受损失的一种压缩编码方案。也就是说，在无损编码过程中不会舍弃原始信号当中的任何内容，对编码后的信号进行解压缩，可以完全恢复原始信号。但是，这种压缩方案的压缩率通常比较低，只能将码率减小到原始信号的一半左右。

无损编码的技术基础有很多，典型的包括：

（1）熵编码：将编码的比特数与每个值的出现概率进行匹配。

（2）差分脉冲编码调制（DPCM，Differential Pulse Code Modulation）：通过预测技术记录样本之间的差值。

（3）自适应差分编码调制（ADPCM，Adaptive Differential Pulse Code Modulation）：在 DPCM 的基础上对不同的频段设置不同的量化精度。

（4）多声道数据流“打包”，使数据传输率更小。

典型的无损音频编码方案包括 Monkey’s Audio（APE）、FLAC（Free Lossless Audio Codec）、MLP（Meridian Lossless Packing）、DST（Digital Stream Transfer），等等。相关内容在本书

的第三章中进行进一步的说明。

（二）有损编码

与无损编码相反，有损编码就是在压缩编码完成以后，音频信号的质量有所下降的一种压缩编码方案。这种压缩编码的特点是压缩率通常较高，但是压缩率越高，音质损失一般也就越大。

实际上，在音频信号中存在大量人耳无法感知的冗余信息，比如掩蔽效应就会造成很多信息无法被人听到。有损编码的基本原理，主要是对音频信号中的这些冗余信息进行舍弃，在尽量不影响人耳听阈和听觉效果的前提下，实现对信号码率的压缩。因此，有损编码会让原始信号的内容有所损失，即使经过解码恢复为原始信号的格式，也只是单纯地增加了码率，并不能恢复损失掉的内容。

大部分的有损编码方案都是以感知编码（Perceptual Coding）技术为基础进一步细化而形成的。感知编码主要基于心理声学模型和数据压缩编码技术。心理声学模型根据人耳听觉特性，能够对被编码信号的内容做出取舍，其中的主要手段包括：①

（1）根据听阈对可闻信号进行编码，舍弃听阈以下的信号。如图 1.19 所示，其中采样值 A 位于听阈曲线以上，需要被编码，而 B 位于听阈曲线以下，可以舍弃。

（2）根据掩蔽效应，只对幅度较强的掩蔽信号进行编码，舍弃被掩蔽信号。如图 1.20 所示，编码时只保留掩蔽信号 A，舍弃被掩蔽信号 B 和 C。

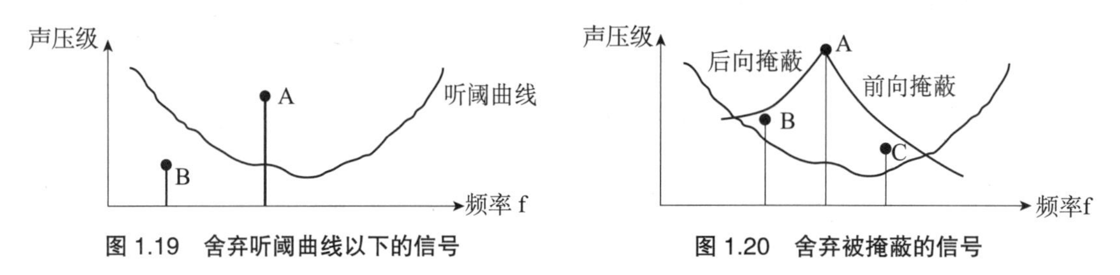

图 1.19　舍弃听阈曲线以下的信号　　**图 1.20　舍弃被掩蔽的信号**

（3）由于量化噪声的存在，不必对原始信号的全部内容编码，只需要对信号与量化噪声的差值进行编码就可以了。如图 1.21 所示，对采样值 A 和 B 来说，只需要将它们与各自量化噪声之间的差值进行编码就可以了，从而减小了量化值。

在心理声学模型的基础上，感知编码还利用数据压缩编码技术对取得的信号内容进行进一步的压缩，主要手段包括：

1. 子带编码

通过对信号的频谱进行子频带分割，实现压缩编码。如图 1.22 所示。使用了子带编码的有损压缩方案有 Dolby Digital、MPEG-2 AAC，等等。

---

① 参见王鑫、唐舒岩：《数字声频多声道环绕声技术》，人民邮电出版社 2008 年版，第 113 页。

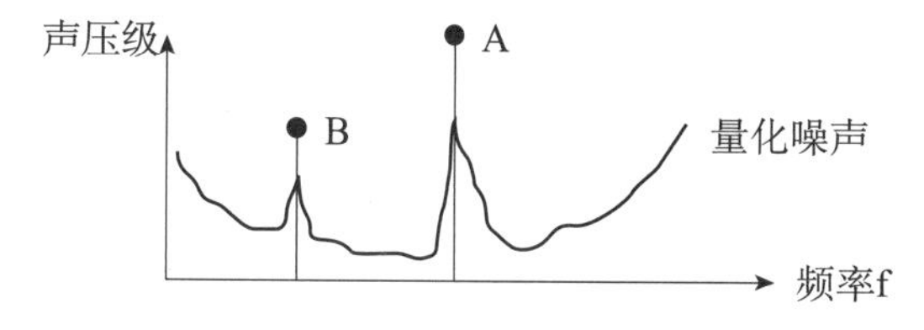

图 1.21　只对信号与量化噪声的差值进行编码

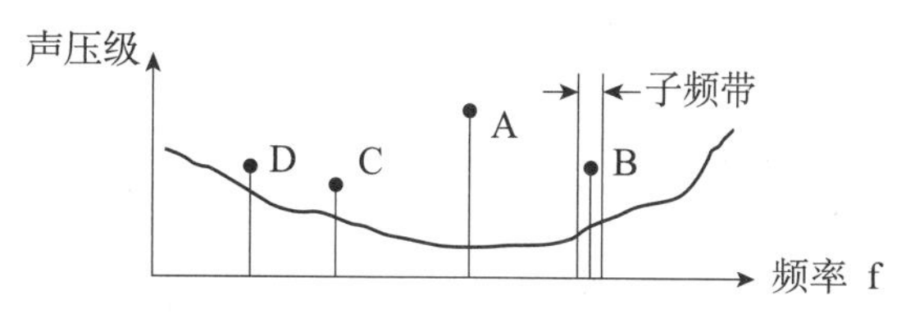

图 1.22　在信号频谱上分割子频带，然后对不同的子频带分别编码

子带编码的主要内容包括：

（1）根据声音信号固有的频谱不平坦性对不同子带合理分配比特数，使数据率更精确地与各子带的信源统计特性相匹配。

（2）各子频带的量化噪声都限制在本子带内，能避免能量较小的输入信号被其他频段的量化噪声掩盖。

（3）误码的影响也被控制在子带内，使得干扰作用减弱。

2. 变换编码

将时域音频的采样变换到频域，再利用心理声学模型对变换的系数进行量化，实现压缩编码。使用了变换编码的有损压缩方案有 MPEG-2、DTS，等等。

（三）典型的有损编码方案

比较典型的有损编码方案包括 MPEG-1 音频编码、MPEG-2 音频编码、MPEG-4 音频编码、Dolby AC-3、相干声学编码（Coherence Acoustic Encoding）和 ATRAC，等等。这些有损编码方案大量用于光盘、硬件数字音频播放器、计算机音频播放器、影院音频系统和数字电视等数字音频设备当中。与数字音频设备相关的内容可参考本书第三章中的介绍。

1.MPEG-1 音频编码

MPEG-1 是 MPEG 组织制定的第一个视频和音频有损压缩标准，也是最早推出和应用在市场上的 MPEG 技术。MPEG-1 的视频压缩算法完成于 1990 年，在 1992 年底被批准为国际标准。MPEG-1 的主要目标是在 CD 光盘上记录运动式图像，后来这一标准被应用于 VCD，画面质量大约和传统的 VHS 相当。

MPEG-1 标准一共包括 5 个部分，其中第 3 部分为音频压缩方案，第一次公布的时间是 1993 年，1996 年做了最后一次修订。MPEG-1 的音频方案共分为 3 种算法，也称为 3 个“层”（Layer），分别为 Layer Ⅰ、Layer Ⅱ以及 Layer Ⅲ。每一层之间，在保留相同的输出质量之外，压缩率都比上一层有所提高。

（1）MPEG-1 Layer Ⅰ采用每声道 192kbps，主要用于 DCC，也被 LD 用来作为数字音频信号的编码方案。

（2）MPEG-1 Layer Ⅱ采用每声道 128kbps，广泛用于数字电视、CD-ROM、CD-I 和 VCD 等。

背景延伸

MPEG即运动图像专家组（moving picture experts group），它成立于1988年，是研究视频和音频编码标准的国际组织，也是ISO（international organization for standardization）和IEC（international electrotechnical commission）的工作组之一，致力于开发视频、音频的压缩编码技术。MPEG至今已经制定了MPEG-1、MPEG-2、MPEG-3、MPEG-4、MPEG-7等多个标准，MPEG-21标准正在制定中。其中，每一个标准都包括与视频编码和音频编码相关的多种内容。

（3）MPEG-1 Layer Ⅲ采用每声道64kbps，后来发展成为最通行的有损音频压缩编码方案和音频文件格式，即MP3。

MPEG-1音频编码最多支持2声道音频，不支持多声道音频。

2.MPEG-2音频编码

MPEG-2是MPEG工作组于1994年发布的视频和音频压缩国际标准。MPEG-2通常用来为广播信号提供视频和音频编码，包括卫星电视、有线电视等，画面质量覆盖低清、标清和高清。MPEG-2标准在经过少量修改后，成为DVD产品的核心技术。此外，MPEG-2标准还被用于HDTV（高清电视）节目的传输系统和蓝光光盘当中。

MPEG-2标准一共包括11个部分，其中第3部分和第7部分为音频压缩编码标准。

MPEG-2的第3部分所定义的音频压缩编码方案通常被直接称为MPEG-2音频编码。这一方案对MPEG-1的音频压缩方案进行了改进，增加了多声道和低采样率功能，还具有向后兼容的特点，因此也被称为MPEG-2 BC（Backward Compatible，向后兼容）。由于改进自MPEG-1音频编码，因此MPEG-2BC标准本身也分为Layer Ⅰ、Layer Ⅱ以及Layer Ⅲ。使用该编码的音频码流是DVD-Video的可选音频码流之一。

MPEG-2的第7部分则定义了向后不兼容的音频压缩方案，性能相比MPEG-2 BC更为出色。这一方案最初被称为MPEG-2 NBC（Non Backward Compatible，向后不兼容），1996年改名MPEG-2 AAC（Advanced Audio Coding，高级音频编码）。

与MPEG-1音频编码相比，MPEG-2音频编码最多可支持6声道，因此可以满足环绕声音频信号的压缩编码。

3.MPEG-4音频编码

MPEG-4是MPEG工作组制定的一套用于音频和视频的压缩编码标准。第一版在1998年10月通过，第二版则在1999年12月通过。MPEG-4方案的主要用途是互联网上的流传输、光盘、语音传送（视频电话），以及DVB（数字视频广播）等。

在视频部分，MPEG-4提出了“基于内容”进行压缩的概念（MPEG-1和MPEG-2是基于时间或空间上连续的帧），同时强调了“交互式视频服务”。MPEG-4是一个公开的平台，各公司、机构均可以根据MPEG-4标准开发不同的编码技术，因此市场上出现了很多基于 MPEG-4 的视频格式，例如 WMV 9、DivX、Xvid 等。

MPEG-4 标准的内容十分庞大，目前共包括 27 个部分，其中第 3 部分定义了音频编码方案及相关的编解码器标准。这一部分的内容对 AAC 音频编码加入了 SBR（Spectral Band Replication，频带重构）和 PS（Parametric Stereo，参量立体声）等技术，被称为 MPEG-4 AAC。

4.Dolby AC-3 编码

Dolby Digital（杜比数字）是美国杜比实验室开发的多声道有损音频压缩及系统构成方案。该方案最初称为 Dolby AC-3（Audio Codec 3，音频编解码器 3），对于电影胶片上的环绕声光学声迹则称为 Dolby SR.D（Spectral Recording Digital），1994 年统一所有名称为 Dolby Digital。不过，习惯上对具体的音频编码方案仍称为 Dolby AC-3，而对相关的系统和码流称为 Dolby Digital。Dolby Digital 的标志如图 1.23 所示。

图 1.23　Dolby Digital 的标志

Dolby AC-3 编码方案被广泛用于电影、DVD、BD、ATSC、Sony PlayStation 3 游戏机等领域。它的独特功能包括对信号的“对白电平归一化”和“动态范围控制”。Dolby Digital 码流可以包括 6 个独立的声道，如 5.1 声道，也可以支持单声道或立体声，最大码率为 640kbps。不过，不同媒体对于 Dolby Digital 码率的限制有所不同：在 35mm 电影胶片上使用 320kbps 的固定码率；在 DVD-Video 和 ATSC（Advanced Television Systems Committee，高级电视标准委员会，美国高清电视的标准化组织）电视信号当中的最高码率为 448kbps；而在 BD 和 Sony PlayStation 3 当中最高可实现 640kbps。

5. 相干声学编码

DTS（Digital Theater Systems，数字影院系统）是由 DTS 公司于 1991 年开发的多声道有损音频压缩编码及系统构成方案，广泛应用于影院和 DVD、BD 等载体上。该方案使用被称为相干声学编码（Coherence Acoustic Encoding）的多声道音频编码技术，能够将 6 个声道的独立信号编码为一条数字码流。DTS 的标志如图 1.24 所示。

图 1.24　DTS 的标志

在影院的 DTS 系统当中，DTS 的码流是存储在 CD-ROM 上的，同时在电影胶片上洗印特别编制的时间码，使画面与声音形成同步。DTS 码流在 CD-ROM 上的码率为 1103kbps。而在 DVD-Video 当中，DTS 码流的码率可达 1536kbps，远超 Dolby Digital 的 448kbps 码率，因此与 Dolby Digital 相比，通常情况下 DTS 码流的音响效果更为出色。

6.ATRAC 编码

SDDS（Sony Dynamic Digital Sound，索尼动态数字声，见图 1.25）是 Sony 公司在 1993

年针对影院所研发的环绕声系统，采用7.1（5–2）声道重放，除7.1声道外，还带有4个备用声道。SDDS使用Sony自主研发的ATRAC（Adaptive Transform Acoustic Coding，自适应听觉转换编码）方案进行压缩编码，12个声道编码后的码率为2.2Mbps。除了用在SDDS系统上以外，Sony公司还将ATRAC编码方案应用于MD。

图 1.25　SDDS 的标志

第八节　数字音频文件格式

目前，数字音频信号大多是以计算机文件的形式存储在光盘、硬盘、闪存等载体上的，并按照文件的形式在互联网上进行传播和交流。数字音频工作站对音频信号的记录、编辑、处理和输出，也全部是以文件的形式完成的。因此，我们有必要对常见的数字音频文件格式有所了解。

根据数字音频信号的压缩方式，数字音频文件可被分为三种类型：非压缩音频文件、无损压缩音频文件和有损压缩音频文件。

一、非压缩音频文件

非压缩音频文件就是没有对音频文件进行压缩的文件类型。一般来说，它们都是通过对PCM信号进行文件形式的“封装”而得到的。常见的非压缩音频文件主要有Wave（包括其扩展形式）和AIFF两种，此外还有SD Ⅱ、BWF等其他格式。

（一）.Wave（.wav）

Wave是由微软和IBM公司联合开发的音频文件格式（容器）。它对音频信号的编码方式没有硬性规定，而其中最常见的是PCM编码。Wave文件是目前通用性最好的数字音频文件，几乎任何硬件或软件播放器都能够识别它，并进行播放。而在数字音频工作站上，Wave格式也是最常用的录音和输出格式。Wave文件的限制在于，它的最大体积不能超过4GB。

（二）Wave64（.w64）

Wave64是由Sonic Foundry公司开发的音频文件格式，2003年，Sonic Foundry公司被Sony公司收购以后，该格式称为Sony Wave64。在音频的质量上，Wave64与Wave完全一致，但是它最大可支持的文件体积要远大于Wave，因此比较适合进行长时间连续录音。

目前，绝大多数的数字音频工作站主程序都支持 Wave64 格式。

（三）BWF（.wav）

BWF（Broadcast Wave Format，广播级波形格式）是 Wave 格式的变体，由 EBU（European Broadcasting Union，欧洲广播联盟）于 1997 年制定。与 Wave 格式相比，BWF 的最大改进是可以加入元数据（Metadata），从而包含了音频文件的很多相关信息。BWF 的通用性与 Wave 相当，有些数字音频工作站主程序，如 Pro Tools，目前就是以 BWF 作为录音格式的。

（四）RF64（.rf64）

RF64 也称 MBWF（Multichannel BWF，多声道 BWF）是一种由 EBU 定义的音频文件格式，主要是为了应对多声道音频广播与文件传输的需求。RF64 是基于 RIFF 和 Wave 格式研制的，该格式名中的"RF"即代表 RIFF。而 RIFF（Resource Interchange File Format，资源交换文件格式）是由微软和 IBM 公司于 1991 年联合定义的资源类型文件基本结构，Wave 文件和 AVI 文件都来源于该结构。RF64 即 RIFF 的 64bit 版本，它的文件体积可以远大于 4GB，可以适用于多声道、立体声和单声道。目前，支持 RF64 的数字音频工作站主程序很少，如 Audition 2 和 Audition 3。

（五）AIFF（.aiff，.aif）

AIFF（Audio Interchange File Format）是由 Apple 公司开发的音频文件格式（容器），属于 QuickTime 技术的一部分，内部信号采用 PCM 编码。AIFF 在 OS X 操作系统下是和 Wave 并列的通用数字音频文件，而 Windows 操作系统下的软件播放器或者是硬件播放器大多也能够识别 AIFF。AIFF 还有一种可进行最高 6:1 压缩的变体，称为 AIFC（.aifc），即 AIFF Compressed（AIFF 压缩）。

（六）SD Ⅱ（.sd2）

SD Ⅱ即 Sound Designer Ⅱ，是由 Digidesign 公司为基于 Apple 公司计算机的数字音频工作站软件 Sound Tools（Pro Tools 的前身）而开发的音频文件格式，可支持单声道和立体声。SD Ⅱ目前仍是 Apple 平台上被广泛接受的音频文件格式之一，某些 PC 平台的软件播放器也可以识别该格式。不过，Pro Tools 软件从 9.0 版本开始，已经不再支持在录音时使用 SD Ⅱ格式。

二、无损压缩音频文件

无损压缩音频文件就是对音频信号使用了无损压缩编码的音频文件。常见的无损压缩音频文件格式包括 Monkey's Audio（.ape）、FLAC（.flac）、ALAC（.m4a）、WavPack

(.WV)、TAK、WMA Lossless、True Audio(.tta)等。

(一) Monkey's Audio(.ape)

Monkey's Audio 是出现较早的无损音频压缩方案，能够对 PCM 编码的 Wave 文件进行大比率压缩。根据原始信号的繁简程度，压缩率通常在 35–50% 之间。Monkey's Audio 实际上是这种格式的软件编解码器的名字，而经过编码后得到的文件格式称为 APE。APE 是目前网络上最常见的无损压缩音频文件格式之一，它的出现大大推动了高质量音频的传播，也在一定程度上成为了 CD–DA 的替代品。

不过，APE 文件的容错性很差，如果在复制过程中，文件出现了一个字节的损坏，就可能导致大片数据的丢失。此外，APE 并不是一个完全自由的编码格式，各种软硬件平台对它的支持都不够好。

(二) FLAC(.flac)

FLAC(Free Lossless Audio Codec)是网络上另一种常见的无损压缩音频文件格式。相比于 APE，FLAC 的出现时间较晚，但优势却比较明显。

FLAC 的压缩率与 APE 相似，但它却具有极好的容错性。如果文件出现坏死的字节，只会丢失对应的数据，并不会像 APE 那样造成大面积的数据损失。FLAC 的编解码设计非常先进，能够支持 192kHz 甚至更高的采样频率，也支持多声道，甚至能够针对非 PCM 信号进行编码。FLAC 具有流媒体的特征，可以实现一边传输一边播放。FLAC 支持 CUE 文件(播放列表引导文件)的内嵌，可以实现用一个文件备份整张 CD，而不是像 APE 那样必须使用一个单独的 CUE 文件。FLAC 还是一个完全开放的免费方案，从而获得了很多播放器的原生支持。

因此，目前 FLAC 已经成为最为通行的无损编码音频文件格式，甚至很多音频工作站软件，如 Audition 和 Cubase 都开始支持使用 FLAC 格式进行录音。这样，就能够使录音素材的体积下降一半以上，而且对音质完全没有影响。未来，FLAC 有可能替代 Wave，成为数字音频工作站的所使用的标准文件格式。

(三) ALAC(.m4a)

ALAC(Apple Lossless Audio Codec)是 Apple 公司制定的无损音频压缩文件格式。它类似于 APE 和 FLAC，可以利用较小的数据容量实现音频信号的无损记录。计算机上的 ALAC 文件可以通过 iTunes 和 QuickTime 软件进行播放。此外，如果希望用 iPod 或 iPhone 播放无损音频压缩文件，目前唯一的选择就是使用 ALAC。

ALAC 格式目前已经开源，鉴于 Apple 产品的影响力，未来这种格式的通用性应当会有所提高。

三、有损压缩音频文件

有损压缩音频文件就是对音频信号使用了有损压缩编码的音频文件。在使用有损压缩音频文件时，最需要考虑的问题，也是压缩率与音质之间的相互妥协。目前最常用的有损压缩音频文件格式为 MP3 和 AAC，另外还有 OGG、MPC，以及针对流媒体而研发的 RealAudio、WMA、QuickTime 和 Flash 等（后两者为音视频结合的流媒体格式）。

（一）MP3（.mp3）

MP3 这个术语具有多种含义，既可以指一种音频有损压缩方案，也可以指基于这种方案产生的音频文件，还可以指用来播放这种音频文件（也包括其他类型的音频文件）的便携式播放器。

（二）是 MPEG Audio Layer Ⅲ的简写，即 MPEG-1 音频编码标准第 3 层。1993 年，德国 Fraunhofer IIS 研究院和 Thomson Multimedia 公司合作，将 MP3 从 MPEG-1 标准中脱离出来，作为独立的音频压缩编码方案来使用，并形成了 MP3 文件格式。

作为压缩方案的 MP3，是世界上第一个实用的音频有损压缩方案。它的标准压缩率为 1/12（在 44.1kHz、16bit、两声道的情况下，码率为 128kbps），压缩率可变（码率在两声道 32kbps 至 384kbps 之间）。该方案支持 32、44.1 和 48kHz 的采样频率，还可使用 VBR（Variable bitrate，可变码率）技术。在 MP3 方案的基础上，后来又衍生出了性能更好的 MP3 Pro、MP3 Surround、MP3 HD 等方案。

作为音频文件的 MP3，是目前世界上最为通行的有损压缩音频文件格式。它的出现从根本上改变了声音制品的销售和传播方式。目前，几乎所有的数字音频工作站都支持 MP3 文件的输入和输出。

MP3 文件的编码器有很多种，其中使用最为广泛的是 Lame。它作为一种内嵌程序，包含在很多可以进行 MP3 编码的软件当中，如 foobar 2000。

（二）OGG（.ogg）

OGG 本身是一种文件结构（容器），可以纳入各种不同编码的数据流，如音频流或者视频流，还可以同时包括音频流和视频流。而常见的 OGG 格式，指的是装入了一种有损压缩音频流的 OGG 文件，这种音频流所使用的压缩方案称为 Vorbis。

在中低码率下，OGG 格式的音质与 MP3 相比，优势比较明显，而在高码率下则没有什么优势。

（三）MPC（.mpc）

MPC 是 Musepack 的简写，旧称为 MPEGplus 或 MPEG+（拓展名为 .mpp 或者 .mp+）。MPC 与 MP3 相似，也是从 MPEG Audio Layer Ⅱ（MP2）基础上发展而来。

MPC 文件在低码率下的音质没有优势。而在中高码率（192kbps 以上）时，MPC 的音质超越使用 Lame 最高质量编码的 MP3。

（四）AAC（.aac，.mp4，.m4a）

尽管 OGG 和 MPC 都是 MP3 可选的替代品，但它们的通用性远没有 MP3 那么好。目前，真正能够全面压倒 MP3 的有损压缩音频文件格式是 AAC（Advanced Audio Coding）。它是由 AT&T、Dolby、Fraunhofer 与 SONY 等公司共同研究，在 MPEG-2 Layer Ⅱ、Dolby AC-3 及 MPEG-1 Layer Ⅲ 等标准的基础上发展而来的音频压缩方案及文件格式。

就像前文提到的，这一方案最初称为 MPEG-2 NBC（Non Backward Compatible），1996 年改名为 MPEG-2 AAC。当 MPEG-4 标准在 2000 年出现以后，AAC 方案又得到了改进，称为 MPEG-4 AAC。

AAC 方案共分为 9 种具体的规格，以适应不同场合的需要。而由这种压缩方案所形成的有损压缩音频文件，目前共有 3 种常见的扩展名：

（1）.aac：使用 MPEG-2 AAC 进行编码，并使用 MPEG-2 TS（MPEG-2 标准第 1 部分所定义的数据流方案之一）作为容器的音频文件。

（2）.mp4：使用 MPEG-4 AAC 进行编码，并按照 MPEG-4 标准的第 14 部分进行封装的 AAC 文件。需要注意的是，扩展名为 .mp4 的文件并不一定是 AAC 文件，按照 MPEG-4 标准而得到的音视频合并文件，大部分的扩展名都是 .mp4；而 ALAC 文件的扩展名也是 .mp4。

（3）.m4a：为了区别纯音频的 MP4 文件和音视频合并的 MP4 文件，Apple 公司对纯音频的 MP4 文件采用了“.m4a”进行命名。M4A 本质上和纯音频的 MP4 文件相同，因此纯音频的 MP4 文件也可直接将扩展名更改为 .m4a。

AAC 的性能全面超越了 MP3。它最高支持 96kHz 的采样率和 32bit 的量化精度，声道数可达到 6 声道。在两声道情况下，AAC 文件的码率最高可达 512kbps。在音质上，码率为 220kbps 左右（通常都使用可变码率技术）的 AAC 文件，可以等同或者优于 320kbps 的 MP3 文件。由于苹果公司的大力推进，AAC 文件的通用性也变得越来越好。未来，AAC 完全有可能替代 MP3，成为数字音频领域当中最为通用的有损压缩文件格式。

（五）RealAudio（.ra,.rm）

RealAudio 是 RealNetworks 公司开发的流媒体音频压缩方案，先后经历了 RA（RealAudio）和 RM（RealMedia）两个阶段。

RA 是世界上最早出现的，为应对窄带互联网环境下的音频传输需求而开发的压缩编码规范，最低码率仅为 14.4kbps。RM 的发布晚于 RA，它是一种音视频文件压缩规范，可以以极低的码率传输视频信号。由于 RM 也兼容音频传输，因此很快替代了 RA。

与 MP3 相比，RealAudio 强调的是压缩比而不是声音质量。它们使用专门的 Real Player 软件进行播放，后来开发的很多软件播放器也兼容 RealAudio 格式。由于竞争对手（如 WMA 和 Flash）的出现以及网络带宽的不断提高，RealAudio 已经逐渐淡出了人们的视线。

（六）WMA（.wma）

WMA（Windows Media Audio）是微软公司开发的 Windows Media 方案的音频部分，对应的视频部分为 WMV，主要针对流媒体音频的播放，也用于音频文件的编码。WMA 文件的码率可变，在相同的码率下，音质一般优于 RA。微软公司通过在 Windows 操作系统上捆绑 Windows Media Player 播放器而使这一格式得到广泛的应用。从 WMA9 版本开始，Windows Media 方案也能够使用无损音频压缩。

思考与研讨题

1. 什么是数字音频信号？它与模拟音频信号有什么区别？
2. 为什么数字音频设备中的信号要使用二进制补码表示？
3. 模 / 数转换的基本步骤是什么？
4. 什么是采样频率和量化精度，它们会对数字音频信号产生哪些影响？
5. 采样定理为什么要规定采样频率必须大于等于被采样信号最高频率的两倍？
6. 数字音频信号为什么要被划分为数据帧？
7. 什么是抖动？抖动处理的作用是什么？
8. 什么是时基抖晃？它会造成什么影响？
9. 什么是数字音频信号的码率？码率如何计算？
10. 典型的有损音频编码方案有哪些？
11. 数字音频文件分哪几种类型？常见的格式有哪些？

延伸阅读

1. 卢官明、宗昉：《数字音频原理及应用》（第 2 版），机械工业出版社，2012。

2. 〔美〕肯·C·波尔曼（Ken C.Pohlmann）著，夏田译：《数字音频技术》（第 6 版），人民邮电出版社，2013。

3. 胡泽、赵新梅：《流媒体技术与应用》，中国广播电视出版社，2006。

4. 〔美〕David Miles Huber、Robert E.Runstein 著，李伟、叶欣、张维娜译：《现代录音技术》，人民邮电出版社，2013。

5. 〔美〕Bruce Bartlett、Jenny Bartlett 著，朱慰中译：《实用录音技术》，人民邮电出版社，2010。

chapter 2

第二章　MIDI技术基础

本章要点

1．MIDI的概念

2．通过MIDI信号的控制产生声音的过程

3．MIDI接口的类型

如果说数字音频技术是数字音频工作站在音频信号处理方面的技术基础的话，那么MIDI技术就是它在编曲和音乐现场演出方面的技术基础。近30年来，MIDI及其外延技术的发展有力地推动了数字音乐设备之间的相互联系和信息交流，使得以数字音频工作站为核心的数字音乐制作系统变得越来越强大和多样化。本章将对MIDI技术的基本内容进行简单的介绍，更为详细的介绍请参考相关资料。

第一节　MIDI概述

背景延伸

以合成器为代表的电子乐器在20世纪70年代末期已经变得越来越普遍，成为很多音乐会演出的常见设备。但是，当时并不存在一个通用的电子乐器控制标准，因此将不同厂商生产的电子乐器连接起来是非常困难的。80年代初，日本Roland公司联合美国的Sequential Circuits公司，一起研究了用于电子乐器互联的数字接口，并达成了5针接口的标准。后来，Yamaha等厂商也参与进来，并于1982年达成了众多厂商关于这一标准的协议，最终促成了MIDI协议的诞生。

一、MIDI的产生

为解决电子乐器间的通信问题，1982年，国际乐器制造协会的几十家厂商（主要是美国和日本的厂商）经过协商，通过了美国Sequential Circuits公司提出的“通用合成器接口方案”，并改名为“音乐设备数字接口”。1983年，关于MIDI的统一标准被制定出来，这就是“MIDI协议（1.0版）”，MIDI由此诞生。

MIDI最常见的译法是“乐器数字接口”，这是因为在MIDI发展早期，它的主要功能是将不同的电子乐器连接在一起，满足现场演出的要求。但是，导致MIDI诞生的最初想法，实际上是为了将作为音序器的计算机和作为电子乐器的合成器连接在一起。随着MIDI的发展，能够使用这一标准进行连接的设备并不限于电子乐器，而是包括了所有与数字音乐制作相关的设备。从这个角度说，将MIDI译为“音乐设备数字接口”更合适一些。

二、MIDI的概念

对于MIDI概念的理解，可以从广义和狭义两个方面来进行。狭义的MIDI即MIDI的本质，是一种数字通信协议或通信语言；而广义的MIDI则泛指与MIDI相关的各种数字音乐设备，因此从这个概念上讲，MIDI 一词可以指代整个电子音乐制作系统（尽管这种系统有时并不一定使用到 MIDI）及其产生的作品，比如“MIDI 编曲”、“MIDI 音乐”、“MIDI 设备”，等等。

关键术语

MIDI 是 Musical Instrument Digital Interface 的简称，即“音乐设备数字接口”。MIDI 的本质是一种数字通信语言（或称通信协议、通信标准），计算机、电子乐器和控制设备等数字音乐设备可以通过这种信号实现相互间的对话，从而协同工作。

三、从 MIDI 到声音

在使用 MIDI 进行设备互联和音乐制作的时候，我们通常都会听到声音。但是，对于 MIDI 的理解，最需要注意的问题就是：MIDI 只是一种数字控制信号，而不是数字音频信号，所以它本身并不能发声。我们所听到的声音，是在 MIDI 信号的控制下，先由声音合成设备（合成器、音源、采样器）产生出音频信号，再经过监听设备（扬声器或耳机）重放而得到的。

在这个过程中，一定存在一个产生 MIDI 信号的设备、一个声音合成设备，以及一个监听设备。此外，还可以加入一个用于记录和编辑 MIDI 信号的设备（音序器）。这一信号流程如图 2.1 所示，图中的 MIDI 键盘、计算机、音源和扬声器的作用分别是产生 MIDI 信号、记录编辑 MIDI 信号、声音合成及声音重放。关于这些设备的具体类型，本书第四章会进行更为详细的说明。

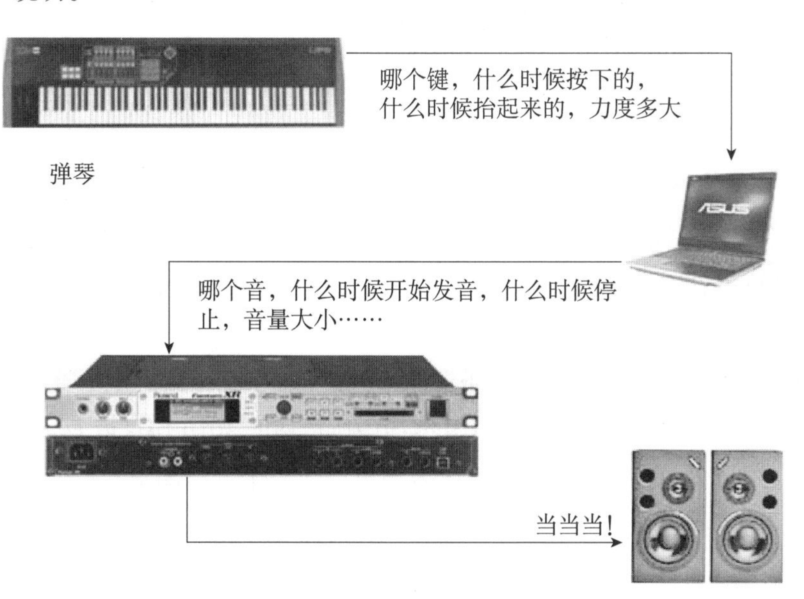

图 2.1 在 MIDI 信号的控制下产生声音

第二节　MIDI 信息

MIDI 信息（MIDI Message）即 MIDI 信号中所包含的具体控制命令，这些命令的内容主要是关于演奏的控制和对系统的控制。

一、MIDI 信息的内容

一个标准的 MIDI 信息通常包含 2 个或 3 个字节，每一个字节包含 8 个 bit。

一个 MIDI 信息中的字节可以分为两种：状态字节和数据字节。

状态字节用于识别 MIDI 信息的功能及通道号，它的数据位的最高位总是 1。

数据字节用来对触发行为的实际数值进行编码，包括音符号、触发力度等，它的数据位的最高位总是 0。

表 2.1 显示了一个 3 字节 MIDI“音符开”信息（10010100,01000000,01011001）的具体内容。它表示的意义为：“在第 4 通道上传输一个音符接通信息，音符号为 64，触发力度为 89。”

表 2.1　一个 3 字节 MIDI 音符接通信息的内容[①]

	状态字节	数据字节 1	数据字节 2
功能	状态 / 通道号	音符号	触发力度
二进制数据	10010100	01000000	01011001
数字值	音符开 / 通道 4	64	89

上面这个例子当中提到了一个术语：MIDI 通道（MIDI Channel）。我们可以将 MIDI 通道理解为 MIDI 信息的一个编号，同一个 MIDI 设备可以被设置为只对该编号的 MIDI 信息产生响应。这样，我们就可以在 MIDI 设备串接的状态下，使用同一个 MIDI 信号，让不同的 MIDI 设备产生不同的响应。

其实，MIDI 通道的最常见用法，是让多声部乐器的不同声部响应不同的 MIDI 通道。由于状态字节当中的通道号只有 4bit，因此一条 MIDI 线缆中所传递的 MIDI 信息最多只能包括 16 个通道。也正因为如此，使用一条 MIDI 线缆最多可以让一个多声部乐器产生 16 种不同声部的演奏。

---

① 胡泽:《数字音频工作站》，中国广播电视出版社 2003 年版，第 86 页。

二、MIDI 信息的类型

MIDI 信息可以分成通道信息和系统信息两类。

通道信息用于传输实时演奏的信息数据。它的标准格式如表 2.2 所示。其中，1sss 用于定义信息类型，共有 7 种，分别为音符通、音符断、复音触后、通道触后、音色改变、控制改变、弯音轮；nnnn 用于定义通道号，共 16 个；xxxxxxx 和 yyyyyyy 为传输的信息数据，各为 128 种。前文中的表 2.1 实际上就是一个通道信息的具体例子。

表 2.2 通道信息的标准格式

状态字节	数据字节 1	数据字节 2
1sssnnnn	0xxxxxxx	0yyyyyyy

系统信息用于向 MIDI 链路中的所有设备传输共同的信息，其中不包含通道号，因此可以控制所有的设备。它具体分为：系统专用信息、系统共用信息和系统实时信息。

表 2.3 显示了包括通道信息和系统信息在内的 MIDI 信息一览表。其中状态字节用两位 16 进制数字（0—F）表示。n 表示 0—F 中的任意一个数字。LSB 表示最低位，MSB 表示最高位。

表 2.3 MIDI 信息一览表

信息	状态字节	数据字节 1	数据字节 2
通道信息			
note off	8n	音符号	离键速率
note on	9n	音符号	按键速率
polyphonic aftertouch	An	音符号	压力值
control change	Bn	控制器号	数值
program change	Cn	音色号	数值
channel aftertouch	Dn	压力值	
pitch wheel	En	LSB	MSB
系统专用信息			
system exclusive start	F0	厂商 ID	多个数据字节
end of sysEx	F7		
系统共用信息			

续表

信息	状态字节	数据字节 1	数据字节 2
quarter frame（MTC）	F1	数值	
song pointer	F2	LSB	MSB
song select	F3	歌曲号	
tune request	F6		
系统实时信息			
timing clock	F8		
start	FA		
continue	FB		
stop	FC		
active sensing	FE		
reset	FF		

第三节　MIDI 信号的传输

MIDI 信号可以使用多种不同的方式进行传输。比如标准 MIDI 线缆、USB 线缆、火线、网线，甚至还可以通过无线网络传输。

一、MIDI 线缆

标准的 MIDI 线缆为一种屏蔽导线，两端各有一个 5 针 DIN（Deutsche Industrie Norm，德国工业规格）接头，最大长度不超过 50 英尺。一条 MIDI 线缆支持 16 通道的演奏、控制器和时间数据进行单向传输。MIDI 信号的传输方式为串行传输，同一时间只能传输 1bit，传输速度为每秒 3125 字节。

5 针 DIN 接头习惯上被称为“MIDI 接头”，是专门用于 MIDI 设备连接的接头格式，分为公头和母头两种。5 个针脚的排列如图 2.2 所示。其中第 2 针脚接地，第 1 和第 3 针脚空置，第 4 和第 5 针脚用来传输 MIDI 信号。

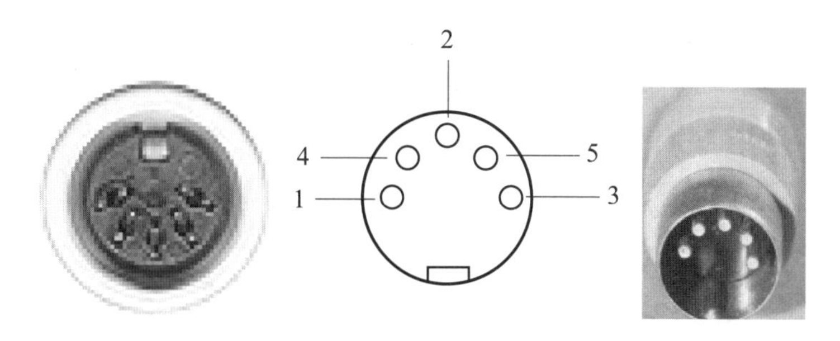

图 2.2　MIDI 接头的母头、公头和针脚排列情况

实际上，MIDI 设备之间的连接并不一定需要使用 MIDI 接头。很多早期的声卡就能够利用连接游戏手柄的 15 针 D-sub 接头连接 MIDI 设备。此时，MIDI 线缆的一头为 D-sub 接头，而另一头为两个 MIDI 接头，分别负责 MIDI 输入和输出。如图 2.3 所示。

图 2.3　使用了 D-sub 接头的 MIDI 线缆

到目前为止，MIDI 线缆仍是 MIDI 信号最为稳定的传输方式。但是有很多 MIDI 设备，如 MIDI 键盘，都已经改用 USB 接口进行 MIDI 信号的传输了。与 MIDI 线缆相比，USB 接口可以直接供电，而且和计算机的连接也更为方便。不过，使用 USB 接口传输 MIDI 信号可能会带来较多的延时，而且时基抖晃问题也比较严重。

二、MIDI 接口的类型

在信号传输的方向和方式上，MIDI 接口分为三种类型：MIDI In（MIDI 输入）、MIDI Out（MIDI 输出）和 MIDI Thru（MIDI 转接）。

1. MIDI In：接收外来 MIDI 信息，并把这些演奏、控制和时间数据传送给设备内置的微处理器。

2. MIDI Out：把本机产生的 MIDI 信息传送给另一乐器或者设备的微处理器。

3. MIDI Thru：将 MIDI In 端口得到的信息进行精确拷贝，并把它传送给 MIDI 信号通路中的下一个设备。

因此，如果我们需要用第一个设备产生的 MIDI 信息控制第二个和第三个 MIDI 设备，就可以将 MIDI 信号由第一个设备的 MIDI Out 接口输出，连接至第二个设备的 MIDI In 接口，再由第二个设备的 MIDI Thru 接口输出，连接至第三个设备的 MIDI In 接口，如此类推，形成一个环链状的连接。具体的连接方式如图 2.4 所示。

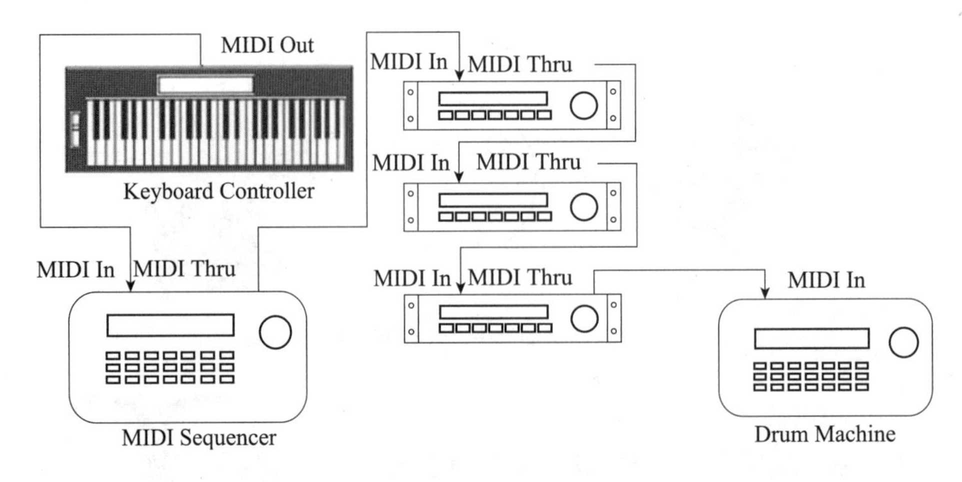

图 2.4　MIDI 设备的环链连接

第四节　MIDI 乐器的标准

这里所说的 MIDI 乐器，主要指能够接收 MIDI 信号，并按照它的控制产生音频信号的设备，比如硬件合成器和硬件音源。

前文已经谈到，MIDI 只是一种控制信号，本身并不是音频。而且 MIDI 信息也只能控制 MIDI 乐器按照一定时间、触键速率和音符号来触发某一音色号的音色，不能控制 MIDI 乐器具体发出的音色是什么。因此，即使两个 MIDI 乐器接收到了同样的 MIDI 信号，而且能够响应相同的 MIDI 通道，它们发出的声音也可能会完全不同。

为了保证同样的 MIDI 信号能让不同的 MIDI 乐器产生同一种乐器音色（并不是音质相同的音色），就必须保证不同的 MIDI 乐器当中的音色排列完全相同。这就是所谓的 MIDI 乐器标准。在 MIDI 的发展历史上，被广泛使用的 MIDI 乐器标准主要有三个：

1.GS 标准

GS 为 General Synthesizer（通用合成器）的缩写。该标准由 Roland 公司于 1990 年制定，是最早的一种 MIDI 乐器标准，向下兼容 GM 标准。

GS 标准具有以下 5 个主要功能：

（1）一台 MIDI 乐器共有 16 个声部；

（2）最小复音数为 24 或更多；

（3）按照 GS 格式进行乐器音色排列，该格式包含有各种不同风格的音乐所使用的乐器音色和打击乐音色；

（4）鼓音色可以通过音色改变信息进行选择；

（5）包含两种可调节的效果：混响和合唱。

2.GM 标准

GM 的全称为“通用 MIDI 标准系统第一级”（General MIDI System Level 1），由日本 MIDI 标准委员会（JMSC）和美国 MIDI 制造商协会（MMA）在 GS 标准的基础上，于 1991 年共同制定。

GM 标准可以被认为是 GS 标准的简化版本，它为 128 种常用的乐器音色（分成 16 组）规定了序号，将 47 种标准的非旋律性打击乐器分配在第 10 通道上，并为这 47 种打击乐器规定了音符序号 [35（B2）— 81（A6）]。由于 GM 的标准相对比较低，几乎所有的厂商都能够根据这一标准生产自己的 MIDI 乐器，因此它成为了世界上第一种通用的 MIDI 乐器标准。

3.XG 标准

XG 是 Extended General MIDI（扩展的通用 MIDI 标准）的缩写。由 Yamaha 公司于 1994 年制定。

该标准能够向下兼容 GM 和 GS 标准，同时还增加了许多新的功能，其中包括音色库（音色数量）的增加，以及启用了更多的控制器对音色亮度等方面进行控制，等等。

MIDI 乐器标准的出现，主要是为了应对使用硬件 MIDI 乐器作为声音合成设备的情况。随着虚拟乐器的普及，这些 MIDI 乐器标准几乎已经失去了存在的意义。但是，在使用某些多声部虚拟乐器的时候，我们有时依然会看到这些标准遗留的痕迹。

思考与研讨题

1. 应该怎样理解 MIDI 这个概念？
2. 怎样通过 MIDI 的控制产生声音？基本的系统连接是怎样的？
3. MIDI 信息是如何构成的？
4. 可以通过哪些方式传输 MIDI 信号？
5. 在信号传输的方向和方式上，MIDI 接口可以分为哪几种类型？它们各自的功能是什么？

延伸阅读

1. 丁乔、张磊、周君：《MIDI 手册》（修订版），人民邮电出版社，2013。

2. 〔美〕Andrea Pejrolo、Richard DeRosa 著，夏田、刘捷译：《现代音乐人编曲手册——传统管弦乐配器和 MIDI 音序制作必备指南》，人民邮电出版社，2010。

chapter 3

第三章　数字音频设备简介

本章要点

1．数字磁带录音机的主要类型
2．光盘的主要类型
3．硬盘的主要类型
4．常见的数字音频接口协议及其主要内容
5．时间码同步的方法
6．字时钟同步的方法

现代录音和编曲系统是由各种各样的模拟和数字音频设备构成的。在相关专业的教学过程中，对于数字音频设备的介绍，通常是分散在若干课程当中进行的。比如，对于数字音频存储和播放设备的介绍，属于传统的数字音频技术课程的组成部分；对于数字调音台的介绍，一般会包括在调音台原理和操作课程当中；对于数字合成器、采样器的介绍，由专门的声音合成与采样课程负责；而对于数字音频工作站的相关内容，则由数字音频工作站原理和操作课程负责完成。

由于本书整合了数字音频技术的基本知识，所以也有必要对数字音频设备进行简单的介绍。不过，根据教学内容的要求，本章当中所涉及的数字音频设备，主要是传统数字音频技术课程所包含的数字音频存储和播放设备。此外，作为现代声音制作系统的核心，数字音频工作站经常需要和其他音频设备进行连接，因此本章也对数字音频设备之间的接口协议和同步方式做了简单的介绍。

第一节　数字音频设备概论

一、数字音频设备的概念和分类

数字音频设备是利用数字方式，对音频信号进行处理、存储或传输的设备。

从具体功能和使用方式上划分，数字音频设备可以包括很多种类，例如：

- 数字音频存储和播放设备
- 数字调音台
- 数字效果器
- 数字音频工作站
- 数字传声器
- 数字扬声器
- 数字合成器

…………

而从结构上划分，上述数字音频设备可以分为三种类型：

（1）纯粹的数字音频设备，即不带 A/D、D/A 模块，从而不能输入 / 输出模拟信号，只能输入 / 输出数字信号的设备，如纯数字声卡。

（2）带有 A/D、D/A 模块，能够以模拟方式输入、输出音频信号的设备，但这些设备在内部对音频信号的处理或存储是以数字方式完成的，如数字调音台、数字录音机、数字效果器、数字合成器，等等。常说的数字音频设备大部分属于这一类。

（3）大部分由模拟原件组成，只是在输入或者输出部分采用 A/D 或 D/A 模块，能够将模拟信号和数字信号相互转换之后进行传输的设备，如数字传声器、数字扬声器等。

二、数字音频设备的内涵

实际上，当我们谈到数字音频设备这个概念的时候，会涉及很多相关的问题，例如：

1. 数字音频信号的格式（信源问题）

这是指数字音频设备中所使用的数字音频信号是属于非压缩编码、无损压缩编码，还是有损压缩编码，具体的编码方案是什么，存储时的文件类型是什么，等等。比如：Wave 格式两声道非压缩线性 PCM 文件、Dolby Digital 格式 6 声道实时音频流等。

2. 数字音频信号的载体（载体问题）

这是指在数字音频设备当中，使用哪种载体进行数字音频信号的记录，比如磁带、光盘、硬盘、闪存，等等。

3. 对应于某种载体的记录和播放设备（设备问题）

这是指数字音频设备本身的软硬件标准问题，比如数字磁带录音机的磁头运动方式、光盘播放器的转速、音频播放软件的解码方式，等等。

4. 设备互连及接口格式（信道问题）

这是指数字设备连接的标准，以及具体的传输协议问题，比如 AES/EBU 接口、ADAT 接口，等等。

5. 数字音频信号处理方法（算法问题）

这是指数字音频设备在信号处理时所使用的基本算法，比如通过卷积运算实现混响效果，通过物理建模实现压缩处理，等等。

本书第一章已经对数字音频信号的格式进行了介绍，本章主要涉及数字音频信号的载体、记录和播放设备，以及接口格式等问题，对于数字音频信号处理的方法，将在后面的章节中有所涉及。

第二节　数字音频的存储和播放

本节主要介绍用于数字音频信号存储和播放的信号载体和录放设备。作为相关的背景知识，我们需要简单了解一下数字录音技术的发展过程。

- 1937 年，英国科学家 Alec Reeves 发明了 PCM 的模 / 数转换方法。
- 1942 年，贝尔电话公司发明了数字语音传输系统。
- 1957 年，贝尔电话公司的 Max Mathews 实现了用计算机处理音频信号。
- 1967 年，日本 NHK 电台发明了世界上第一台 PCM 数字音频录音机，采用

12bit、30kHz 格式记录立体声信号。

- 1971 年，世界首个商业化数字录音实现。
- 1972 年，日本 Denon 公司在 NHK 的基础上，开发了使用 2 英寸视频录像带记录 PCM 数字音频信号的立体声录音机，后又发展出 8 轨数字录音机。
- 1976 年，美国 Soundstream 公司开发了使用 1 英寸磁带的 2 轨数字录音机，并完成了世界上首次 16bit 精度的数字录音（37kHz 采样），录制内容为歌剧。
- 1978 年，Soundstream 的数字磁带录音机性能被提升为 4 轨、50kHz、16bit。美国 Telarc 公司使用该系统录制了世界上第一张高保真数字录音唱片（以 LP 形式发行）。如图 3.1 所示。

图 3.1　Soundstream 公司开发的 4 轨数字磁带录音机

- 1979 年，CD 的概念被提出。1982 年，CD 正式开始销售，民用领域从此拥有了数字音频的实用性载体。
- 1979 年，华纳公司使用 3M 公司的 32 轨数字录音机，制作了世界首张数字录音的流行音乐专辑。
- 1982 年，美国 New England Digital 公司在其开发的数字合成器 Synclavier 上首次实现了硬盘录音。
- 1982 年，Sony 公司推出 DASH 格式的开盘数字磁带录音机，并在随后与 Mitsubishi（三菱）公司的 ProDigi 格式的竞争中获胜，使得数字多轨磁带录音在专业录音领域开始普及。
- 1986 年，R-DAT 标准问世，到了 90 年代初期，DAT 在专业领域成为 2 轨盒式数字磁带录音的标准，但在民用领域未能替代模拟盒式磁带。
- 1989 年，Digidesign 公司推出运行于 Apple Macintosh 计算机的音频编辑软件 Sound Tools 及其相关硬件，成为数字音频工作站早期产品的代表。
- 1991 年，Alesis 公司推出使用 S-VHS 录像带的 8 轨数字录音机 ADAT，使得多轨数字磁带录音机小型化，并且成本大为降低。
- 1991 年，Digidesign 公司推出 Pro Tools 数字音频工作站软件及其相关硬件。
- 1991 年，杜比实验室推出 Dolby SR.D 电影数字声迹技术，数字环绕声技术在电影当中开始普及。

- 1992年，Sony推出与CD竞争的MD，并意图用它替代模拟盒式磁带。
- 1992年，Philips与Matsushita（松下）公司推出用于替代模拟盒式磁带的DCC，同时与Sony公司的MD竞争，但未获成功。
- 1993年，Tascam公司推出与ADAT竞争的DTRS数字8轨录音机，使用Hi-8mm格式的小型视频录像带。
- 1993年，DTS公司推出与Dolby SR.D竞争的DTS数字环绕声技术。
- 1995年，DVD规范发布，用以替代CD。
- 90年代中期，专业录音领域开始使用硬盘录音机替代数字多轨磁带录音机。
- 从21世纪初，专业录音领域开始全面使用数字音频工作站替代硬盘录音机和DAT。
- 2006年，由Sony主导的蓝光光碟联盟全面推动Blu-ray Disk相关产品，并于2008年打败东芝主导的HD DVD，成为DVD的替代产品。
- 至2005年左右，数字音频工作站成为专业录音领域的核心设备。
- 2010年前后，在民用领域，基于硬盘和闪存的存储和播放，以及网络在线播放成为数字音频节目欣赏的主流方式，光盘逐渐淡出市场。

从上面的背景知识可以看到，数字音频信号的载体主要包括：

- 磁带；
- 光盘；
- 硬盘；
- 闪存；
- 胶片。

与之对应，数字音频录放设备主要包括：

- 数字磁带录音机；
- 光盘录放设备；
- 硬盘录放设备；
- 闪存录放设备；
- 电影胶片数字声迹播放设备。

一、数字音频的磁带存储和播放

数字音频可以使用各种格式的磁带及配套的数字磁带录音机进行录放。尽管这些设备几乎已经被淘汰，但是鉴于其中某些设备的经典性，我们有必要对此加以了解。

根据磁头的运行方式，数字磁带录音机可以分为固定磁头数字录音机和旋转磁头数字录音机两种。

（一）固定磁头数字录音机

1.DASH

DASH（Digital Audio Stationary Head，数字音频固定磁头）是 Sony 公司于 1982 年针对专业录音领域推出的高质量开盘式数字磁带录音机。在使用 1/4 英寸磁带时可记录 2 轨，使用 1/2 英寸磁带时可记录 24 轨（DASH Ⅰ格式）或 48 轨（DASH Ⅱ格式）。

这种录音机采用固定磁头记录 PCM 信号，使用 CIRC 进行纠错。最开始时的录音质量为 16bit、44.1/48kHz，后提高到 20bit、96kHz 精度。

DASH 格式的录音机主要由 Sony 和 Studer 公司开发，主要型号包括：

- 2 轨录音：Sony PCM-3402、PCM-3202；
- 24 轨录音：Sony PCM-3324、PCM-3324A、PCM-3324S；
- 48 轨录音：Sony PCM-3348（如图 3.2 所示）、PCM-3348HR、Studer D820、D827。

图 3.2　Sony PCM-3348 数字开盘磁带录音机

2.DCC

DCC（Digital Compact Cassette，数字微型盒式磁带）是 Philips 与 Matsushita（松下）公司针对民用市场于 1991 年开发，1992 年推出的数字盒式录音磁带，用于替代由 Philips 公司在 1962 年开发的微型模拟盒式磁带（Compact Cassette，即俗称的盒式磁带）。DCC 可记录 2 轨，播放时间为 105 分钟。录音时采用 PASC（Precision Adaptive Sub-band Coding）方案（即 MPEG-1 Audio Layer Ⅰ）进行音频压缩，将码率将至 384kbps，并使用 CIRC 纠错，纠错能力达到 47%。

DCC 录音机采用固定磁头录音，可自动翻面播放。向下兼容普通模拟盒式磁带的播放，如图 3.3 所示。

图 3.3　DCC 磁带和 DCC 录音机

（二）旋转磁头数字录音机

1.DAT

DAT（Digital Audio Tape，数字音频磁带）标准是由81家公司于1983年的DAT会议上制定的。这种磁带采用与模拟盒式磁带相同的1/8英寸（3.82mm）磁带宽度，单面，最多可记录120分钟立体声数字音频信号，如图3.4所示。

图 3.4　DAT 磁带

DAT录音机最初分为R-DAT（旋转磁头）和S-DAT（固定磁头）两种标准。S-DAT没有商业产品问世。因此，一般所谓的DAT，都是指R-DAT，如图3.5所示。

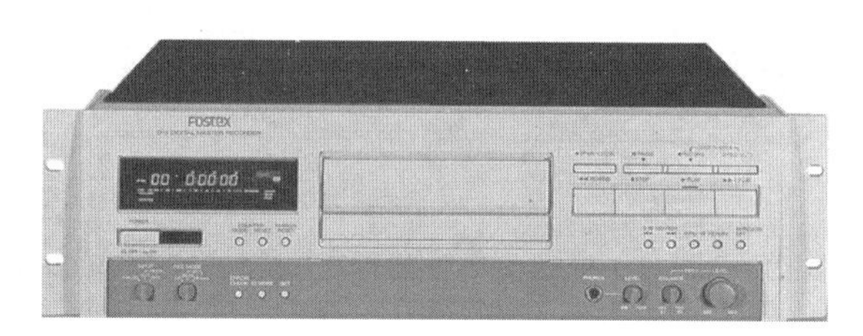

图 3.5　DAT 录音机

R-DAT标准在1986年问世。该标准支持16bit量化精度和32/44.1/48kHz三种采样频率，在特定模式下可支持24bit、96kHz，纠错方式采用CIRC。数字音频信号在进行8-10调制后使用旋转磁头记录。由于使用旋转磁头进行记录，因此数字音频信号在DAT磁带上的磁迹是倾斜的，如图3.6所示。

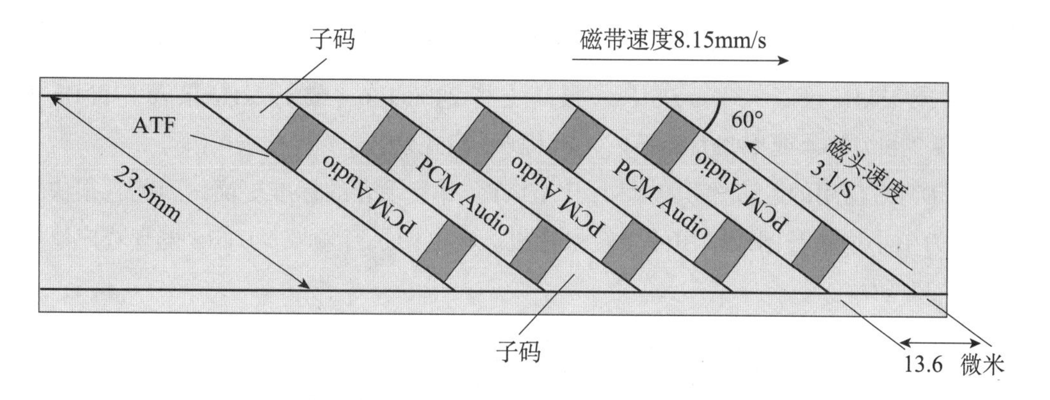

图 3.6　DAT 磁带上的倾斜式数字磁迹

DAT本希望成为专业与民用数字录音的双重标准，但由于该标准制定得比较高，导致DAT录音机价格昂贵，因此在民用领域并没有流行起来。但是在专业录音领域，DAT实际上成为20世纪整个90年代2轨数字录音的标准，被大量用于对混音完成后的信号进行记录，以及影视同期录音领域。

2.ADAT

ADAT（Alesis Digital Audio Tape Recorder，爱丽斯数字音频磁带录音机）是美国 Alesis 公司在 1991 年开发，1992 年上市的磁带录音机。该录音机使用 S-VHS 格式录像带，可同时录制 8 轨模拟音频信号或 8 轨数字音频信号，数字录音的精度为 44.1/48kHz、16bit，后提升为 20bit。在录音和放音时，这种录音机可以使用 TosLink 光纤接头和一根塑料光缆传输 8 声道数字音频信号，这种接口格式后来被称为 ADAT 接口。

ADAT 录音机可以通过在时间码的控制下多机并联使用，实现更多音轨的同时录音。它的出现大大降低了多轨数字录音的门槛，有力地推动了小型数字录音棚的发展。如图 3.7 所示。

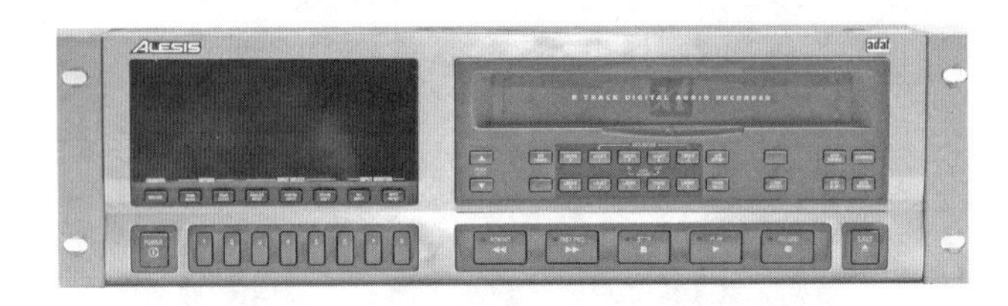

图 3.7　ADAT 8 轨磁带录音机

3.DTRS

DTRS（Digital Tape Recording System，数字磁带录音系统）是日本 TEAC 公司联合 Sony 公司，以 Tascam 品牌的名义，于 1993 年推出的 8 轨数字磁带录音机。它使用的磁带为 Hi-8 格式的录像带，并带有 Tascam 制定的 TDIF 数字音频接口（使用 DB-25 接头）。

这种录音机最初的型号为 DA-88，后推出编辑能力更强的 DA-98，及简化版的 DA-38。2000 年后，Tascam 继续推出 DTRS 录音机的新产品：包括 DA-78HR（最高支持 24bit/44.1 或 48kHz 录音）、DA-98HR（最高支持 24bit/176.4 或 192kHz 录音）和 DS-D98（最高支持 24bit/176.4 或 192kHz 录音，或以 DSD 格式录音）。

由于 DTRS 使用的磁带体积大大小于 ADAT，并且录音的标准更高，因此它很快替代 ADAT 成为中小型录音棚最常用的多轨录音机。在电影录音领域，DTRS 也有着广泛的应用，如图 3.8 所示。

图 3.8　DTRS 8 轨数字磁带录音机（Tascam DA-98 HR）

二、数字音频的光盘存储和播放

从上世纪 80 年代初到 2010 年左右，光盘在专业和民用音频领域占据着极为重要的地位，一度成为数字音频存储和播放的主流媒体。与磁带相比，光盘最大的优点在于，它的播放机是通过激光束照射光盘读取节目信号的，这种读取方式属于非接触式读取，不会对光盘的质量产生损害。而磁带在播放的时候要与磁头进行接触，属于接触式读取，会使磁带的质量随着播放次数的增加而下降。因此，从理论上来说，光盘拥有几乎无限次的读取寿命。尽管目前，在硬盘和闪存的冲击下，光盘的地位已经大为降低，但是我们还是会经常使用到它们。

需要说明的是，光盘所记录的信号不一定都是数字信号。世界上最早出现的光盘是 LD（Laser Disk，激光视盘），它是 Pioneer（先锋）公司在 1981 年随着 LD 播放机而推出的，直径为 12 英寸，用于记录模拟的视频和音频信号，如图 3.9 所示。后期的 NTSC 制式 LD 光盘将音频信号转换为数字信号，而视频信号仍然为模拟信号。

图 3.9　LD 光盘

（左侧为 LD，右侧为 CD）

但是，除 LD 以外，大部分光盘上记录的信号，不管是视频信号还是音频信号，都是数字信号。到目前为止，数字光盘的主要类型包括：CD、MD、DVD、SACD 和 BD。

（一）CD

CD（Compact Disk，微型光盘）是一个光盘家族的统一名称，主要包括 CD-DA、CD-ROM、CD-R、CD-RW、CD-I、CD-MO 和 VCD。这些光盘的尺寸和基本容量是相同的。不同 CD 光盘的规范使用了不同的封皮颜色，比如：

- 1980 年，红皮书，规定了 CD-DA（CD-Digital Audio，音频光盘）的规格。
- 1983 年，黄皮书，规定了 CD-ROM（CD-Read Only Memory，只读光盘）的规格，即用于存储计算机文件的 CD 光盘格式。
- 1987 年，绿皮书，规定了 CD-I（CD-Interactive，交互式光盘）的规格，未被广泛采用。
- 1990 年，橘皮书，规定了通用的 CD 的刻录标准，即 CD-R（CD-Recordable，可录光盘）和 CD-RW（CD-Recordable and Writable，可擦写光盘），此外还有 CD-MO（CD-magneto-optical，磁光盘）规格，主要用于出版业。
- 1994 年，白皮书，规定了 VCD（Video CD，视频 CD）的标准。

1.CD-DA

CD-DA 是最早推出的 CD 光盘，也是 CD 家族当中影响最为深远的一个。人们在提到 CD 或音频 CD 的时候，通常指的就是 CD-DA。

背景延伸

CD-DA 的概念于 1979 年 3 月被提出。1980 年，确定了 CD-DA 规范的红皮书发布。1982 年 8 月 17 日，Sony 和 Philips 联合推出了世界上第一张 CD-DA。其中，Philips 负责研发 CD 光盘盘片技术和激光读取技术；SONY 则负责数字编码技术，实现将音乐信号转变为电信号，并以 PCM 编码的形式存储于一张 CD 盘片上，如图 3.10 所示。

图 3.10　CD-DA 的发布和世界上第一台 CD 播放机

CD-DA 的规格为：盘片直径 120mm（另一种为 80mm）；厚度 1.2mm；中心孔直径 15mm；固定使用 44.1kHz 的采样频率和 16bit 的量化精度；可记录两个声道的节目；数字音频信号的编码方式为非压缩 PCM 编码；节目的具体内容记录在盘片上占绝大部分面积的节目区，而在中心孔附近的引导区则记录着用于节目索引的 .cda 文件（每一首歌曲的 .cda 文件都为 44 字节）；CD-DA 的播放时间大约为 74 分钟（后来提高到大约 80 分钟）；节目数据容量大约为 740MB。

录制得到的数字音频信号在经过 EFM 调制（8-14 调制）并形成数据帧之后，会按照螺旋形纹迹的方式记录在 CD-DA 的节目区当中。这些纹迹实际上是由不同长度的凸起（Bump）和地（Land）构成的。CD 机在读取节目信号时，会发出波长为 780nm 的激光。这种激光在照射到凸起上时的反射光，与照射到地上时的反射光之间会发生干涉，造成反射光强度大为减小；而只照射到地上的光束，其反射光强度不会产生多少变化。因而，CD 机可以利用光敏二极管检测出反射光的强弱变化，并将其转换为电信号振幅的变化，将数据读取出来，如图 3.11 所示。

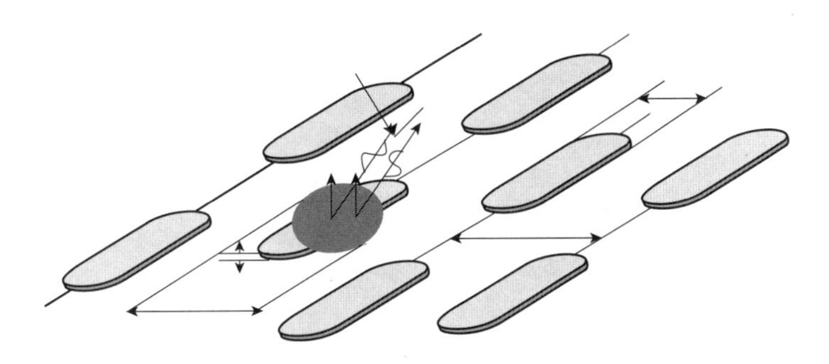

图 3.11 入射在凸起上时的激光束的干涉情况

在信号的读取过程中，CD 播放机的激光头是从内到外进行移动的，盘片的播放方式为均匀线速度。也就是说，激光头越靠近盘片的中心位置，光盘的转速越快；激光头越靠近盘片的边缘位置，则光盘的转速越慢。数据读取的速度为 150kB/s（1X 倍速）。

CD-DA 光盘本身是在专业压片厂通过压模得到的，它只能进行播放，无法抹掉或者写入数据。CD-DA 的播放可以使用各种专业和民用 CD 机，也可以使用计算机的光驱配合播放软件来进行。

2.CD-ROM

CD-ROM 是一种只读光盘，专门用于记录计算机文件数据。CD-ROM 盘片的规格与 CD-DA 非常相似，二者容量相当，数据存储方式也类似，只是记录的内容不同。这种 CD-ROM 被大量用于记录计算机程序的安装文件。

CD-ROM 只能够通过计算机光驱读取数据。后来，有些 CD-ROM 扩展为既可以存储计算机数据，又能够存储音频信号。在使用 CD 机进行播放的时候，只能够播放其中的音频信号；而在使用计算机光驱播放的时候，既可以播放出音频，也可以读取文件数据。随着 DVD-ROM 的兴起，CD-ROM 由于容量问题很快被淘汰。

3.CD-R 和 CD-RW

CD-R 是一种只能够进行一次写入的 CD 光盘，可用于记录各种数字信号和计算机文件，刻录时可以按照 CD-DA、CD-ROM 和 VCD 等多种标准进行（不过，如果按照 CD-ROM 格式刻录的话，大部分的 CD-R 都允许多次补充刻录，直到光盘被刻满，前提是在刻录前选择允许以后添加文件的模式）。CD-R 光盘的容量为 650MB，后扩展到 700MB。刻录完成的 CD-R 根据具体的格式，可以在 CD 机、VCD 机和计算机光驱中播放（某些早期的 CD 机不能识别 CD-R）。

CD-R 使用有机染料作为记录层的主要材质，这些有机染料的颜色不同，因而造成不同质地的 CD-R 呈现为不同的颜色，人们俗称为“金盘”、“黑盘”、“蓝盘”、“绿盘”等。通常在耐用性上，“金盘”最好，而“绿盘”最差。在 CD-R 上写入数据，通常都是通过计算机上的刻录光驱完成的，这种写入方式不能做到实时刻录，只能针对现成的文件。不过，有些专业的 CD 录音机可以使用 CD-R 进行实时的音频录音，如图 3.12 所示。

图 3.12　专业 CD 录音机（Fostex CR500）

CD-RW 和 CD-R 类似，只不过可以进行多次重复读写。重复读写的次数一般在几百次。与 CD-R 相比，CD-RW 的写入速度较慢，对激光的反射率也较低。

4.VCD

1993 年，JVC、Philips、Matsushita（松下）和 Sony 公司联合定义了 VCD 格式，能够使用 CD 光盘记录视频和音频信号。VCD 在视频上采用 MPEG-1 视频编码，图像分辨率为 352×240（NTSC 制）或 352×288（PAL 制），码率为 1150kbps；音频上采用 MP2（MPEG-1 Audio Layer Ⅱ）编码，两声道，码率为 224kbps。记录时间最长为 74 分钟。

世界上第一台 VCD 播放机由中国安徽万燕公司在 1993 年开发。由于 VCD 光盘及其播放机的价格低廉，在 1995 年左右，VCD 成为我国普及率最高的数字媒体产品。但是，VCD 本身的画面质量不如 VHS 和 LD，声音质量也仅相当于中低码率的 MP3，而且只能播放不能记录，因此它实际上只在我国和少数几个国家流行，世界上大部分国家和地区的音视频节目载体标准，都是从 VHS 直接跨入了 DVD。

5.DTS-CD

DTS-CD 并不是 CD 标准规定的 CD 格式，而是 DTS 标准当中用于记录电影声音信号的 CD-ROM 光盘。不同于 Dolby Digital 和 SDDS，DTS 并没有将环绕声编码信号直接洗印在电影胶片上，而是采用了声画分离的方式进行记录，并在胶片和 CD-ROM 上都记录时间码，使二者在播放时实现同步。

尽管真正的 DTS-CD 脱离影院或电影胶片以后就变得没有意义了，但事实上，我们却可以基于 DTS 标准，利用 CD-R 或 CD-RW 光盘制作用于纯粹音频节目的 DTS-CD。我们只需要使用 DTS（相干声学编码）的编码器，将 6 声道以内的音频信号编码成为 DTS 信号，再将它按照刻录 CD-DA 的方式刻录下来即可。这种 DTS-CD 并不携带时间码，具体的内容也是纯粹的音频节目。它可以通过具有 DTS 解码功能的 DVD 机进行播放，或使用计算机光驱配合能够进行 DTS 解码的软件播放器来播放。

与普通的 CD-DA 相比，DTS-CD 的最大优点便是能够支持从单声道到 5.1 声道的各种音频节目。不过，由于采用了相干声学编码，因此 DTS-CD 上的音频质量实际上是有轻微损失的，但是在大部分情况下，这种损失都很难察觉。

（二）MD

MD（Mini Disk，迷你光盘）是 Sony 公司于 1992 年 9 月推出的光盘格式，目的是取代模拟盒式磁带，并与 DCC 进行竞争。

MD 的光盘尺寸为 64mm，既可以存储音频节目，也可以直接用来存储数据，存储容量为 140MB（数据模式）或 160MB（音频模式）。在进行音频节目存储时，MD 可使用 ATRAC 有损压缩编码格式，也可使用线性 PCM 非压缩编码格式。

与 CD 相比，MD 的优点在于盘片的体积比较小，而且可以进行反复读写。MD 的信号读取和记录都需要使用专用的 MD 录放机，如图 3.12 所示。它在读取数据时所使用的激光波长与 CD 相同，都是 780nm。

MD 在日本本土非常流行，在其他国家则未能普及。不过，在我国的一些电台和电视台中，目前仍保有一些专业的 MD 录放机，主要用于语言节目的录制。

3.12　MD 录放机及 MD 光盘

（三）DVD

DVD 的全称是 Digital Versatile Disk，即数字多用途光盘，是一个光盘家族的统一名称。DVD 是 CD 的替代产品，为了做到向下兼容，它的盘片在外形规格上与 CD 完全一致。而且与 CD 一样，它也按照功能分为不同的类型。但是出于利益问题，这些 DVD 标准的研发组织并不一致。

1997 年，DVD Consortium 改名为 DVD Forum（DVD 论坛），成为制定、维护和发展 DVD 标准的国际组织。不久，Pioneer 公司推出了 DVD-RW 格式，并通过了 DVD Forum 的认证。目前，加入 DVD Forum 的厂商已超过 230 家。

现在常见的 DVD 类型主要包括：DVD-Video、DVD-Audio、DVD-ROM、DVD+/-R、DVD+/-RW，它们分别是 VCD、CD-DA、CD-ROM、CD-R 和 CD-RW 的替代品。

DVD 光盘的外形与 CD 光盘完全一致，容量则分为 5 种：

- DVD-5：单面单层 DVD 盘，标称容量为 4.7GB。
- DVD-9：单面双层 DVD 盘，标称容量为 8.5GB，实际为 7.92GB。
- DVD-10：双面单层 DVD 盘，标称容量为 9.4GB，实际为 8.75GB。
- DVD-14：单面单层 + 单面双层 DVD 盘，标称容量为 13.2GB。
- DVD-18：双面双层 DVD 盘，标称容量为 17GB，实际为 15.8GB。

这其中，最常见的是 DVD-5 和 DVD-9。

以下简单介绍 DVD 当中普及率最广的 DVD-Video 和专门用于记录音频信号的 DVD-

背景延伸

1995 年，DVD 的官方组织 DVD Consortium（DVD 共同体）发布了 DVD 标准，包括 DVD Book A/B/C/D/E 五个标准，分别规定了 DVD-ROM、DVD-Video、DVD-Audio、DVD-R 和 DVD-RAM 等格式。随后，非官方的 DVD Alliance（DVD 联盟，包括 Sony、Philips、HP 等公司）推出了 DVD+R 和 DVD+RW 格式。

Audio。

1.DVD-Video

DVD-Video 是用于记录音视频节目的 DVD 光盘，也是家庭影院系统最常用的节目源之一。DVD-Video 上的视频信号使用 MPEG-2 PS（MPEG-2 标准第 1 部分所定义另一种数据流方案，另一种为 MPEG-2 TS）编码格式；音频信号则可以使用包括 Dolby AC-3、LPCM、MPEG-2、MP2、DTS 在内的多种音频流，并可搭载多个配音音轨。

DVD-Video 光盘上一般包含两个文件夹：

- AUDIO_TS：预留给 DVD-Audio 的文件夹（所以在 DVD-Video 上，该文件夹是空的）。
- VIDEO_TS：存储 DVD-Video（包括音频、视频、字幕等）所有数据的文件夹。
- 一个标准的 VIDEO-TS 目录中包含有 3 种类型的文件：
- VOB（Video Objects）文件：容器文件格式，内含视频、声音和字幕数据。一个 VOB 文件可以包含一个主要的视频数据流、几个多语种配音以及相关的字幕，最多支持 9 种伴音和 32 种字幕。
- IFO（Information）文件：提供相关的播放信息，如章节的开始时间、配音信号和字幕的位置。
- BUP（Back Up）文件：备份文件，提供和 IFO 文件完全相同的内容。

因此，一张 DVD-Video 的文件结构如图 3.13 所示。

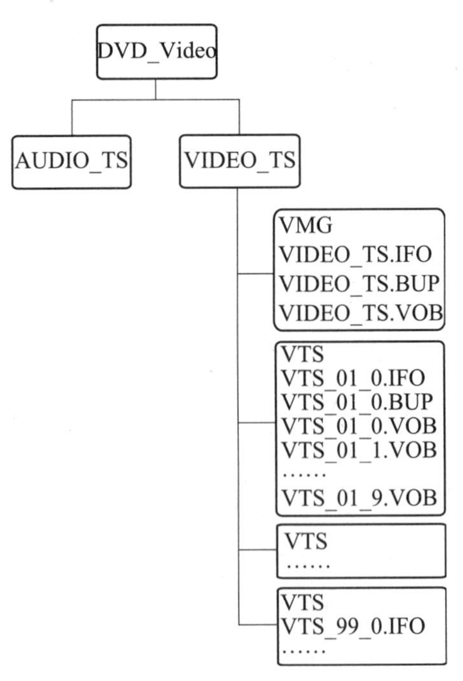

图 3.13　DVD-Video 的文件结构

DVD-Video 光盘的播放需要使用 DVD-Video 播放机（俗称 DVD 机），或者是使用

DVD 光驱配合软件播放器。DVD-Video 播放机发出的激光波长为 650nm，数据读取速度为 10.5Mbps（1X 倍速）。

2.DVD-Audio

DVD-Audio 是用来存储音频节目数据的 DVD 光盘，最高支持 5.1 声道音频，也可存储静态影像信号，光盘容量最多为 8.5GB（DVD-9）。DVD-Audio 对音频信号采用 MLP（Meridian Lossless Packing，Meridian 公司无损打包方案）无损压缩编码，也允许使用 LPCM 非压缩编码，具体的性能如表 3.1 所示。

表 3.1 DVD-Audio 可记录的信号

量化精度 / 采样频率 / 声道数	16、20 或 24bit					
	44.1kHz	48kHz	88.2kHz	96kHz	176.4kHz	192kHz
1.0	是	是	是	是	是	是
2.0	是	是	是	是	是	是
2.1	是	是	是	是	否	否
3.0 或 3.1	是	是	是	是	否	否
4.0 或 4.1	是	是	是	是	否	否
5.0 或 5.1	是	是	是	是	否	否

由于 DVD-Audio 的音频信号编码方式不同于 DVD-Video，因此它需要使用带有 DVD-Audio 解码功能的 DVD 播放机才能播放。但 DVD-Audio 和 DVD-Video 的盘片实际上是一样的，因此它也可以通过 DVD 光驱配合具有 DVD-Audio 解码能力的软件播放器（如 Powered DVD 或 WinDVD）来进行播放。

尽管 DVD-Audio 的开发目标是用来取代 CD-DA，但是由于 DVD-Audio 光盘的价格较高，而且不能够在普通的 DVD 机和 CD 机中播放，因此它的市场表现并不好。尤其是在 SACD 的竞争下，目前已经很少有厂商出版 DVD-Audio 的商业唱片了。但是，与 DTS-CD 类似，我们却可以利用 DVD+/-R 或 DVD+/-RW 制作自己的 DVD-Audio（需要使用支持 DVD-Audio 刻录的音频工作站软件）。而且与 DTS-CD 相比，DVD-Audio 上的音频信号采用的是无损压缩编码或非压缩编码，从理论上说音质会更好。因此，作为一种支持多声道音频节目的光盘类型，DVD-Audio 还是能够发挥一定作用的。

（四）SACD

SACD（Super Audio CD，超级音频 CD）是 1999 年由 Sony 和 Philips 联合发布的纯音频光盘格式，发布标准为猩红皮书，研制的目的是为了取代 CD-DA。

SACD与我们之前谈到的光盘类型的最大区别在于，记录在SACD上的音频信号，并不是PCM信号，或者是PCM信号经过各种有损或无损编码方式得到的信号，而是DSD（Direct Stream Digital，直接流数字）信号。

DSD信号是一种与PCM完全不同的数字信号，它的采样率为2.8224MHz（44.1kHz的64倍），量化精度为1bit。模拟信号到DSD信号的转换要经过多阶Σ-Δ（求和-差分）调制，其中需要使用到采样和噪声整形技术。简单来说，DSD信号是一种采样频率极大，量化精度极小的信号，它与PCM信号完全不兼容，普通的数字音频设备对它无法进行解码。但是，DSD信号却可以与PCM信号进行相互转换。图3.14显示了DSD信号的采样频率与不同PCM信号采样频率之间的关系。

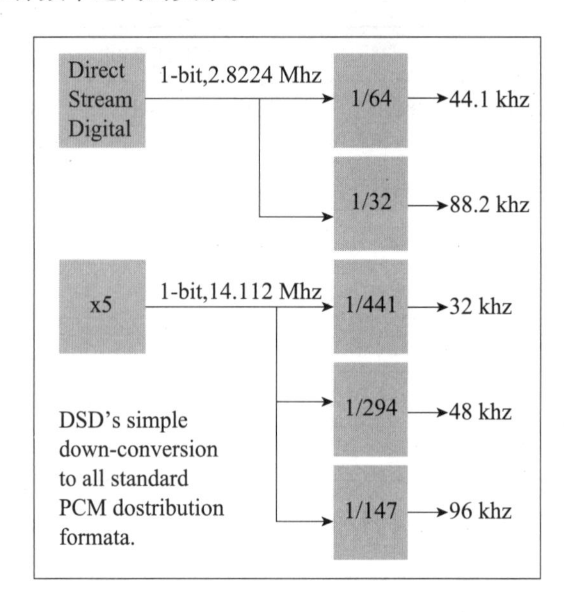

图3.14　DSD信号与PCM信号采样频率之间的关系

除采样频率为2.8224MHz的普通DSD信号（也称DSD64）以外，目前还存在采样频率为5.6448MHz或6.144MHz的双倍率DSD（也称DSD128）信号、采样频率为11.2MHz或11.288MHz的四倍率DSD（也称DSD256）信号，以及采样频率为22.5792MHz或24.576MHz的八倍率DSD（也称DSD512）信号。

在当今的模/数转换方式中，DSD转换的结果最接近原始的模拟信号，甚至优于192kHz的PCM信号，如图3.15所示。但是，DSD信号的码率却并不是非常大，只达到了44.1kHz、16bit的PCM信号码率的4倍，低于192kHz、16bit的PCM信号码率。尽管如此，由于DSD编码格式支持多声道（最多可以达到6声道），而且在SACD光盘上，会同时记录立体声数据和多声道数据，因此，如果按照与CD-DA相同的74分钟播放时间计算的话，数据量会达到大约12GB，无法存储在DVD-5或是DVD-9光盘当中。因此，SACD使用了一种称为DST（Digital Stream Transfer，数字流转换）的无损编码方案，对DSD信号进行了压缩。DST 主要采用数据成帧、自适应预测和熵编码技术，压缩率在 2.2—3.2 之间，可以将上述 12GB 左右的数据量压缩到 4.7GB 之内，从而能够利用一张 DVD-5 光盘来进行记录。

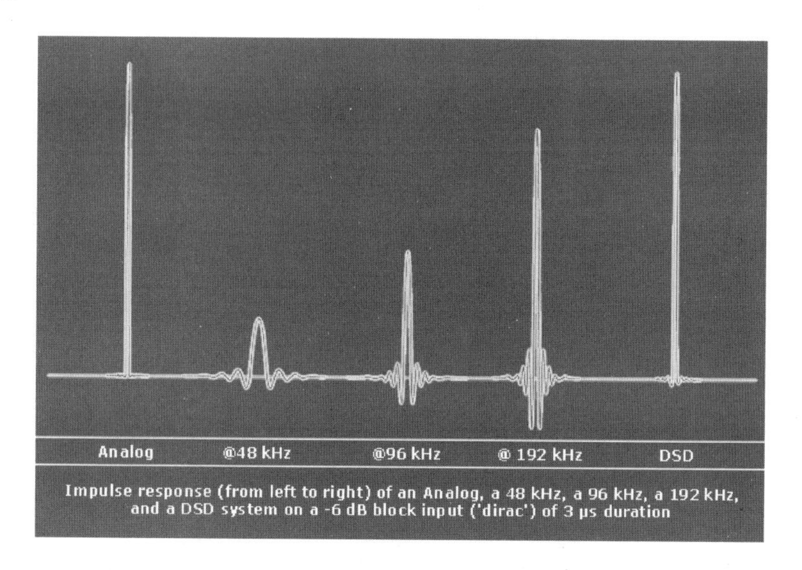

图 3.15 模拟信号、PCM 信号和 DSD 信号的脉冲响应比较图

在光盘的指标上，SACD 与 DVD 基本一致。但是，SACD 的盘基形式却分为单层光盘、双层光盘和混合光盘 3 种。单层光盘只有一个记录 DSD 信号（实际上是 DST 信号）的数据层，也称为高密度层，容量为 4.7GB，相当于 DVD-5；双层光盘有两个高密度层，厚度与单层光盘一致，容量为 8.5GB，相当于 DVD-9；最为奇特的当属混合光盘，它有两个数据层，其中一层为高密度层，容量为 4.7GB，记录的是 DSD 信号，另一层为低密度层，容量为 650MB，用于记录 44.1kHz、16bit 的立体声 PCM 信号。也就是说，混合型 SACD 可以被当作是一张单层 SACD 和一张 CD-DA 的结合体。如图 3.16 所示。

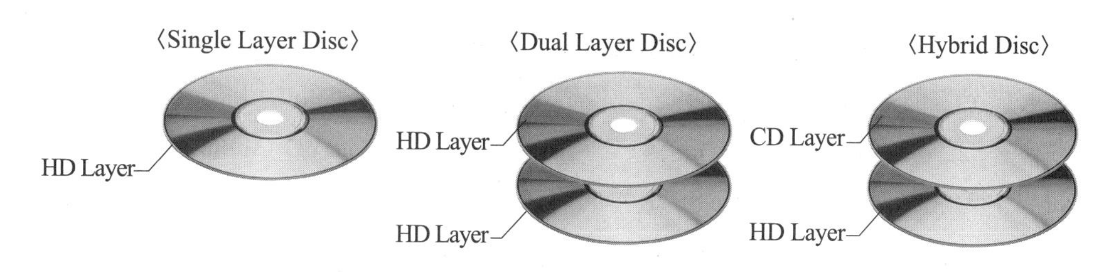

图 3.16 三种不同结构的 SACD 光盘

这一做法的目的是为了实现 SACD 在播放时的最大兼容性。由于普通的播放设备无法识别 DSD 信号，因此无论是单层还是双层 SACD 光盘，在播放时都必须使用 SACD 播放机（SACD 播放机发出的激光波长与 DVD 机相同，也是 650nm）。与之不同的是，混合光盘却可以通过普通的 CD 机或者 DVD 机进行播放，只不过此时，播放机发出的激光会穿过混

合光盘的高密度层，读取到低密度层的信号，也就是说，普通的CD机或者DVD机会将SACD当成CD-DA来播放，播放出的信号完全是PCM立体声信号，如图3.17所示。只有在将混合型SACD光盘放入SACD播放机的时候，高密度层上的DSD信号才会被读取出来，从而真正实现DSD质量的音频播放。

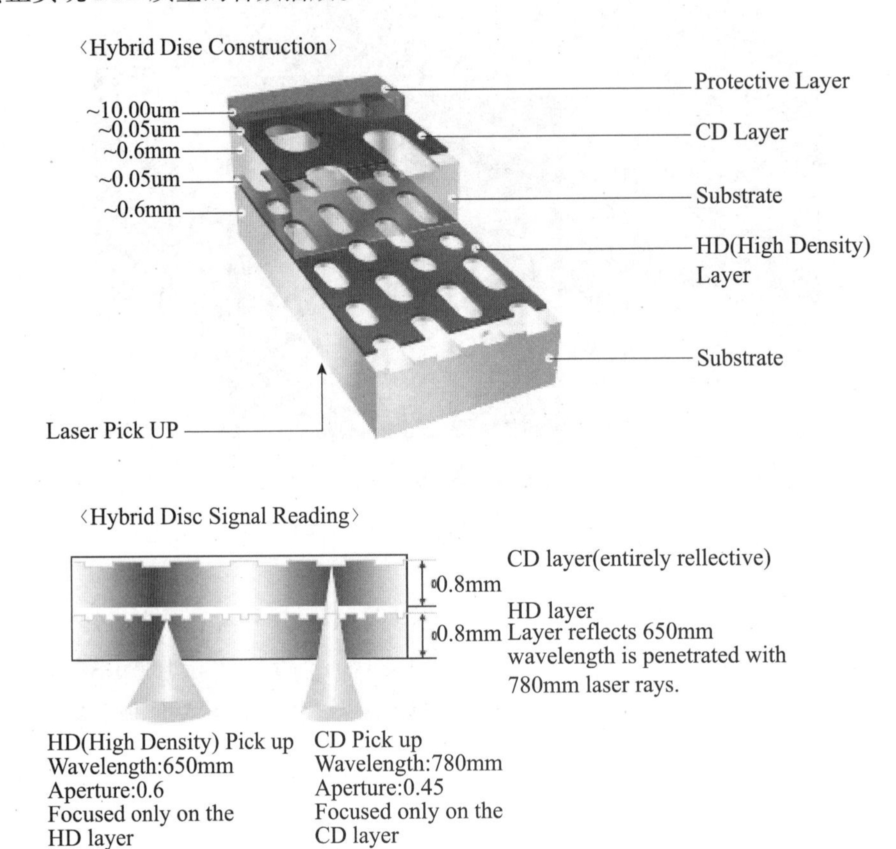

图3.17　混合型SACD的细部结构和读取方式

尽管混合型SACD并不能在普通CD机或DVD机上播放出真正的DSD信号，但是它起码能够做到在这些设备上播放时是有声音的，正因为如此，市场上出售的SACD几乎都是混合型的。与之相比，作为另一个CD-DA的替代产品，DVD-Audio在普通CD机或DVD机当中无法被识别。而且，DSD信号的质量优于DVD-Audio上最高质量的PCM信号，所以在二者的竞争中，SACD成为最终胜的利者。

不过，SACD也存在一些显著的缺陷。除了售价一般高于DVD-Audio，更远高于CD-DA以外，最大的问题在于，目前个人计算机上还没有出现可以播放SACD的软件（已经存在可以播放DSD文件的软件），我们也无法使用DVD+/-R或DVD+/-RW将自己的作品制作成SACD。

（五）BD

BD 的全称是 Blu-ray Disk，即蓝光光盘，它是 DVD 的替代品，也是音视频节目进入高清时代之后的光盘载体。

BD 光盘的外形尺寸与 DVD 相同，按照容量可分为 4 种：25/27 GB（单层）、50 GB（双层，实际上在 46GB—54GB 之间）、100/128 GB（四层）、200GB（八层）。BD 光盘需要使用专用的蓝光播放机或蓝光光驱 + 支持蓝光功能的软件播放器进行播放，播放机发出的激光波长为 405nm，属于光谱上的蓝紫光，因此该光盘得名“蓝光光盘”。

除普通的 BD 以外，BD 的类型还包括 BD-R（单次刻录）和 BD-RE（多次刻录）。BD 光盘最主要的功能是作为高清音视频节目和计算机文件的载体，此外，目前还出现了记录纯粹音频节目的 BD 光盘。

在进行音视频节目记录时，BD 标准规定 BD 光盘上必须具有 Dolby Digital、DTS 或 LPCM 音频流，还可以选择加入新一代的环绕声编码格式：Dolby Digital Plus、Dolby TrueHD 和 DTS HD，最大支持 8 声道（7.1 声道）音频播放。表 3.2 显示了 VCD、DVD-Video 和 BD 三种光盘在记录音视频节目时的指标。

背景延伸

在制定 DVD 的替代标准时，DVD Forum 的成员产生了分歧：Sony 和 Philips 等 9 家公司在 2002 年 2 月成立 Blu-ray Disc Founders（后改名 Blu-ray Disc Association，蓝光光盘联盟），于 2006 年 6 月发布了 BD 标准；Toshiba（东芝）和 NEC 等公司则在 2003 年 11 月成立了 HD DVD Promotion Group（HD DVD 推广协会），推出 HD DVD 标准，并通过了 DVD Forum 的认证。不过，在 2008 年 2 月，Toshiba 退出了 HD DVD 相关业务，BD 标准最终胜出。

表 3.2 VCD、DVD-Video 和 BD 的指标比较

	VCD	DVD-Video	BD
视频分辨率	240、288	480i、576i	480i、576i、720p、1080i、1080p
激光波长	780nm	650nm	405nm
存储容量	单层 700MB	单层 4.7GB 双层 8.5GB	单层 25GB 双层 50GB 四层 100GB
视频编码技术	MPEG-1	MPEG-1 MPEG-2 PS	VC-1 MPEG-2 TS H.264/MPEG-4 AVC

续表

	VCD	DVD-Video	BD
音频编码技术	MP2	Dolby Digital(AC-3) DTS LPCM MPEG-2 MP2	必选： Dolby Digital(AC-3) DTS LPCM 可选： Dolby Digital Plus Dolby TrueHD DTS-HD

三、数字音频的硬盘 / 闪存存储和播放

当前，最为常用的数字音频记录载体是硬盘和闪存。它们记录和读取数据的速度比磁带和光盘快得多。在硬盘和闪存上，音频信号都是以文件的格式进行记录的。

（一）硬盘

硬盘是计算机最主要的数据载体。按照内部结构的不同，硬盘可以分为机械硬盘（HDD）、固态硬盘（SSD）和混合硬盘（HHD）3 种。

1. 机械硬盘

HDD（Hard Disk Drive）是装在磁盘驱动器当中的磁盘或磁盘组。

1980 年，Seagate（希捷）公司开发出世界上首款面向台式机的硬盘，尺寸为 5.25 英寸，容量为 5MB。

背景延伸

1956 年，IBM 公司开发了现代硬盘的原型 IBM 350 RAMAC（Random Access Method for Accounting Control，统计控制随机存取法），体积相当于两个冰箱，具有两个 30MB 的存储单元。1973 年，该公司又开发了 IBM 3340 硬盘，确定了现代硬盘的基本构架，如图 3.17 所示。

图 3.17　IBM 350 RAMAC 硬盘和 IBM 3340 硬盘

机械硬盘的尺寸和用途主要包括：

- 0.85 英寸，Hitachi（日立）公司独有的硬盘尺寸，用于手机和便携设备中。
- 1 英寸（微型硬盘，MicroDrive），多用于数码相机。
- 1.3 英寸：Samsung（三星）公司独有的硬盘尺寸，仅用于该公司的移动硬盘。
- 1.8 英寸，用于超薄笔记本电脑、移动硬盘及 Apple iPod 播放器。
- 2.5 英寸，用于笔记本电脑、桌面一体机、移动硬盘及便携式硬盘播放器。
- 3.5 英寸，用于台式机及外置硬盘盒（需单独供电）中。
- 5.25 英寸，多为早期台式机使用，现已停产。

机械硬盘转速主要包括 4200rpm、5400rpm、5900rpm、7200rpm、10000rpm、15000rpm 等几种规格。

目前，包括机械硬盘在内的所有硬盘类型与主板之间的接口（总线）格式，主要包括：

- ATA（Advanced Technology Attachment）接口，也称 PATA（Parallel ATA）接口，使用 40 针并口数据线连接主板，数据传输速度最大为 133MB/s。这种接口的硬盘使用 IDE（Integrated Drive Electronics，电子集成驱动器）技术完成磁盘驱动，因此也经常被称为 IDE 硬盘，目前已经基本被淘汰。
- SATA（Serial ATA）接口，即串行 ATA 接口，支持热插拔和嵌入式时钟信号。该接口的数据线更细，抗干扰能力更强。SATA 本身包括Ⅰ、Ⅱ、Ⅲ三种规范，传输速度分别为 150MB/s、300MB/s 和 600MB/s 。这种接口的硬盘目前是个人电脑上使用的主要硬盘类型。
- SCSI（Small Computer System Interface），分为Ⅰ、Ⅱ、Ⅲ三种版本及多种具体规格，使用的数据线也有所不同。SCSI 硬盘转速很快（最高可达 15000rpm），支持热插拔，可靠性高，主要用于服务器和高性能个人电脑。
- SAS（Serial Attached SCSI），即串行 SCSI，分为两代，传输速度分别为 300MB/s 和 600MB/s，使用与 SATA 相同的接头和连线。

在单块价格较低的机械硬盘容量不够大，读写速度也不够快的年代，数字音频工作站或者服务器上经常使用多块 HDD 组成“硬盘阵列”，即 RAID（Redundant Array of Independent Disks，独立磁盘冗余数据组），从而实现增强数据集成度、增强容错功能、增加处理量或容量等性能。

RAID 包括 0—6 共七个等级，每个等级的性能和侧重点有所不同。在数字音频工作站上，使用比较多的等级为 RAID 0 和 RAID 1。RAID–0 可以将多个硬盘合并成一个容量更大的硬盘，信号通过并行方式输入 / 输出这些硬盘，从而使数据读取速度变快，但 RAID 0 不具有冗余功能，只要其中一个硬盘发生损坏，整个阵列中的数据都无法再进行读取。与之相反，RAID 1 可以将两组以上的多个磁盘做相互备份，除非拥有相同数据的主磁盘与备份磁盘同时损坏，否则只要一个磁盘正常，即可维持运作，从而拥有最佳的可靠性，不过缺点是数据存储速度降低，而且硬盘容量并没有扩大。RAID 0 和 RAID 1 的工作原理如图 3.18 所示。

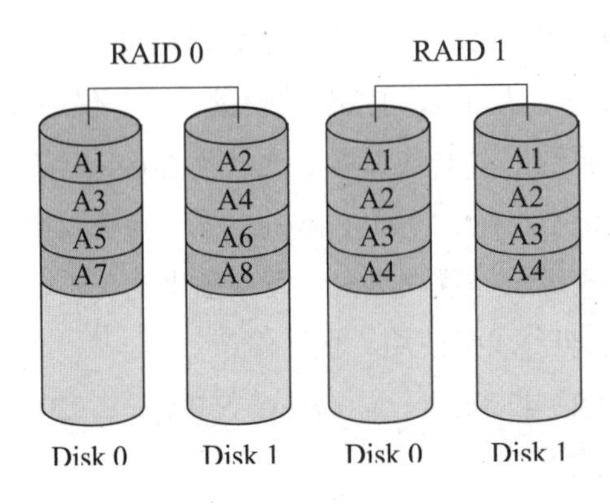

图 3.18　RAID 0 和 RAID 1 的工作原理

随着单块硬盘容量的不断扩大，稳定性越来越好，数据读取速度也有所提高，常见的数字音频工作站系统目前已经不再使用 RAID 作为提升硬盘性能的手段了。

2. 固态硬盘

固态硬盘（SSD，Solid State Disk）也称固态驱动器（Solid State Drive），是用固态电子存储芯片阵列而制成的硬盘，由控制单元和存储单元（闪存芯片或 DRAM 芯片）组成，目前主要采用 SATA 接口，如图 3.19 所示。

图 3.19　固态硬盘

与机械硬盘相比，固态硬盘内部不存在高速旋转的盘片，也没有相应的机械驱动结构，因此具有更好的抗震性，读写速度也更快，功耗更低，尺寸更小，且几乎无噪声。固态硬盘的主要缺点是具有一定的读写次数，另外目前价格偏高，容量也较小。对于数字音频工作站的数据存储需求而言，目前的固态硬盘还难以完全满足。但在未来，固态硬盘应该会成为数字音频工作站配置时首选的数据记录载体。

3. 混合硬盘

混合硬盘（HHD，Hybrid Hard Disk）是把机械硬盘和闪存芯片集成到一起的一种硬盘。这种硬盘的出现，主要是为了应对机械硬盘容量大但速度慢，而固态硬盘速度快但容量小的现状。混合硬盘将机械硬盘和固态硬盘的优点进行了结合，而且成本上升不多。它可以被视为固态硬盘体积大幅提高，成本大幅下降之前的过渡产品。

（二）闪存

闪存是快闪存储器（Flash Memory）的简称。它属于一种特殊的EEPROM（Electrically-

Erasable Programmable Read-Only Memory，电子可清除式程序化只读存储器）芯片，允许多次进行数据的擦除或写入，如图 3.20 所示。

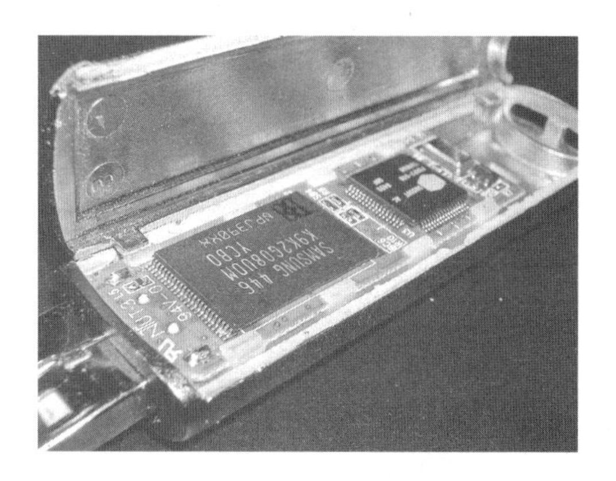

图 3.20　闪存芯片和控制芯片

在闪存的基础上，加上一定的电路和控制器，就形成了闪存盘（U 盘）和 SD、CF 等各种格式的存储卡，如图 3.21 所示。

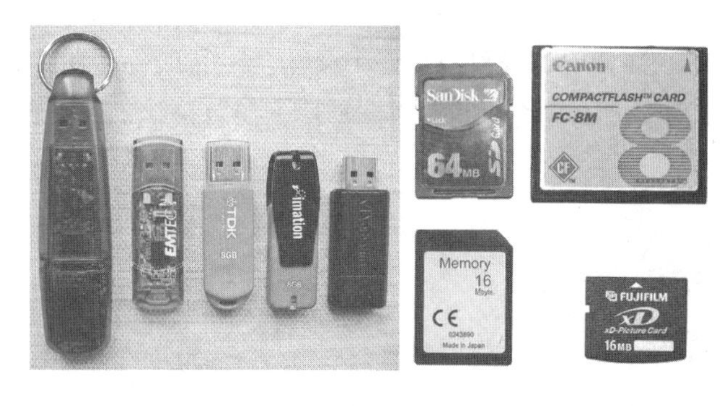

图 3.21　各种闪存盘和不同格式的存储卡

（三）基于硬盘 / 闪存的数字音频录放设备

使用硬盘 / 闪存作为记录载体的数字音频录放设备主要包括：

- 专业硬盘录音机
- 便携式数字录音机
- 数字音频播放器
- 个人多媒体电脑、平板电脑和智能手机（需要搭配对应的播放器软件）

1. 专业硬盘录音机

专业硬盘录音机是使用硬盘进行多轨音频录音的专用设备，在录音棚中曾经一度替代 DTRS 和 ADAT，成为主流的数字多轨录音设备。有些专业硬盘录音机还允许对记录下来的音频信号进行简单的编辑。在数字音频工作站兴起以后，专业硬盘录音机基本上退出了多轨录音领域，如图 3.22 所示。目前，专业硬盘录音机主要用于一些高精度的母带录音。

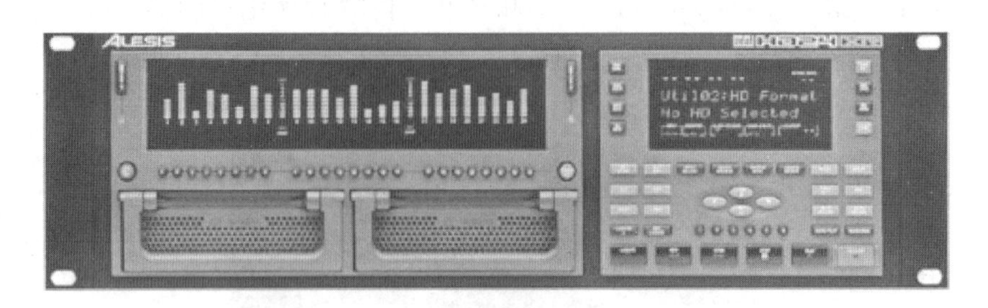

图 3.22 专业硬盘录音机（Alesis HD24）

2. 便携式数字录音机

便携式数字录音机是目前便携式录音设备的主流产品。与专业硬盘录音机相比，便携式数字录音机除了体积小巧、适合携带以外，基本上都采用闪存进行记录，而且自带话筒。实际上，便携式数字录音机的种类和档次差别很大，低档产品往往使用内置式话筒，录音指标也不算很高，通常用于外出采访和语音记录，所以也被称为“录音笔”。而高档产品一般采用外置式可调话筒设计，可记录高质量、多种格式的数字音频信号，有些还提供带幻象供电的话筒接口，完全可以满足专业录音的要求。如图 3.22 所示的 Sony-PCM D100 不但能够记录 LPCM 信号，还可以记录 DSD 信号，而 Zoom H6 则是全球首款模块化便携数字录音机，可根据需要更换不同的话筒模块，而且最多可记录 6 轨音频信号。

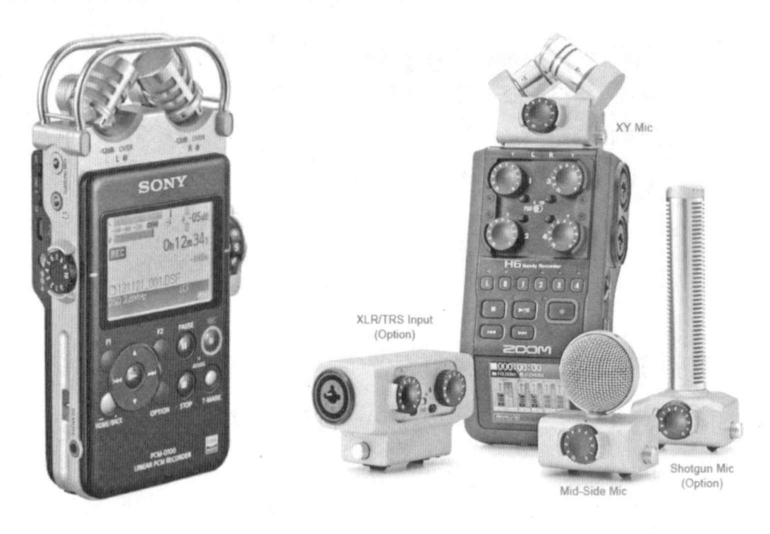

图 3.22 Sony-PCM D100 和 Zoom H6 便携式数字录音机

3. 数字音频播放器

数字音频播放器（DAP，Digital Audio Player）是能够存储、管理和播放数字音频文件的便携式设备，俗称 MP3 播放器。数字音频播放器通常支持的音频文件类型包括 MP3、Wave、WMA、AAC 等有损压缩格式，有时还支持 OGG、FLAC 等无损压缩格式。有些带有屏幕的数字音频播放器也支持视频文件的播放。

按照内部使用的音频载体，数字音频播放器主要包括：

- 基于硬盘的播放器，典型的产品是 Apple iPod。
- 基于闪存的播放器，如 iPod Nano、iPod Shuffle，如图 3.23 所示。

图 3.23 iPod 和 iPod Shuffle

此外，还有一些基于光盘的便携式播放器，既可读取记录 MP3 文件的 CD 光盘，也可读取 CD-DA。它们一般也被归入数字音频播放器。

4. 计算机音频播放器软件

如今，我们可以使用各种类型的计算机，如台式电脑、笔记本电脑、平板电脑和智能手机，加上对应的音频播放器软件，来进行数字音频的播放。数字音频播放器软件的种类非常多，使用最为普遍的当属一些能够对多种音频文件进行播放的软件，如千千静听和 Foobar 2000，此外，一些针对在线音频流进行播放的所谓“音乐盒”软件，也很受欢迎。

音频播放器软件的选择往往与计算机的操作系统直接相关。目前，在 Windows 系统下，公认的音质较好、功能较多的播放器软件是 Foobar 2000。该软件为开放型构架，只要下载对应的解码插件，就能够对几乎所有已知的音频文件进行播放，而且还能实现各种文件格式的相互转换。在 OS X 系统下，能够播放多种文件格式的软件有 Cog 和 Play 等，但播放音质最佳、功能最为专业的当属 Sonic Studio 公司出品的 Amarra。该软件带有高精度的采样频率转换器（SRC）、独立的 3 段均衡器和母带级的抖动算法，最高可支持的文件精度达到 384kHz/24bit，如图 3.24 所示。

图 3.24 Sonic Studio Amarra 播放器软件

实际上，很多视频播放器软件都能够支持多种格式的音频文件播放，如 Windows 系统下的暴风影音、KMplayer，以及 OS X 系统下的 Plex、VLC 等。只不过这些视频播放器软件在播放音频文件的时候，可调的功能往往不多。

四、数字音频的电影胶片存储

电影胶片可以同时记录多种音频信号。其中，多声道的数字音频码流主要有 Dolby Digital 和 SDDS 两种。而对于 DTS 格式来说，由于多声道数字音频码流被存储在 CD-ROM 上，因此在胶片上只记录与之对应的时间码。此外，为了保证播放安全，胶片上一般还会保留立体声的模拟光学声迹。这些信号在胶片上存储的位置，如图 3.25 所示。

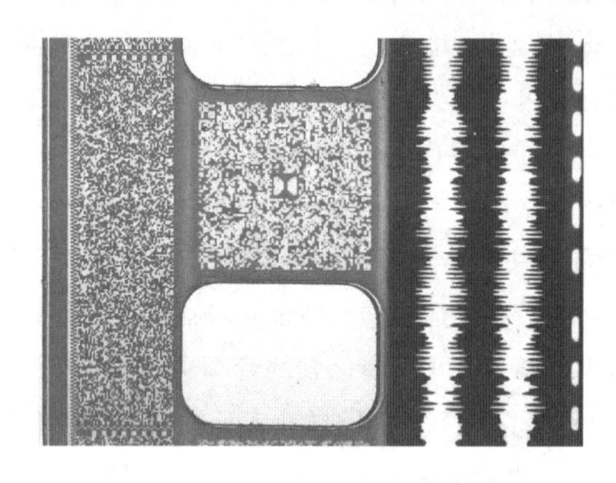

图 3.25　印有四种格式音频信号的胶片边缘部分

图 3.25 从左至右依次为：SDDS（边缘的蓝色条）、Dolby Digital（片孔间的灰色格子）、模拟光学声迹（两条白色波形）、DTS 时间码（破折线，与 DTS 光盘同步）。

第三节　数字音频设备互连

在使用音频设备的时候，一定会涉及设备的互连问题。模拟设备之间的连接方法非常简单，只需要注意信号传输时的平衡与非平衡关系，以及设备间的阻抗匹配就可以了（有时也需要使用时间码同步）。而数字设备与模拟设备之间的连接，是在模 / 数转换或数 / 模转换之后进行的，实际上仍然等同于模拟设备之间的连接。相比而言，数字设备之间的连接情况就要复杂得多，主要的连接方法有两种：其一，是使用数字设备上的模拟接口进行连接，这实际上又等同于模拟设备之间的连接；其二，是使用数字设备上的数字接口进行连接，而这种连接方法本身又会涉及两个问题：数字音频接口协议和数字音频设备同步。

一、数字音频接口协议

数字音频接口协议（Digital Audio Interface Protocol），也称数字音频接口标准（Digital Audio Interface Standard）、数字音频接口格式（Digital Audio Interface Format），简称数字音频接口（Digital Audio Interface）。

数字音频接口协议主要包括两种类型：一是行业协会标准，比如AES/EBU、MADI等，这些标准是由相关国际组织或者行业协会制定的；二是厂商标准，比如S/PDIF、ADAT、TDIF等，这些标准最初是由数字音频设备的生产厂商制定的，但由于影响力比较大，逐渐扩展为行业内通行的标准。

数字音频接口协议涉及的内容很多，主要包括：

- 数字码流的具体定义。例如，多声道时分复用的方法、同步/异步传输、帧的构成、帧的具体内容、字的构成、每一位的具体意义，等等。
- 数字码流所能够传输的音频信号指标。例如声道数、采样频率、量化精度、压缩方式，等等。
- 数字信号传输的方式。主要包括电信号传输（平衡式或非平衡式）和光信号传输两种。
- 线材类型及对应的接头形式。电信号传输使用的线材为电缆，比如同轴电缆（RCA、BNC接头）、AES/EBU专用的数字STP电缆（XLR接头）、TDIF专用的多双绞线电缆（DB25接头）等；光信号传输则使用光纤线缆，比如多模光缆（SC接头）、塑料光缆（TosLink接头）、玻璃光缆（TosLink接头）等。

（一）常见的数字音频接口协议

1.AES/EBU（AES–3）

AES/EBU是由AES（Audio Engineering Society，音频工程师协会）和EBU（European Broadcasting Union，欧洲广播联盟）制定的一种专业数字音频接口协议，也称AES–3，主要应用于专业音频设备，如数字录音机、数字调音台和中高端专业声卡。

该协议所规定的数字码流能够单向传输2声道数字音频信号，最高支持192kHz采样频率。

AES/EBU码流只能采用电信号传输，具体还可分为平衡式或非平衡式传输。平衡式传输使用阻抗为110Ω STP数字电缆（XLR接头），在不使用平衡传输的情况下，传输距离为100米；而在使用平衡传输的情况下，传输距离可达500米。非平衡式传输则使用阻抗为75Ω的同轴电缆（BNC接头），传输距离可达1000米。

2.MADI（AES–10）

MADI（Multichannel Audio Digital Interface）即AES于1991年制定的AES–10标准，

主要使用在需要进行多通道数字音频传输的各种专业音频设备当中。

该协议所规定的数字码流能够单向传输 56 声道数字音频信号。2003 年，AES 对 MADI 协议进行了改进，将传输能力提升为单向传输 64 声道数字音频信号（44.1/48kHz），最高支持 96kHz/24bit（此时传输能力下降为 32 声道）。

MADI 码流可采用电信号传输或光信号传输。在进行电信号传输时，使用 75Ω 的同轴电缆（BNC 接头），传输距离为 50 米；而在进行光信号传输时，使用的是多模光缆（SC 接头），传输距离由光耦合器决定，通常最多可达 2000 米。

3.S/PDIF

S/PDIF（Sony /Philips Digital Interface）是 Sony 公司和 Philips 公司基于 AES/EBU 协议而联合制定的一种数字音频接口协议，主要针对民用，专业领域也有使用，后被 IEC（International Electrotechnical Commission，国际电工委员会）接受作为 IEC 60958 type Ⅱ标准。

该协议所规定的数字码流能够单向传输 2 声道非压缩的数字音频信号，也可用于传输有损压缩的环绕声编码信号。

S/PDIF 码流可使用电信号传输或光信号传输。电信号传输为非平衡方式，使用同轴电缆（RCA 接头），传输距离最大为 10 米；进行光信号传输时多使用塑料光缆（Toslink 接头），传输距离不超过 15 米；也可使用玻璃光缆（Toslink 接头）和对应的编解码电路，传输距离可大于 1000 米。

4.ADAT

全称为 ADAT Optical Interface（ADAT Lightpipe），是美国 Alesis 公司开发的一种数字音频接口协议，首先用于该公司生产的 ADAT 8 轨磁带录音机，因而得名 ADAT。

该协议所规定的数字码流能够单向传输 8 声道的数字音频信号（48kHz/24bit 精度以下），在精度提升为 96kHz 后，传输能力降低为 4 声道。

ADAT 码流采用光信号传输。最常使用的光纤线缆为塑料光缆（TosLink 接头），传输距离不超过 10 米；而在使用玻璃光缆（TosLink 接头）时，传输距离可达 30 米。

ADAT 码流本身携带字时钟同步信号，但在控制 ADAT 录音机的同步播放时，需要使用 RS-442A（DE9）接头传输附加的机器控制信号。

5.TDIF

TDIF（Tascam Digital Interface）是日本 Tascam 公司推出的数字音频接口协议，主要使用在 DTRS 格式的 8 轨数字磁带录音机和相关的周边设备当中。

该协议所规定的码流采用非平衡式电信号传输，且只能使用由多条双绞线和两个 DB25 接头构成的专用电缆，实现双向传输 8 声道的数字音频信号。

由于 DTRS 格式的录音机已经被淘汰，因此在最近推出的数字音频设备当中，已经很少能够看到这种数字音频接口了。

（二）线缆与接头的规格

以下详细介绍一下各种数字音频接口协议使用到的传输线缆与对应的接头。总体来说，进行电信号传输时，可使用同轴电缆（Coaxial Cable）和同轴接头，或使用双绞线（Twisted Pair）电缆和对应的接头；进行光信号传输时则可使用各种光纤线缆（Optical Fibre Cable）和光纤接头。

1. 同轴电缆和同轴接头

同轴电缆是指拥有两个同心导体，且导体和屏蔽层又共用同一轴心的电缆。这种电缆的阻抗为 75Ω 或 50Ω。属于非平衡传输方式。如图 3.26 所示。

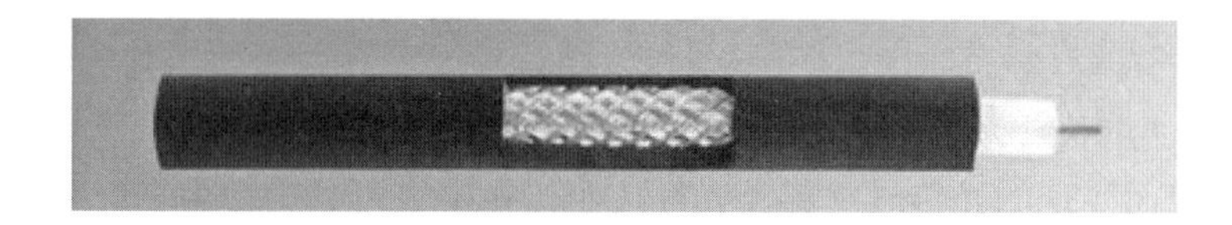

图 3.26　同轴电缆

传输数字音频信号的同轴电缆所连接的同轴接头分为 BNC 和 RCA 两种。BNC 接头多用于专业领域（如 AES/EBU 和 MADI），该类接头又分为两种规格，分别对应于 75Ω 同轴电缆和 50Ω 同轴电缆，如图 3.27 所示。数字音频接口协议使用的都是 75Ω 的 BNC 接头。RCA 接头则多用于民用领域（如 S/PDIF），如图 3.28 所示。

图 3.27　BNC 接头

图 3.28　RCA 接头

2. 双绞线电缆和对应的接头

AES/EBU 码流在进行电信号平衡式传输时，使用专用的单线对 STP（Shielded Twisted Pair，屏蔽双绞线）电缆，阻抗为 110Ω，接头为 XLR 接头。此外，还可以使用多条双绞线加 DB25 接头构成专用电缆，以平衡方式双方向传输 8 通道 AES/EBU 信号，或用专用线缆将 DB25 接头转换为 8 个 XLR 接头，实现与对应设备的连接，如图 3.29 所示。

TDIF 信号传输时使用多条双绞线加 DB25 接头构成的专用电缆（接头的针脚排列与 AES/EBU 专用电缆不同），以非平衡方式进行双方向传输，如图 3.30 所示。

图 3.29 AES/EBU 电缆
（DB25 接头转 8 个 XLR 接头）

图 3.30 TDIF 专用电缆

3. 光纤线缆和光纤接头

光纤（optical fibre）是光导纤维的简写，是一种利用光在玻璃或塑料制成的纤维中形成的全反射现象而实现的光传导材料。光纤按照传输模式可分为单模光纤和多模光纤；按照材料的类型则可分为玻璃光纤、塑料光纤、石英光纤，等等。多数光纤在使用前必须由几层保护结构包覆，包覆后的线缆被称为光纤线缆（光缆）。

光纤线缆的接头种类很多，包括 FC、SC、ST、FC/APC、SC/APC、TosLink 等。在数字音频接口协议中，S/PDIF 和 ADAT 格式使用 TosLink 接头；MADI 格式使用 SC 接头，如图 3.31 所示。

TosLink 的全称是 TOShiba-LINK，它是 Toshiba（东芝）为该公司所开发的数字设备连接方式而注册的商标名称，又可写为 TOSlink 或 Tos-link，官方的实际名称为 EIAJ optical。而数字设备上的具体接头，经常标注为 Optical。

TosLink 主要使用塑料光纤线缆，也可使用玻璃光纤线缆，长度一般为 5 米，原则上不超过 10 米。光缆的接头常用 EIAJ/JEITA RC-5720/CP-1201（或称 JIS C5974-1993 F05）格式接头。此外，还有一种称为 Mini-TosLink 的接头，使用 3.5mm 接头，主要使用在 CD 机、MD 机和板载声卡上，如图 3.32 所示。

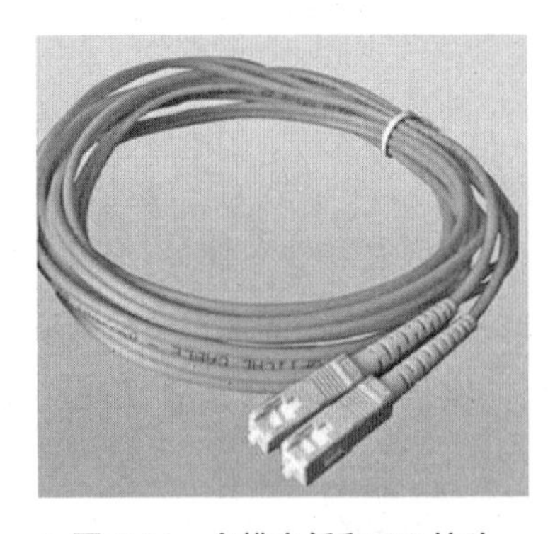

图 3.31 多模光纤和 SC 接头

图 3.32 塑料光纤上的 TosLink 接头（左）和 Mini-TosLink 接头（右）

一开始，TosLink 被用来直接传输 PCM 信号，后来则主要用于传输 S/PDIF 码流，也可用于传输有损压缩的环绕声编码信号，如 DTS、Dolby Digital、Dolby Digital Plus 和 DTS-HD High Resolution Audio，但不能用来传输无损压缩的环绕声编码信号，如 Dolby TrueHD 和 DTS-HD Master Audio。

（三）码流格式转换和阻抗转换

如果需要将采用不同的数字音频接口协议的设备进行连接，就必须对其中一个设备所输出的数字码流进行格式转换。这一转换操作要使用具有对应功能的数字音频转换器来实现。图 3.33 所示的是一个数字音频转换器的背板，该转换器能够实现 MADI 与 ADAT 信号的相互转换。

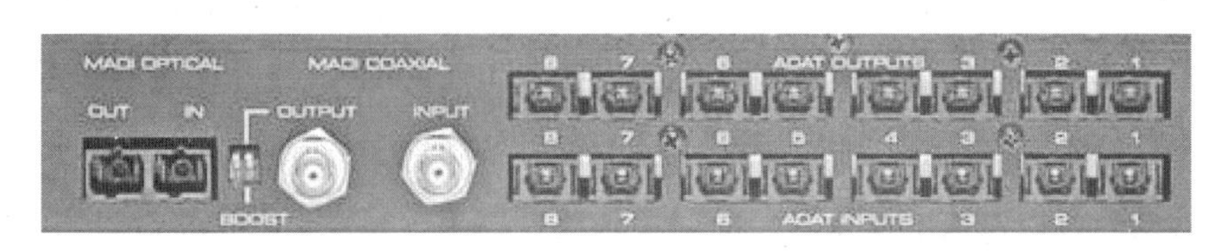

图 3.33　MADI（BNC 接头与 SC 接头）与 ADAT（TosLink 接头）转换器

AES/EBU 信号在进行平衡（XLR 接头）与非平衡（BNC 接头）的相互连接时，需要使用阻抗转换适配器。图 3.34 显示的是一个具有 AES/EBU 信号阻抗转换和 S/PDIF 转 AES/EBU 功能的数字音频转换器。可实现 S/PDIF（TosLink 或 RCA 接头）输入转 AES/EBU（XLR 接头）输出的格式转换，以及 AES/EBU（BNC 接头）输入转 AES/EBU（XLR 接头）输出的阻抗匹配。

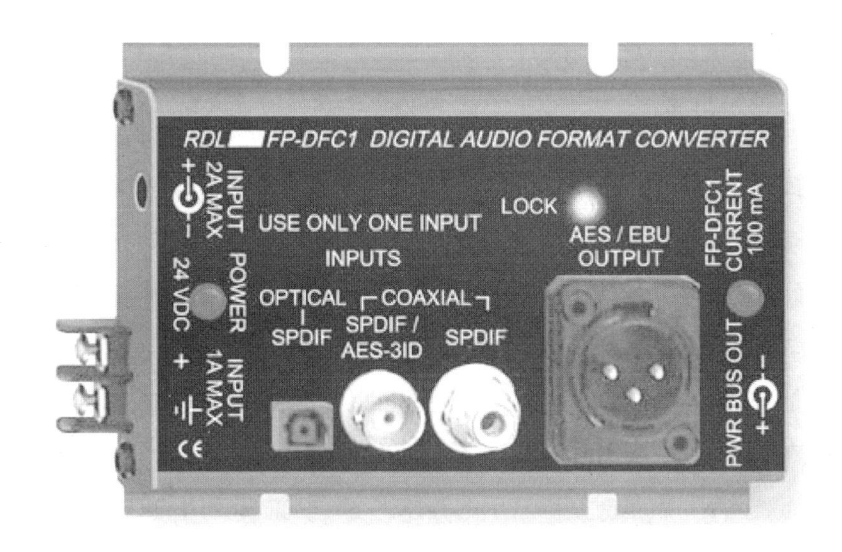

图 3.34　数字音频转换器

二、数字音频设备同步

同步（Synchronization）这个概念对于模拟音频设备和数字音频设备而言，存在一定的差别。

模拟音频设备之间的同步，是指让不同的设备显示相同的时间单位，并且实现步调一致的运行。而数字音频设备之间的同步，除了可以包含模拟设备同步的含义以外，更为重要的是，要让在不同设备之间流动的数字信号保持编码后的采样 [也就是编码后的"字"（word）] 在时间上的精准性。

音频设备的同步方式主要有两种：时间码（Time Code）同步和字时钟（Word Clock）同步。前者能够使系统中的设备显示相同的时间单位（时间码），并保持同步运行（同步启动、同步保持、同步停止等），可用于模拟音频设备之间的同步、模拟音频设备和数字音频设备的同步，以及数字设备之间的同步，还可用于音频设备与视频设备之间的同步；而后者只能且必须用于数字音频设备（或数字音视频设备）之间的同步，用来确保设备之间传输的数字音频信号保持采样与时间的精准对应关系。

（一）时间码同步

1. 时间码的概念

时间码（Time Code，简称 TC），也称 SMPTE/EBU 时间码。它在 1967 年由 SMPTE（Society of Motion Picture and Television Engineers，电影与电视工程师协会）提出，用于电视录像带的电子编辑，同年被 EBU 接受。

时间码的地址格式为：H（时）: M（分）: S（秒）: F（帧）。

时间码是一种绝对时间地址码。所谓绝对时间地址码，是指时间码所显示的时间并不代表真实的时间长度，只是一种用时间单位表示的地址（数字）。我们可以将真实时间理解为标准的北京时间，与之相比，时间码就可以被理解为我们的手表上显示的时间。如果当前的北京时间是 7 点整，手表上显示的时间却不一定是 7 点，因为手表有可能慢了、快了，甚至停了。同样道理，如果设备上的时间码显示为 11:46:38:21，实际上设备所运行的时间却不一定是 11 小时 46 分 38 秒 21 帧，完全可以比这个时间更长或者更短。

2. 时间码地址的类型、帧频类型及二者的组合方法

时间码地址的类型，就是时间码显示的具体内容。目前所使用的时间码地址的类型有 4 种，这 4 种时间码地址中的小时、分钟、秒部分的内容完全一致，唯一的区别是在帧部分的内容上，即帧位的显示方式：

- 24f：帧位的显示从 00—23；
- 25f：帧位的显示从 00—24；
- 30f 非失落帧（Non-Drop Frame）：帧位的显示从 00—29；
- 30f 失落帧（ Drop Frame ）：帧位的显示从 00—29，其中某些帧号丢失。

失落帧（Drop Frame）也称丢帧或抽帧，是指在时间码前进过程中舍弃（或称抽取）某些帧的处理方法。

对于 30f 失落帧，具体的操作方法是：在每分钟的起始点跳过 2 帧计数，则每小时失落的帧数为：2f × 60M = 120f，但每 00、10、20、30、40、50 分钟的起始点不做失落帧处理，这样总共的失落帧数为：120f–6 × 2f=108f。

目前时间码所使用的帧频，也就是 1 秒钟的真实时间内实际包含的帧数，共有 5 种：

- 24fps：美国电影系统帧频；
- 25fps：欧洲和中国电视系统帧频；
- 23.976fps：NTSC 制高清数字视频帧频；
- 29.97fps：北美 NTSC 制彩色电视系统帧频；
- 30fps：北美非 NTSC 制彩色电视标准的视频帧频。

于是，上述时间码地址类型和帧频类型的组合方式就出现了 7 种，其中括号中的内容是这些组合方式的俗称：

- 4f+24fps（24 fps Frame Format，24 帧格式）；
- 24f+23.976fps（23.976 fps Frame Format，23.976 帧格式）；
- 25f+25fps（25 fps Frame Format，25 帧格式）；
- 30f NDF+30fps（30 fps Non–Drop Frame Format，30 帧非失落帧格式）；
- 30f NDF+29.97fps（29.97 fps Non–Drop Frame Format，29.97 帧非失落帧格式）；
- 30f DF+30fps（30 fps Drop Frame Format，30 帧失落帧格式）；

背景延伸

我们可以发现，只有 30f 的时间码地址才会出现失落帧，而 24f 和 25f 的时间码地址不存在失落帧（或者说只有非失落帧这一种状态）。这是因为，30f 是 NTSC 制电视采用的时间码地址类型，而 25f 和 24f 分别是 PAL 制电视和电影采用的时间码地址类型。在上世纪 50 年代，NTSC 制的彩电标准为了保持和原有的黑白电视的兼容性，将每一帧画面的时间长度增加了 0.01%，也就是将频率减少 0.01%，从而造成设备的实际帧频为 29.97f。但是，在设备上是不可能显示 29.97 这个帧号的，因此，实际上的帧位显示方法仍然是从 00 到 29 的循环，这就造成了设备上所显示的时间码比真实的时间要略微慢一些。为了追回这个时间差，NTSC 制的彩电标准规定在 30f 的时间码地址当中舍弃某些帧，这就是所谓的失落帧。而 PAL 制电视和电影都不存在上述 NTSC 制电视的问题，因此也就不存在失落帧时间码地址。

- 30f DF+29.97fps（29.97 fps Drop Frame Format，29.97 帧失落帧格式）。

在上述组合中，只有 24 帧格式、25 帧格式和 30 帧非失落帧格式的时间码显示与真实时间的长度是相等的；29.97 帧失落帧格式的时间码显示会在每个小时的节点上等同于真实时间的长度；23.976 帧格式和 29.97 帧非失落帧格式的时间码显示要比真实时间的长度更长；而 30 帧失落帧格式的时间码显示要比真实时间的长度更短。

3. 时间码常用的记录和传输方式

时间码常用的记录和传输方式有 3 种：LTC、VITC 和 MTC。

（1）LTC

LTC（Longitudinal Time Code）称为纵向时间码，即平行于磁带运行方向所记录的时间码，也称连续时间码。LTC 的优点主要在于：时间码中可包括用户位（User Bit）信息，且时间码信息可以按照组合或插入的方式进行记录或重写。LTC 的缺点主要在于：磁带播放机无法在暂停、变速重放和快速卷带时读出时间码。LTC 的记录方法是：在模拟磁带录音（像）机中以模拟音频信号的方式记录在独立的磁迹中；在数字录音（像）机中以模拟音频信号的方式记录在独立的磁迹中；在数字音频工作站中以数字音频编码的方式进行独立记录。音频设备同步时所使用的时间码主要是 LTC。

在音频设备上，LTC 可以采用平衡式（XLR 接头）或非平衡式（75ΩBNC 接头）电信号进行传输。

（2）VITC

VITC（Vertical Interval Time Code）称为场逆程时间码，也称场消隐区时间码或垂直间隔时间码。它是一种只能用于磁带录像机，而不能用于磁带录音机的时间码，因为 VITC 信号是记录在视频画面的垂直间隔当中的。因此，VITC 不能用于纯音频设备的时间码同步。与 LTC 相比，VITC 的优点在于：可以在静帧直至+/—15 倍速的走带速度下被读出，也可通过视频采集卡读出。而 VITC 的缺点在于：必须与视频信号同时记录，且无法像 LTC 那样进行插入记录。

（3）MTC

MTC（MIDI Time Code）即 MIDI 时间码，是一种将 SMPTE/EBU 时间码转换成以 MIDI 数据形式进行传送的时间码。由于 MIDI 信号是一种数字信号，因此 MTC 也必然是数字信号，且只能使用在数字音频设备上。MTC 与 SMPTE/EBU 时间码的地址格式相同，也以“H: M: S: F”的形式进行显示。如果相互连接的数字音频设备都支持 MIDI 信号，比如 MIDI 控制器和 MIDI 音序器，就可利用 MTC 完成时间码同步。MTC 在传输时使用标准 MIDI 线缆和 MIDI 接头，也可以使用其他支持 MIDI 信号传输的方式（如 USB、火线，甚至无线方式）。

4. 时间码同步的实现

为了实现音频设备（包括音频设备与视频设备）的时间码同步，我们需要确保系统当中连接在一起的所有设备都按照同一个时间码进行运转。因此，我们会在这些设备中指定一个设备作为唯一的时间码信号源，并把该设备设为主机（Master），而将剩下所有接受时间码的设备设为从机（Slave），让从机按照时间码锁定（Lock）到主机，实现同步。

（二）字时钟同步

1. 字时钟的概念

字时钟（Word Clock，简称 WC），也称采样时钟（Sample Clock ），或数字时钟。它是以数字信号当中的“字”（word），即以一个采样为基本时间单位进行同步的。具体的字时钟信号可以被看作是一种经过数字编码的脉冲信号，能够提供非常精准的绝对时间信息。字时钟的精度取决于发出字时钟信号的设备的采样频率。

字时钟同步只能且必须用于数字音频设备（或数字音视频设备）之间，目的是保证设备在采样频率和相位上达到同步，从而保证数字音频系统实现稳定的信号传输，避免出现噪声。

2. 字时钟同步的实现

与时间码同步的实现方法类似，字时钟同步也通过主机向从机发送字时钟信号，实现二者间的锁定。在数字音频系统中，必须且只能有一个字时钟信号发生源。此时，该设备的同步信号源被设置为“Internal”（内同步），并被称为主机，或称主时钟设备。主机通常要选择系统当中在时钟上最为稳定的设备，如数字调音台、高质量数字音频工作站，或者是专用的数字时钟发生器（数字同步器）。

系统中其余的数字音频设备必须接受主机提供的字时钟信号。它们的同步信号源被设置为由主机发送过来的字时钟信号在该设备上的输入接口（字时钟信号输入该设备的哪个接口，就选哪一个），并且称这些设备为从机。

3. 字时钟的传输方式

字时钟信号的传输方式有两种：通过独立的电缆进行传输；通过设备之间连接的数字音频信号线缆进行传输。

（1）通过独立的电缆进行传输

主机可以通过独立的 75Ω 同轴电缆和 BNC 接头，将字时钟信号输出到从机上。此时，从机的同步信号源选择为“Word Clock”。

在这种情况下，数字音频系统的同步连接方式有两种：星形结构（安全性较高）、菊花链结构（安全性较低），如图 3.35 所示。

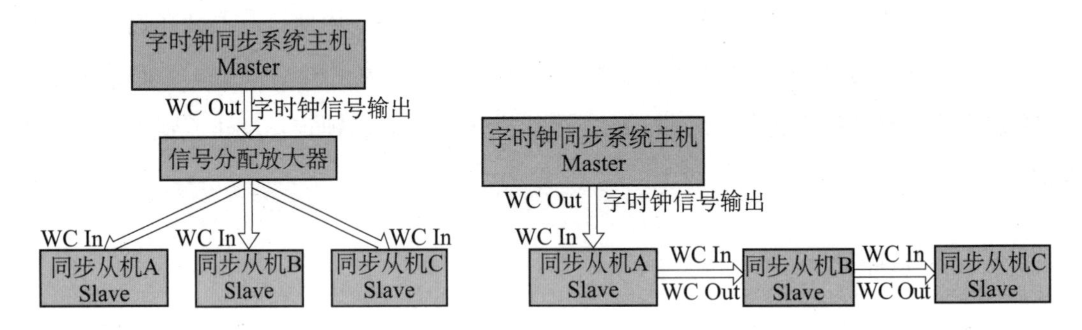

图 3.35　星形结构和菊花链结构的数字音频系统同步连接

（2）通过设备之间连接的数字音频信号线缆进行传输

绝大多数的数字音频信号协议，如 AES/EBU、MADI、ADAT、S/PDIF 等，都允许在该协议所规定的数字码流上加载字时钟信号，从而通过这些数字音频信号线缆实现从主机到从机的字时钟的传输。此时，主机的同步源选择为“Internal”，从机的同步源直接选择为该数字码流的接口即可。

思考与研讨题

1. 数字音频设备这一概念会涉及哪些具体的内容？
2. 常用的数字磁带录音机有哪几种？属于固定磁头还是旋转磁头？使用哪种磁带？能够记录几声道数字音频信号？
3. CD 的主要类型包括哪几种？
4. DVD−Audio 和 SACD 有什么区别？
5. 机械硬盘和固态硬盘有什么区别？
6. 在常用的数字音频接口协议当中，有哪些能够使用光缆传输数字码流？哪些能够使用同轴电缆传输数字码流？这些协议的码流分别能够传输多少通道的数字音频信号？
7. 什么是时间码？它的地址显示格式是怎样的？
8. 常用的时间码记录和传输方式有哪几种？
9. 什么是字时钟？如何进行字时钟的传输？

延伸阅读

1. 卢官明、宗昉：《数字音频原理及应用》（第 2 版），机械工业出版社，2012。

2. 〔美〕肯・C・波尔曼（Ken C. Pohlmann）著，夏田译：《数字音频技术》（第 6 版），人民邮电出版社，2013。

3. 胡泽：《数字音频工作站》，中国广播电视出版社，2003。

4. 〔美〕大卫・迈尔斯・胡伯、罗伯特・E・朗斯坦恩（David Miles Huber、Robert E.Runstein）著，李伟、叶欣、张维娜译：《现代录音技术》，人民邮电出版社，2013。

5. 〔美〕John Hechtman、Ken Benshish 著，胡泽译：《音频接线指南：常用音视频连接件接线方法》，人民邮电出版社，2011。

6. 王红军、丁波：《节目制作中的时间码同步应用》，载《音响技术》，2004 年第 1 期。

7. 赵子涵、易巍：《数字音频系统中的字时钟同步方式》，载《音响技术》，2010 年第 4 期。

chapter 4

第四章　数字音频工作站系统概述

本章要点

1. 数字音频工作站的分类
2. 数字音频工作站系统的构成
3. 数字音频工作站的构成
4. 数字音频工作站系统周边软硬件设备的种类
5. 数字音频工作站系统的硬件连接及信号路由

数字音频工作站系统是以数字音频工作站为核心而构建的音频系统，可以完成录音、混音、音频剪辑、数字音乐制作等功能，也用于扩声和现场演出等其他领域。

本章主要介绍数字音频工作站系统的构成及硬件连接方式。接下来的第五章和第六章将分别介绍数字音频工作站的硬件核心——声卡，以及软件核心——数字音频工作站主程序。

第一节　数字音频工作站的分类

从发展过程和外部形态来看，数字音频工作站主要可以分为两种类型：一体机型数字音频工作站和计算机数字音频工作站。前者是数字音频工作站发展初期的主流形态，外观呈现为一台完整的数字音频设备；后者则是当前数字音频工作站的主流形态，外观看起来几乎就是一台个人计算机。

一、一体机型数字音频工作站

在数字音频工作站发展初期，个人计算机的运算能力还比较薄弱，硬件系统对工作站软件的支持也不够强，因此音频设备的生产厂商开发出了一体机型数字音频工作站，力图做到软硬件系统的最大整合。

在构架上，一体机型数字音频工作站通常就是计算机、硬盘录音机和数字调音台的结合体，可以完成录音、信号分配、效果处理和成品输出（包括光盘刻录）等全套工作。由于所有硬件的集成和配套软件的开发都由生产厂商统一完成，因此这种工作站的稳定性通常较高。但是也正因为如此，它的用途往往比较单一，扩展、升级方面的能力也很弱。

图 4.1 所示的 Roland VS-2400 CD 就是一台一体机型的数字音频工作站。它的外观很像是一台数字调音台，拥有 48 个音频通道、8 个 XLR 话筒输入和 8 个 TRS 线路输入及高阻输入，可进行自动化控制。而它的软件部分具有 384 个虚拟音轨，能够进行 24 轨同时播放和 16 轨同时录音。另外，它还带有 2 组立体声效果器，音频信号在完成效果处理以后，可直接被合并成立体声文件，并刻录在光盘上。

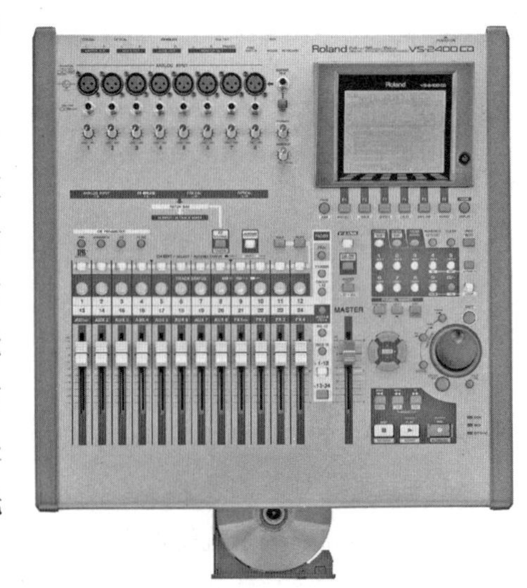

图 4.1　一体机型数字音频工作站

（Roland VS-2400 CD）

在录音棚当中，这种一体机型的数字音频工作站曾在上世纪末和本世纪初的几年短暂流行过。不过，随着个人计算机性能的不断发展，这种类型的数字音频工作站很快便退出了历史舞台。目前，它主要是在数字音乐制作领域，向着多功能便携一体机（也经常被称为编曲机）的方向发展。图 4.2 所示的 Roland MV-8800 就是这样一种用于 Hip-hop 和 R&B 音乐制作的便携一体机。它集合成、采样、录音、混音、母带处理、CD 刻录等多种功能于一体，内置工作站主程序、音色库和多种效果器。硬件控制部分不再采用推子，而是改用打击垫，还可外接鼠标和显示器。

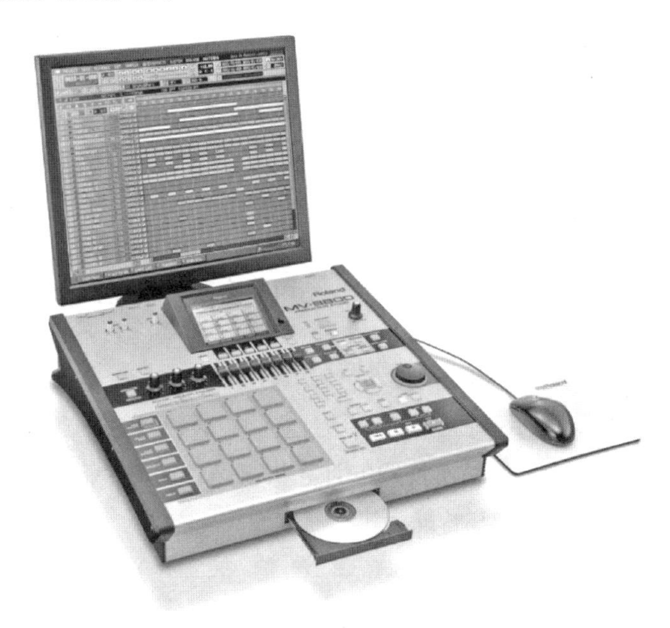

图 4.2　数字音乐制作一体机（Roland MV-8800）

二、计算机数字音频工作站

如今，建立在通用的个人计算机平台上，辅以一定的硬件和软件而实现的计算机数字音频工作站，早已成为数字音频工作站的主流形态。本书所介绍的“数字音频工作站”，在不进行特殊说明的情况下，指的就是这种“计算机数字音频工作站”。

数字音频工作站拥有强大的功能，其主要任务包括：

- 数字音频信号的存储、编辑、处理、分配、播放和传输；
- MIDI 信号的生成、存储、编辑和传输；
- 产生并输出控制信号，或直接接收外部控制信号（同步信号、播放控制信号等）；
- 数字声音合成；
- 视频参考画面的导入及音视频对位剪辑；

- 乐谱制作和编辑；
- 成品文件导出。

在数字音频工作站的基础上，可以构建功能更加全面的数字音频工作站系统。

第二节　数字音频工作站系统的构成

数字音频工作站系统（简称工作站系统）主要由两部分构成：一是数字音频工作站本身；二是数字音频工作站的周边软硬件设备。

一、数字音频工作站的构成

纯粹的，或者严格意义上的数字音频工作站由三个部分组成：计算机、声卡和数字音频工作站主程序。

（一）计算机

一般情况下，数字音频工作站所使用的计算机就是普通的个人计算机，包括台式机、一体机、笔记本电脑、平板电脑和智能手机。

1. 台式机、一体机和笔记本电脑

数字音频工作站所使用的台式机、一体机和笔记本电脑主要包括 PC 和 Mac 两种。这几种计算机的硬件构成基本一致，都包括机箱、主板、CPU、内存、硬盘、电源、显示器、显卡、声卡、键盘、鼠标、刻录光驱等。相对来说，数字音频工作站对 CPU、内存和硬盘的性能要求较高，而对显卡和显示器性能的要求较低。

数字音频工作站对 CPU、内存和硬盘的性能要求，与它所针对的具体工作内容有关。主要用于录音和混音的工作站，对 CPU 和硬盘的性能要求更高，而对内存的要求稍低。不过，我们可以通过增加 DSP 卡的方法，在一定程度上降低对 CPU 的性能要求。与之相比，主要用于编曲的工作站，对这三者的性能要求都很高，尤其是对内存的要求往往最高，因为编曲当中经常用到的采样音色会极大地消耗计算机的内存资源。

由于硬件构架基本相同，因此当前的 PC 和 Mac 的主要区别，实际上是在操作系统层面。除了由于特定目的而使用 Linux 等操作系统以外，PC 平台的工作站全部使用 Windows 操作系统，包括 Windows XP、Windows Vista、Windows 7 和 Windows 8，当前主流的 Windows 操作系统为 Windows 7。而 Mac 计算机的操作系统固定为 OS X，具体的型号包括 10.4、10.5、10.6、10.7、10.8 和 10.9 等，目前比较主流的是 10.6、10.7 和 10.8。此外，目前的操作系统，无论是 Windows 还是 OS X，都已经主推 64 位运算了。采用 64 位的操作系统和 64 位的程序，可以使单个程序对内存的占用量达到 4GB 以上，从而发挥计算机高内存配置的优势。因此，用户在不受硬件和软件限制的情况下，最好选择 64 位的操作系统。

数字音频工作站的配置应该选择 PC 平台还是 Mac 平台？这一问题主要可以考虑以下几点因素：

（1）数字音频工作站主程序与计算机平台的兼容性

目前，大部分的数字音频工作站主程序都兼容 PC 和 Mac 双平台，但是也有一部分只能够在一种平台上使用。比如，Sonar、FL Studio、Pyramix、Samplitude 和 Sequoia 只能在 PC 平台上使用，而 Logic 只能在 Mac 平台上使用。在考虑工作站平台的时候，我们首先想到的都是需要使用什么样的主程序，再根据主程序来选择计算机平台。当然，目前 Apple 公司官方允许用户在 OS X 操作系统的基础上利用虚拟机或 Boot Camp 程序来安装 Windows 操作系统，但是这还需要另外考虑双系统本身的稳定性和工作站软件在双系统下的稳定性。

（2）操作上的习惯性

Windows 和 OSX 这两种操作系统在具体的操作方法上存在一定的差别，比如程序的安装和删除、快捷键命令、偏好设置的方法，等等。我国用户对 Windows 系统的熟悉程度普遍较高，如果更换为 OS X 系统，则需要花费一定的时间来适应。

（3）数字音频工作站和其他制作系统的兼容性

Windows 和 OS X 这两种操作系统在很多具体的标准上完全不同。比如，运行文件的格式不同，分别是 .exe 和 .pkg，二者互不兼容，这意味着更换平台以后，所有安装程序也必须更换；这两种操作系统主要采用的硬盘格式化方法不同，分别为 NTFS 格式和 HFS+ 格式，NTFS 格式的硬盘在 OS X 系统下只能读取数据，不能写入数据，而 HFS+ 格式的硬盘在 Windows 系统下根本无法识别，这就会对跨平台的数据交流产生影响。总之，如果数字音频工作站需要经常与其他制作系统进行数据交流的话，最好能够采用统一的计算机平台。比如，好莱坞电影制作领域就全部采用 Mac 计算机，使得制作流程中的不同系统在数据交流上不存在障碍。

（4）数字音频工作站的稳定性和安全性

在进行数字音频工作站平台的选择时，人们经常会考虑系统的稳定性问题。造成数字音频工作站不稳定的主要原因大致有以下几个：一是硬件本身的冲突；二是硬件与驱动的冲突；三是硬件与操作系统的冲突；四是工作站软件与硬件的冲突；五是插件与工作站主程序的冲突；六是软件本身存在缺陷；七是不良的操作习惯。

对于 Mac 和 PC 这两种平台来说，人们普遍认为 Mac 会比 Windows 更稳定，真实情况大部分也的确如此。造成这一现象的主要原因在于 Mac 计算机是 Apple 公司生产的软硬件集成产品。Mac 计算机本身的种类不多，内部使用到的硬件型号也非常有限，这样一来，在产品测试阶段就能够排除硬件之间，以及硬件与驱动之间的冲突。同时，OS X 操作系统又是为 Mac 量身打造的，这就能够基本排除硬件与操作系统之间的冲突。相比而言，PC 计算机的种类可谓五花八门，具体的硬件型号更是难以统计，因此也就很难避免硬件之间、硬件与驱动之间，特别是硬件与 Windows 操作系统之间的冲突。

但是，大部分的 PC 品牌机由于也采用了软硬件集成的方式，因此也能够基本避免上述问题。实际上，PC 不稳定的原因，很大程度上来自于用户不良的操作习惯。有些用户在使用 PC 的时候，往往会安装很多程序，并同时运行多个程序。如果这时再打开工作站程序，必然会使系统的中断操作变得频繁，从而影响到工作站程序的稳定性。与之相比，基于 Mac 的工作站一般比较纯粹，同时运行的程序也较少，这就在一定程度上保证了稳定性。

至于工作站软件与硬件之间、插件与工作站主程序之间的冲突，以及软件本身的缺陷（包括盗版软件的不稳定性），无论对于 PC 还是 Mac 都是存在的。因此，只要保证了 PC 本身的软硬件兼容性，我们基本上不用为 PC 的稳定性感到担心。事实上，有不少顶级的数字音频工作站系统，比如 Pyramix 和 SADiE，就是建构在 PC 计算机上的，它们的稳定性丝毫不逊于那些基于 Mac 的工作站。

与稳定性相似的另一个问题是安全性，比如用户安全性和网络安全性。在这一点上，Mac 确实比 PC 更有优势。一方面，OS X 在多用户管理和权限使用方面比 Windows 更为出色；另一方面，Mac 特殊的磁盘格式和文件格式也能够阻止很多计算机病毒的侵袭。不过，这并不意味着 Mac 绝对安全，事实上，安全性问题与稳定性问题一样，也受到操作习惯的影响。只要我们对自己的文件管理更为谨慎，减少联网操作，并加强备份，通常无论在哪一种计算机平台上，都能够保证数字音频工作站数据的基本安全。

2. 平板电脑和智能手机

最近几年，平板电脑和智能手机的发展速度十分惊人，而且应用领域也在不断扩大。在数字音乐制作当中，平板电脑和智能手机已经成为非常重要的设备；而在立体声录音甚至多轨录音领域，平板电脑也有替代笔记本电脑的趋势。目前，它们的影响力甚至已经进入到了扩声和现场演出领域。

与 OS X 和 Windows 系统的竞争态势不同，在基于平板电脑和智能手机的数字音频工作站当中，iOS 系统（也就是 iPad 和 iPhone）几乎成为了用户唯一的选择。与之相比，Android、Windows RT 等操作系统目前毫无竞争力。造成这一现象的主要原因，在于 Apple 设备的软硬件集成思路和优良的驱动设计，使得以它们为平台进行音频 APP 的开发变得非常容易。在未来若干年当中，这一态势或许很难有所改变。

（二）声卡

声卡本身是计算机的组成部分之一，负责与声音有关的外部信号（MIDI、音频及控制信号）进入计算机，并将计算机内部信号输出到外部设备。声卡最重要的功能之一，就是完成音频信号的模/数转换和数/模转换，也就是作为工作站的 A/D 转换器和 D/A 转换器使用。

大约 15 年前，我们在配置计算机的时候需要单独购买声卡，而现在，几乎所有的计算机都会自带板载声卡。如果不是出于特殊的使用目的，这些板载声卡的性能对于一般的应用领域来说已经足够。但是对于音频信号的录制等特殊工作而言，板载声卡往往无法满足要求。因此，在配置数字音频工作站时，我们通常还会为计算机加入一块专业声卡，也就是所谓的音频接口（Audio Interface）。这就意味着，我们需要将声卡作为数字音频工作站的一个组成部分来考虑。

对数字音频工作站而言，声卡是外部信号进出计算机的门户，也是除计算机以外最为重要的硬件设备。因此，在计算机平台确定的情况下，我们可以将声卡作为数字音频工作站的硬件核心加以考虑。声卡的选择，会直接决定工作站的性能，某些工作站软件甚至要求使用固定型号的声卡才能够运行。

鉴于声卡对数字音频工作站的重要性，我们会在第五章专门对声卡及其驱动进行介绍。

（三）数字音频工作站主程序

数字音频工作站主程序（简称主程序）是数字音频工作站的核心软件，也是决定数字音频工作站性能的主要因素。通常，我们在谈到数字音频工作站这个概念的时候，第一时间想到的就是这些主程序。

在数字音频工作站发展初期，由于硬件性能的限制，数字音频工作站主程序在设计上被分为两种功能不同的软件：音序器（Sequencer）软件和音频编辑（Audio Editor）软件。前者的主要功能是作为基于计算机的音序器，用来记录和编辑 MIDI 信号，比较著名的产品包括 Cakewalk、Cubase、Logic、Performer 等；后者主要的目的是替代录音机进行音频信号的录制，并对音频信号进行编辑和有限的处理，如 Sound Tools 等。

随着计算机硬件的性能不断提升，音序器软件和音频编辑软件这两种主要的工作站主程序逐渐合并为一体，产生了具有音序和音频双重功能的音频音序器（Audio Sequencer）软件。现今最为著名的工作站主程序大多属于这一类，如 Pro Tools、Logic、Cubase、Nuendo、Sonar、Samplitude、Sequoia、Digital Performer 等。此外，还出现了电子舞曲软件、自动伴奏软件等其他一些功能侧重有所不同的主程序。

本书第六章会对各种不同类型的数字音频工作站主程序进行统一的介绍。

二、周边软硬件设备

数字音频工作站系统的核心是数字音频工作站，但是围绕在数字音频工作站周围，还有很多其他的软硬件设备。它们的存在，在很大程度上决定了数字音频工作站系统的性能。依据它们与数字音频工作站结合的紧密程度，这些周边设备可以被划分为三种：必备设备、选配设备和扩展设备。

（一）必备设备

必备设备是数字音频工作站系统除工作站本身以外必须具备的设备。从严格意义上来讲，这类设备只包括一种类型的硬件——监听设备。具体来说，就是扬声器和耳机。

无论我们使用数字音频工作站系统从事哪方面的工作，都离不开对声音信号的监听。数字音频工作站系统的监听质量，主要由四个方面的因素决定：第一，是数字音频信号本身的质量；第二，是声卡的 D/A 转换模块（或者专用的 D/A 转换器）以及其他周边设备的质量；第三，是监听设备的质量；第四，是监听环境的特性。这其中，数字音频信号本身的质量是我们在节目制作过程中需要考虑的；D/A 转换器及其他周边设备的质量是我们在相关设备选配时需要考虑的；而剩下的两个因素则是我们在选择监听设备时需要考虑的。

1. 扬声器的选择

当前声音节目制作的主要监听设备仍然是扬声器。但是，扬声器的性能在很大程度上受到监听环境的影响。从某种意义上讲，监听音箱和监听环境统一构成了我们的监听设备，这其中监听环境的影响力甚至大于监听音箱。因此，除非是当前的声学环境已经比较理想了，否则当我们选择了扬声器作为监听设备的时候，就必须要对监听环境进行改善。

对于扬声器本身的选择，也和监听环境的大小直接相关。目前，低音单元口径为 5—8 寸的近场监听音箱是数字音频工作站系统首选的扬声器类型，可以应对中小型录音棚和个人工作室的监听要求。而对于大型录音棚，还可以考虑加配尺寸更大的远场监听音箱。

在声卡或其他监听源能够输出数字音频信号的情况下，我们还可以直接考虑为数字音频工作站系统配置带有数字接口的扬声器。这样，不但提高了信号的传输距离，还可以将数模转换的位置安排在信号流程的最后一个设备上，从理论上提高声音的质量。

2. 耳机的选择

除了扬声器以外，数字音频工作站系统的监听设备还可以选择耳机。耳机与扬声器的最大区别在于，它的监听质量完全不受监听环境的影响。因此，在监听环境比较恶劣且无法改善的情况下，我们可以使用监听耳机替代监听音箱。此外，耳机与扬声器相比还有一个显著的优点，就是它的便携性，这使得它几乎成为便携式工作站系统唯一的监听选择。

实际上，耳机听音本身与扬声器听音存在本质的差别。由于不存在左右声道信号的相互反馈，因此耳机不可避免地存在“头中定位”现象，这使得它对于声音的纵向定位和空间感的呈现非常不好。因此，人们通常会认为，只需要根据监听环境和便携性选择扬声器和耳机中的一种就可以了。

不过，这种情况在当前已经发生了很大的变化——我们的监听设备中有时可以没有扬声器，但耳机却是必不可少的。这是因为，目前经常使用耳机进行节目回放的用户数量，已经大大超出了使用扬声器的用户。这就意味着，即使是在声学环境很好的条件下，我们也必须在使用扬声器之外，利用耳机对节目的效果进行把控。此外，耳机的灵敏度通常会超过扬声器，因此在进行音调修正等处理时，耳机监听的效果往往会更好。

在为数字音频工作站系统选择监听耳机时，除了关注耳机的声音回放指标以外，还应该特别注意耳机的阻抗。传统的高阻耳机在使用声卡直接推动的时候，往往很难发挥其本身的性能，因此必须使用专门的耳机放大器或者是调音台上的耳放模块进行推动。相比而言，低阻耳机的通用性更好，不但能够直接用在声卡上，还可以用于数字音频播放器等设备。因此，除非需要考虑声音回放效果的“经典性”，否则低阻耳机通常都是更好的选择。

（二）选配设备

选配设备是指在配置数字音频工作站系统时，根据系统的主要用途而选择的软硬件设备。这些设备的主要类型包括：音频相关设备、MIDI 相关设备、软件控制台和数据存储设备。

1. 音频相关设备

音频相关设备是数字音频工作站系统在进行与音频信号相关的操作时需要配置的设备。大体而言，这种设备主要包括声学信号的拾取设备和音频信号的处理设备。

（1）声学信号的拾取设备

数字音频工作站系统并不一定需要记录外部的音频信号，比如在进行混音和编曲时，我们一般都不会涉及针对外部信号的录音。但是，一旦需要对外部的声学信号进行录音，就需要使用到对应的信号拾取设备，这就是传声器。

作为一种换能器，传声器能够将外部的声波振动转换为电信号的波动。对于工作站系统而言，它能够使用的传声器数量是与话筒放大器的数量直接对应的。在工作站系统当中，有三种设备可能带有话筒放大器模块：声卡、调音台、独立话放。这其中，工作站系统一定拥有的设备是声卡。因此，工作站系统能够使用的传声器数量，首先取决于声卡上话放模块的数量。但需要注意的是，并非所有的声卡都具有话放模块，这也就意味着某些工作站系统在不加入扩展设备的时候，是不能进行声学录音的。此外，工作站系统能否使用电容传声器，一般也需要由声卡或扩展设备上是否带有幻象供电开关来决定。

目前，工作站系统所能够使用到的传声器种类，除了普通的动圈传声器和电容传声器以外，还有一种是能够直接和计算机（包括普通电脑、平板电脑和智能手机）的数字接口（包括 USB 接口、Dock 接口及 Lightning 接口）进行连接的传声器。这种传声器实际上就是在普通的传声器当中加入了 A/D 转换器，并增加了专业音频驱动支持后的产物。我们也可以将它们理解为普通传声器和一个只带有 A/D 模块的声卡的结合体，如图 4.3 所示。

图 4.3　USB 传声器（audio-technica AT2020 USB）和 Dock 接口的传声器（Rode iXY）

（2）音频信号的处理设备

工作站系统对音频信号的处理能力，来自于各种音频信号处理设备，也就是各种软硬件效果器。出于成本和使用便捷性的原因，工作站系统并不一定拥有硬件效果器，但是却一定拥有软件效果器。

工作站系统中的软件效果器有两种来源：一是数字音频工作站主程序自带的各种效果器插件；二是另外安装的第三方软件效果器。通常，在配置工作站系统的时候，我们都会增加在主程序自带的效果器插件之外，再增加一些第三方的软件效果器。这里所谓的可选配的音频信号处理设备，主要指的就是这些第三方的软件效果器。

增加第三方软件效果器的原因，一方面是因为主程序自带的效果器插件种类和性能不能满足要求；另一方面更加实际的原因，是操作习惯的问题。很多著名的软件效果器，比如 Waves、Sonnox、McDSP 等，都是第三方的效果器插件。大部分人会比较习惯使用这些效果器，即使是在更换了工作站平台或者工作站主程序以后，也依然会再次安装它们。

关于软件效果器的详细介绍，请参考本书第七章的内容。

2.MIDI 相关设备

MIDI 相关设备，就是工作站系统当中帮助数字音频工作站本身完成与 MIDI 有关的操作的软硬件设备，主要用于数字音乐制作、音效控制和现场演出领域。这些设备的具体类型包括：

- 产生 MIDI 信号的设备；
- 将 MIDI 信号输入 / 输出计算机的设备；
- 根据 MIDI 信号生成音频信号的设备。

实际上，数字音频工作站自身普遍具备实现上述功能的能力，只是在具体的性能上限制较多，或者在操作上不够方便。这也正是我们在工作站系统中加入这些 MIDI 相关设备的原因。

（1）产生 MIDI 信号的设备

MIDI 信号的产生，一般是在某种硬件机构的控制下，通过相应的程序来实现的。比如，计算机的鼠标和键盘就是这样的硬件设备，而工作站主程序中的音序器软件在接收到它们所发出的信息以后，就可以产生出 MIDI 信号。与之相比，常用的 MIDI 键盘，只不过是将鼠标和键盘变成了琴键，而将相应的程序内置在了其中而已。

由于 MIDI 信号本质上是一种控制信号，因此不管这些产生 MIDI 信号的设备具有怎样的外形，它所产生的都只是控制信号而已。只不过，MIDI 信号当中有一部分是与音符相关的信息，如通道信息中的音符开、音符关、复音触后等，还有一部分是与控制数据变化相关的信息，包括通道信息中的控制改变、程序改变和弯音轮等，以及一系列用于总体控制的系统信息。因此在习惯上，人们将主要用来产生音符信息的 MIDI 设备称为“MIDI 输入设备”；而将主要用来产生具体控制数据和系统总控信息的 MIDI 设备称为“MIDI 控制设备”。但实际上，这两种设备是无法严格划分的。

MIDI 输入设备的主要包括琴键式和非琴键式两种。前者的典型代表就是 MIDI 键盘和键盘合成器（包括键盘式的编曲机等）；而后者则包括 MIDI 吹管、MIDI 小号、电子鼓、打击垫、MIDI 吉他等各种具有乐器外形的设备。不管外观如何，这些设备的共同特点是可以直接输出与演奏相关的 MIDI 信息。

MIDI 键盘（MIDI Key）是工作站系统最常见的 MIDI 输入设备，它能通过用户演奏琴键的方式产生 MIDI 信号，并具有弯音轮等控制器，常见的接口形式为 5 针 MIDI Out 接口，或者是能够直接与计算机进行连接的 USB 接口。与之相比，键盘合成器实际上是 MIDI 键盘与合成器的结合体，兼具 MIDI 信号生成与声音合成两种功能，有些还带有音序器、音频输入等其他扩展功能。随着工作站主程序功能的不断提高以及虚拟乐器的流行，在编曲领域使用 MIDI 键盘的比率越来越高，而键盘合成器则多用于现场演出领域，如图 4.4 所示。

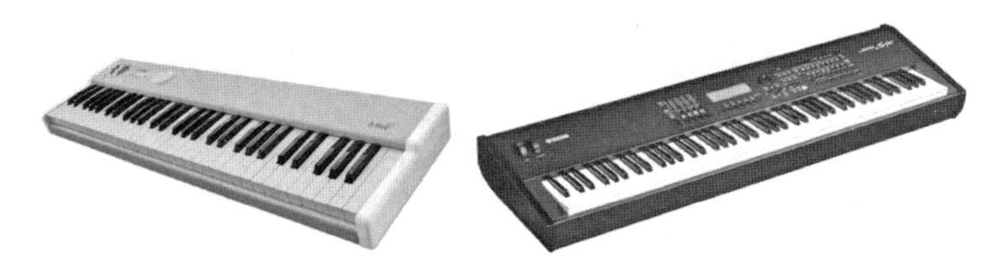

图 4.4　MIDI 键盘和键盘合成器

除 MIDI 键盘以外，非琴键式的 MIDI 输入设备在某些情况下会带来更为人性化的操作方法。比如，在输入打击乐器音符的时候，使用打击垫显然更加方便；在产生吹管类乐器的 MIDI 信息时，MIDI 吹管的优势会更为明显；而在输入吉他声部的 MIDI 音符时，MIDI 吉他的控制方式会更加直接。如图 4.5—图 4.8 所示。

图 4.5　带有打击垫的 MIDI 控制器（AKAI MPC Studio）

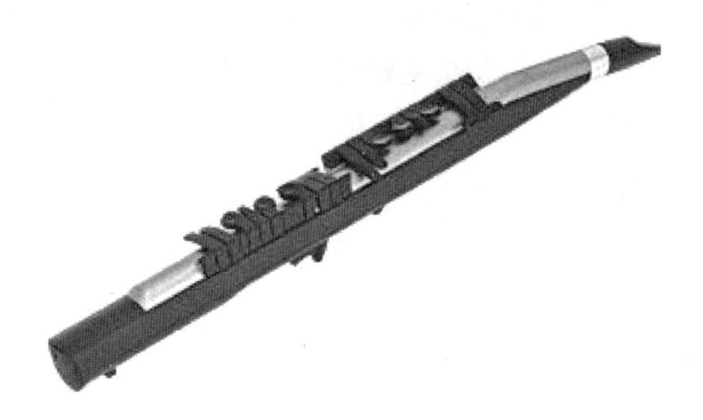

图 4.6　MIDI 吹管（Yamaha WX5）

图 4.7　MIDI 吉他（Your Rock Guitar）

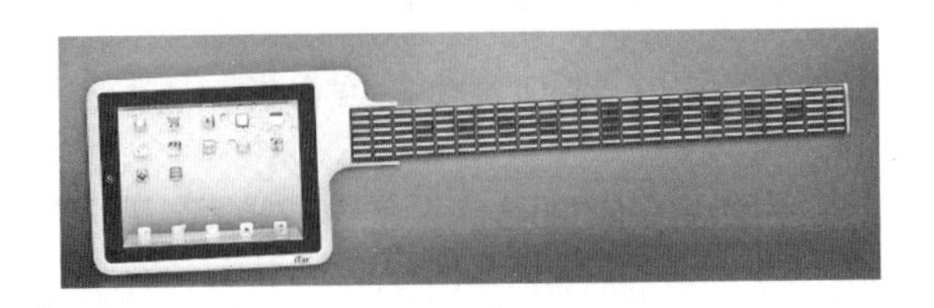

图 4.8　基于 iPad 的吉他式 MIDI 控制器（Starr Labs iTar）

实际上，上述的打击垫、MIDI 吹管和 MIDI 吉他也经常被称为 MIDI 控制器。MIDI 控制器是MIDI控制设备的简称，主要作用是通过MIDI信号来控制相应的软件，比如音序器、鼓机或采样器软件等。具体的控制手法包括按钮、旋钮、推子、打击垫、转轮等，此外还有各种触屏式的控制方式。比如，在现场演出中经常能够看到的DJ控制器，就是一种专门用来控制DJ软件的MIDI控制器（这种控制器有时还会结合声卡等其他功能），如图4.9所示。

图4.9　DJ控制器（Numark Mixtrack Edge DJ）

目前，这些用来产生MIDI信号的设备的发展趋势，是将各种不同的控制方式结合在一台设备上，并且能够对多种不同的工作站软件进行控制。这种设备的典型代表就是所谓的键盘控制器（Key Controller），它是将MIDI键盘和打击垫、走带控制、旋钮、推子等控制方式合为一体的MIDI设备，有时还加入了CV（压控）等非MIDI的控制方式，能够替代MIDI键盘和MIDI控制器，实现一机多用，如图4.9—图4.10所示。

图4.9　键盘控制器（AKAI MAX 49）

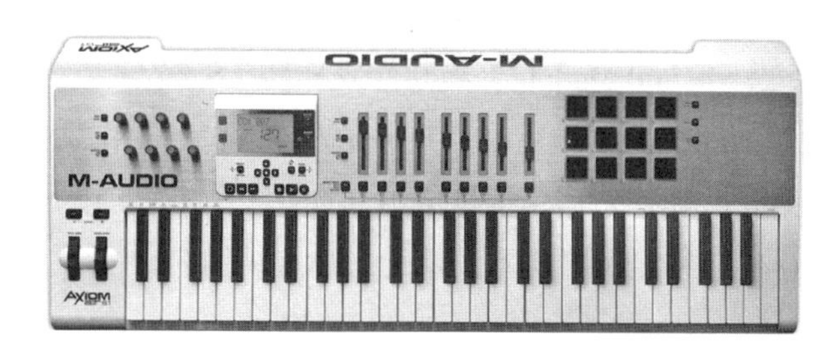

图4.10　键盘控制器（M–Audio Axiom Air 61）

（2）将 MIDI 信号输入 / 输出计算机的设备

计算机本身并不配备标准 MIDI 接头。因此，在需要用标准 MIDI 线缆将相关的 MIDI 设备与计算机连接在一起时，我们就必须在二者之间加入一个中间设备，这就是 MIDI 接口（MIDI Interface），如图 4.11 所示。

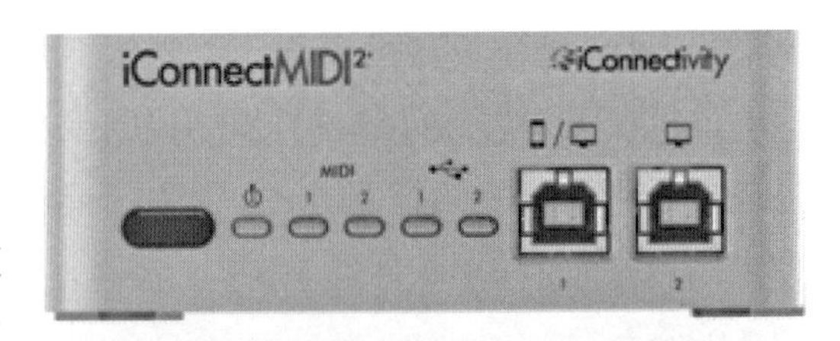

图 4.11　MIDI 接口（iConnect MIDI²）

MIDI 接口是一种一端带有标准 MIDI 接头，而另一端带有计算机总线接口（USB、PCI 等）的设备，负责将 MIDI 信号输入 / 输出计算机。在大约 15 年前，也就是人们还在普遍使用硬件合成器、硬件音源的时代，MIDI 接口几乎是每一套数字音乐制作系统必备的设备。但是如今，我们已经很难见到独立的 MIDI 接口的身影了。原因在于：第一，目前大部分的声卡都加入了 MIDI 接口的功能，直接提供标准的 MIDI 接头，我们完全可以用声卡来连接外部的 MIDI 设备；第二，很多 MIDI 设备不再使用标准 MIDI 接头来输入 / 输出 MIDI 信号，而是改用 USB 或网线等其他方式，这就使得它们可以直接和计算机进行连接，不再需要 MIDI 接口做中介了。

（3）根据 MIDI 信号生成音频信号的设备

根据 MIDI 信号生成音频信号的设备，也可以简称为“MIDI 发声设备”。但是，我们已经多次提到，MIDI 本质上是一种数字通信语言（控制信号），是不能发出声音，也不能被转换成音频信号的。所谓的 MIDI 发声设备，实际上是在 MIDI 信号的控制下，根据声音合成原理产生音频信号的设备，因此也可以称为“声音合成设备”。

图 4.12　Toontrack EZKeys 钢琴音源

（独立式及插件式）

MIDI 发声设备可以分为硬件和软件两种。硬件的 MIDI 发声设备主要包括硬件合成器（Synthesizer）、硬件音源（Sound Module）和硬件采样器（Sampler）三类。软件的 MIDI 发声设备则是指各种类型的虚拟乐器（Virtual Instrument），包括工作站主程序自带的虚拟乐器插件和另外安装的第三方虚拟乐器（插件或独立软件），如图 4.12 所示。

关于虚拟乐器的详细介绍，请参考本书第七章的相关内容。

3. 软件控制台

软件控制台，简称控制台（Control Panel），是一种用来对工作站软件进行控制的设备。很多中小型的控制台与 MIDI 控制器一样，也是利用 MIDI 信号实现对软件的控制。从这个角度上讲，控制台与 MIDI 控制器之间，很难完全划清界限。只不过无论是在外形上还是在具体的控制对象上，控制台都和打击垫、DJ 控制器等 MIDI 控制器有着很大的区别。

（1）控制台的外形和用途

从外形上来看，控制台具有和硬件调音台非常相似的界面，尺寸可大可小。小型的控制台一般只有 1—8 个推子，外加一些用于各种控制的旋钮及按钮；中大型的控制台一般有 16—32 个，甚至数量更多的推子，同时按钮和旋钮的数量也更为丰富。其中，大型的控制台通常会采用模块化设计，包括主控模块、推子模块、旋钮模块等，可以进行自由的组合和扩展，如图 4.13—图 4.14 所示。

图 4.13　小型控制台（Frontier alphatrack 和 Alesis Master Control）

图 4.14　大型控制台（Mackie Control Pro 套装，受控软件为 Logic）

控制台主要用于录音、混音和影视混录等工作。此时，它可以控制传统的音频音序器软件及其插件，具体内部包括推子和旋钮的位置、走带的方式、参量的调整、窗口的切换，以及时间码的同步显示，等等。通常，控制台上的推子都带有电动马达、旋钮也都采用 LED 指示和无限旋转方式，能够做到和它所控制的软件完全同步运动。也就是说，在控制台上移动推子或旋钮，软件上对应的推子或旋钮也会跟着运动，反之亦然。因此，我们也可以将控制台理解为软件调音台的硬件化界面。

（2）使用控制台的原因

如果没有控制台，我们就只能使用计算机的键盘和鼠标来完成软件的操作。但是，某些操作实际上是无法通过键盘和鼠标实现的，比如同时推动两个以上的推子，或者同时调整软件效果器的多个参数。此时，我们就必须使用控制台。还有一些操作，虽然可以通过键盘和鼠标来完成，但是操作起来非常困难，比如对某一通道的推子进行自动化。此时，控制台推子实实在在的手感，会为我们的操作带来很大便利，这也是那种只有一个推子的小型控制台存在的主要原因。

实际上，我们使用控制台的主要原因，在于更为直观的界面和更为人性化的操控方式。尤其是在使用大型控制台的时候，我们往往可以不再关注显示屏上的软件界面，并直接通过双手对软件进行调整。尤其对于那些习惯于传统调音台和硬件操作的录音师来说，控制台显然比鼠标键盘更令他们感到亲切。通常，控制台能够让我们的工作效率更高，也在一定程度上有利于提高作品的质量。

除了传统的硬件控制台以外，在触屏操作大行其道的今天，市场上已经出现了全触屏方式的控制台。实际上，这种控制台就是触屏电脑上运行的一个软件，它通过有线或者无线的方式，与数字音频工作站进行连接。比如，Logic Pro X 就附带了专用的控制软件 Logic Remote for iPad，可以直接通过 iPad 实现对 Logic Pro X 的无线控制，如图 4.15 所示。而超大型的触屏式控制台目前已经达到了 46 英寸的规格，如图 4.16 所示。从理论上说，这种形式的设备已经不能叫做控制台了，因为它就是一台大型触屏电脑，完全实现了工作站界面与控制台界面的一体化。不过从另一个角度来说，它也失去了物理推子和旋钮的手感。

图 4.15　Logic Remote for iPad

图 4.16　Slate Pro Audio Raven MTX 46 英寸触屏控制台（运行的软件为 Pro Tools）

（3）控制协议

控制台与软件之间的相互映射，需要通过具体的控制协议来实现。控制协议是控制设备接入数字音频工作站并对其中的软件进行控制的技术规范。它的内容主要包括控制设备与计算机的连接方式，以及具体的控制参数格式和数据传输方法，等等。概括来说，控制设备与计算机的连接，可以使用 MIDI 接口、USB 接口、火线接口、网线接口等多种方式，目前比较常见的是 USB 或网线连接。而控制参数的格式则包括 MIDI 格式、网络 IP 格式等几种。

控制协议的具体格式繁多，按照其开放程度的不同，可以分为开放性协议、专有性协议和授权性协议等几种。开放性协议是完全开放的，软件和硬件的生产厂商只要都支持这种协议，就可以实现软硬件之间的对接。比如由 Mackie 公司开发的 HUI（Human User Interface）协议，就是一种基于 MIDI 标准的开放性协议，被大量使用在各种中小型控制台当中，也被大部分的工作站主程序所支持。与之相比，专有性协议是某一种软件与配套的控制设备之间专有的控制方案，不能被其他软硬件系统所使用，比如 Digidesign 公司为 Pro Tools 工作站和 Pro Control 控制台而开发的 Pro Control 协议。专有性协议不需要考虑各种品牌软硬件之间的兼容性，因此使用这种协议的软件和硬件界面可以被做得极为相似。授权性协议的开放程度居于前两种协议之间，对于该协议的开发公司所生产软件和硬件，可以做到无缝对接，但是如果用户在该协议下使用了其他公司的软件或者硬件，就需要购买专门的授权或硬件驱动。比如，由 Euphonix 公司开发的 Eucon 协议（现属于 Avid 公司）就是这样一种授权性协议，Pyramix 的用户如果希望使用 Avid System 5-MC 控制台的话，就需要购买授权。

控制协议不仅被使用在控制台和对应的软件上，很多 MIDI 控制器对软件的控制，也需要具体的控制协议做支持。

（4）控制台与调音台的区别

尽管控制台和调音台的外形非常相似，但它们却是两种完全不同的设备。控制台在本质上是数字音频工作站系统的一个组件，它可以被理解成一个大号的鼠标或键盘，如果离开了计算机和对应的软件，它就完全失去了存在的价值。而调音台则是一个独立于数字音频工作站之外的设备，尽管它也可以成为数字音频工作站系统的一个组成部分，但却完全可以独立运行，也可以和其他设备组成录音系统。

在系统连接上，控制台和数字音频工作站之间是一体的，不存在前后级关系；而调音台在录音时却是工作站的前级设备，在监听和混音时则又会变成工作站的后级设备。从理论上来说，控制台不需要与工作站进行音频连接，因为它只会与工作站进行控制信息的交换；而调音台与工作站之间的连接，一定是音频连接，包含各种模拟和数字音频连接方式。但是，大部分的控制台还带有监听控制功能以及相应的输入 / 输出接口，有些控制台甚至带有话放模块，因此大部分情况下，在控制台上也会有音频信号存在。尽管如此，控制台与工作站之间仍然很少采用音频线缆进行连接，而是通过控制线缆（如 USB、网线或专门的连接线缆）在传输控制信号的同时传输音频信号。

4. 数据存储设备

数字音频工作站往往需要存储大量的数据，有时，仅凭计算机内部的硬盘是无法满足要求的。因此，我们会为工作站配置外部的数据存储设备。这种设备最常见的形式就是外置硬盘阵列盒。它可以同时装入多块硬盘，并组成硬盘阵列，还可以方便地进行硬盘更换，如图 4.17 所示。

图 4.17　硬盘阵列盒（ORICO 9558RUS3）

（三）扩展设备

在数字音频工作站的基础上增加了必备设备和选配设备以后，数字音频工作站系统实际上就已经配置完成了。但是，为了进一步增强工作站系统的性能，我们还可以再增加一些扩展设备，包括调音台、Summing Mixer/Summing Box、话筒放大器、AD/DA 转换器、监听控制器、数字同步器、硬件效果器、硬件合成器，媒体播放器，等等。严格来讲，这些设备只是数字音频工作站的外围设备。但是，如果一个录音棚或者制作室的制作系统是以工作站为核心而构建起来的，那么我们就可以将这些设备都算作是数字音频工作站系统的组成部分。

1. 调音台

长期以来，调音台作为音频制作系统的信号枢纽，一直具有不可替代的作用。但是，随着数字音频工作站地位的不断上升，调音台原有的信号分配和混合功能，已经可以交由数字音频工作站来完成了。因此，在以数字音频工作站为核心的系统当中，调音台并不是必备的设备。

一个拥有数字音频工作站的音频系统是否还需要配置调音台，以及应该配置什么样的调音台，完全是由这个系统的工作内容和工作思路决定的。便携型的录音和音乐制作系统是完全不需要调音台的，因为即使最小型的调音台，其便携程度也完全无法和笔记本电脑及 iPad 相提并论。如今，有可能还需要使用调音台的领域，通常都是那些专业的录音棚或工作室。在这些地方进行的大型录音或混音工程，往往需要应对很多的音频通道和复杂的信号路由，而这正是调音台的优势所在。

（1）调音台与工作站的配置关系

在一个录音和混音系统中，调音台与数字音频工作站的配置关系取决于两种不同的系统构建思路。

其一，是以数字音频工作站为核心组建的工作站系统，也就是到目前为止本章所讨论的内容。在这种系统当中，调音台并非是必须的，它只是工作站的外围设备。包括调音台在内的所有外围设备，都是连接在工作站（声卡）上的（但是监听音箱和返送设备通常被连接在调音台上）。调音台与工作站之间的关系，是音频路由上的前后级关系。此时，调音台的主要任务，是在工作站之前完成对信号的放大和预调整，然后在信号从工作站返回以后，实现对信号的监听。此外，调音台还经常负责对讲和返送监听等工作。但是，在这种系统当中，几乎所有的信号处理都是在工作站中实现的，尤其是多轨信号的混合（并轨/缩混），一定是在工作站中完成的。

其二，是以调音台为核心组建的、类似于传统录音棚配置方案的音频系统。在这种系统当中，工作站变成了调音台的外围设备，它的作用只是充当传统的多轨录音机和两轨录音机的角色。它与其他外围设备一样，都以调音台为核心进行连接。此时，所有的信号放大、分配和混合工作，都是通过调音台实现的，信号处理也是由连接在调音台上的效果器完成的。

上述两种配置关系实际上也代表着两种不同的工作思路，即“工作站混音”和“调音台混音”。但是，这两种工作思路并非是截然分开的。有时，在工作站混音的思路下，我们可以使用调音台来完成多轨信号的混合；有时，在调音台混音的思路下，我们却会在工作站上使用大量的效果器插件，完成对信号的处理。而这两种工作思路，实际上也直接影响到了相关设备的选择。

（2）调音台与控制台之间的选择

在配置工作站系统时，一个经常遇到的问题在于，我们应该选择控制台还是调音台。这一问题的答案，主要取决于控制台和调音台各自担负的任务，以及我们工作的思路。

前文在谈到控制台与调音台的区别时，我们已经明确了这二者是完全不同的两种设备。控制台和工作站的关系非常紧密，它就是工作站主程序中软件调音台的硬件化界面，所有针对控制台与软件调音台的操作，完全是相互映射的。因此控制台的主要任务，就是实现更为便捷和人性化的操作，而这种在控制台上的操作就等于是在软件中进行的操作，所有的操作结果和当下的控制器状态都可以通过存盘加以保留。除此以外，控制台在大部分情况下还能够完成监听、返送及对讲控制。但是，正因为控制台与工作站是一体的，这就使得控制台在脱离工作站以后变得完全没有价值。一旦工作站发生损坏，控制台也就无法使用了。

与之相比，调音台与工作站的关系就要疏远得多。无论是以调音台为核心，还是以工作站为核心来配置系统，这二者都是相互独立的设备。它们之间的连接属于音频连接，往往需要用到大量的音频线缆。有时，我们还需要通过时间码或字时钟将它们同步在一起，才能实现协同工作。工作站与调音台的相互独立，使得我们在录音和混音过程中，不得不对信号进行二级调整（工作站→调音台）甚至三级调整（调音台→工作站→调音台），从而让整个操作过程变得有些复杂。尤其对于自动化控制而言，这种多级操作往往会导致调整上的混乱。此外，我们也无法通过在工作站上进行存盘的方法来保留整个系统的工作结果及工作状态，只能通过在调音台和工作站上分别保存的方式来实现（前提是我们使用的调音台是数字调音台或数控调音台，能够存储当前的状态）。

但是，调音台相较于控制台，优点也是非常突出的。第一，调音台和工作站的相互独立，意味着我们可以用一台调音台来连接多台工作站，将这些工作站输出的所有信号通过调音台进行混合，从而大大增加了可使用的工作站音轨数量（好莱坞的很多大型电影混录棚就是这样设计的）。甚至，我们还可以用一台调音台连接多台不同型号的工作站（如 Pro Tools、Nuendo、Sonar、Logic 等），让这些工作站互为备份，保证不会因为某一台工作站的损坏，或者因为操作者不会使用某种特定型号的工作站，而导致工作无法完成。第二，拥有调音台就意味着我们拥有了大量的话放模块，从而大大增加了话筒录音通道的数量。而且，调音台上的话放模块质量通常会优于声卡上的话放模块，这也就意味着我们在使用调音台以后，可以减少甚至取消声卡上的话放模块，从而降低声卡的成本。第三，调音台的输入 / 输出接口数量一般很多，有些大型的调音台还会配置完整的跳线盘，这会使得外部设备的连接变得非常方便。第四，在应对某些简单的操作时，使用调音台会比使用控制台更加便捷。比如，我们仅仅需要将 CD 机输出的音频信号通过扬声器播放出来。如果我们使用的是控制台，那么此时 CD 机和扬声器都会连接在声卡或者控制台上，这就意味着我们必须启动计算机（计算机开机需要等待一定的时间）和工作站软件，并进行必要的设置，才能形成一个有效的信号路由。但是，如果我们使用的是调音台，我们就根本不用启动计算机。只要打开调音台，让连接在它上面的 CD 机将信号直接输出给监听通路就可以了。

正因为调音台与控制台各自的特点和任务不同，我们就需要根据工作思路来进行选择。如果我们绝大部分的工作都是在工作站上完成的，需要一个更为便捷的操作界面，那么毫无疑问，控制台是比较理想的选择。相反，如果我们仅仅将工作站作为一个录音和音频编辑的工具来使用，或者我们拥有大量需要连接在一起的外部设备，此时选择调音台会让我们的工作变得更为顺畅。

事实上，我们很难在一个录音棚里既配置调音台，又配置控制台，因为这二者都有比较大的物理界面，不可能都摆放在录音师的面前。不过，更为根本的原因在于，同时配置调音台和控制台，并没有解决信号的多级控制问题。相对来说，能够将调音台和控制台的优点结合在一起的方法，是选择带有软件控制功能的调音台。这种设备可以在调音台和控制台两种工作模式下进行切换。它在本质上仍然是调音台，但是却可以通过控制协议，实现对工作站软件的控制。在前期录音过程中，我们可以将它置于调音台模式，完成对信号的预调整和监听、返送等功能，同时将工作站当作多轨录音机来使用；而在后期制作中，我们可以将它设置在控制台模式，实现与软件界面的联动，此时，调音台原有的路由设置不会受到影响。与纯粹的控制台相比，这种带有软件控制功能的调音台在软件控制方面的能力比较弱，往往只能调整软件当中那些最常用的控制器，比如推子、声像、独听、哑音、走带等，而且控制上的稳定性也稍差。但是，通过它们来对软件进行控制，仍然比使用鼠标和键盘要便捷很多。目前，很多的数字调音台实际上都带有一定的软件控制功能，如图4.18。

图 4.18　Yamaha 02R96 数字调音台
（带有软件控制功能，需购买控制授权）

（3）模拟调音台与数字调音台之间的选择

如果我们能够确定为工作站系统配置调音台，而非控制台，接下来的一个问题就是，我们应该选择模拟调音台还是数字调音台？

模拟调音台与数字调音台的区别在于，前者是一个模拟音频设备，内部的所有音频信号都是模拟信号，这种调音台对信号的分配和处理是通过电路和相应的元件实现的；而后者是一个数字音频设备，内部的所有音频信号都是数字信号，只有在进行音频信号的输入 / 输出时，可能会通过 ADC（模 / 数转换器）和 DAC（数 / 模转换器）将数字信号变成模拟信号，这种调音台对信号的分配和处理是通过内部的数字信号处理器和软件算法实现的。实际上，数字调音台几乎可以被认为是一台拥有调音台外观和功能的计算机，它和数字音频工作站本质上是非常相似的两种设备。

正因为如此，我们对调音台类型的选择，实际上决定了 A/D 转换和 D/A 转换发生的位置。如果我们选择的是模拟调音台，那么从调音台到工作站的信号就是模拟信号，A/D 转换是通过声卡完成的。同样，从工作站输出的数字信号，也必须在声卡上完成 D/A 转换，才能被输出到模拟调音台上。这样一来，调音台与工作站之间所连接的音频线缆，必须是模拟电缆，这些电缆不但数量很多（因为调音台到工作站之间需要进行多轨音频信号的双向传输），而且长度也会受到限制（模拟信号会随着传输距离的增加而发生比较明显的衰减和劣化）。

但是，如果我们选择了数字调音台，就可以通过数字音频接口将调音台和工作站连接在一起，同时利用字时钟实现二者的同步。这样，当模拟信号进入调音台的时候，会直接进行 A/D 转换，直到信号从工作站返回调音台并输出之前，一直会保持数字格式，只有在需要进行模拟输出的时候，才会由调音台的 D/A 转换器完成数 / 模转换。数字调音台与工作站之间的连接，使用的完全是数字电缆或者光缆。因此，信号的有效传输距离会很长，而且在使用 ADAT 或 MADI 等多声道数字音频接口协议的时候，还能够大大减少电缆或光缆的数量。比如，如果使用 MADI 协议来连接工作站与数字调音台，那么二者之间只需要两条传输方向相反的数字同轴电缆，或者多模光缆，就可以完成 64 通道数字音频信号（48kHz 以下）的双向传输。与之相比，同样的工作如果使用模拟调音台来进行，就需要在调音台与工作站之间连接 128 条模拟电缆。因此，与模拟调音台相比，使用数字调音台可以使系统的连接大为简化，并提高调音台与工作站之间的传输距离。

由于数字调音台通常还带有大量的模拟输入 / 输出接口，我们也可以像使用模拟调音台一样，通过模拟电缆将数字调音台与工作站连接在一起。不过，这种方法不但无法体现出数字调音台在系统连接上的优势，还会带来另外一个显著的缺陷：信号在调音台与工作站之间的输出过程中，会进行多次 A/D 与 D/A 转换。实际上，在混合使用数字设备与模拟设备的音频系统当中，ADC 和 DAC 往往是系统信号质量的瓶颈。通常，我们都会尽可能降低 A/D 与 D/A 转换的次数，以保证系统的声音质量。而使用模拟电缆连接数字调音台和工作站的做法，是与这个原则相悖的。

除了系统连接上的优势以外，数字调音台还有两个比较明显的优点：第一，由于数字调音台实际上就是一台计算机，因此它和工作站一样，往往自带大量的数字效果器，我们可以直接通过这些效果器完成对信号的效果处理；第二，数字调音台可以进行自动化控制，并存储当前的工作状态，能够提高我们操作上的灵活性。

但是，当前节目制作过程中的一种趋势，却使得调音台的类型选择这个问题的答案，又发生了有趣的变化。如果我们选择了数字调音台，那么在节目制作过程中，无论是采用工作站混音的思路，还是采用调音台混音的思路，最终的多轨信号混合都是通过数字运算来完成的。很多人发现，相比于使用模拟电路完成信号混合的方式，通过数字运算完成信号的混合，会使得声音听起来显得发干、发硬、发冷，缺乏弹性和音质上的个性。造成这一结果的原因，并不在于数字运算的精确度不够，反而在于这种运算的精确度相比于模拟电路来说高得多，产生的失真也非常少。而传统的模拟设备在对信号进行混合和处理时，会产生大量的失真和染色。正是这些失真和染色，使得经过模拟设备处理之后的声音变得更为温暖、更有弹性，也带来了不同设备的处理个性。这也是很多经典的模拟设备至今仍然不可替代的原因之一。

基于上述原理，很多人在混音的时候，仍然会使用到模拟设备，特别是在进行多轨信号的混合操作时，会倾向于使用模拟调音台。因此，如果我们为工作站系统配置了模拟调音台，理论上就可以在模拟调音台上完成全部的混音工作，从而让声音变得更有魅力。但是，如果需要完成上述操作，我们所使用的模拟调音台就一定要具备相当多的通道数量，而且周边的效果处理设备的数量也必须足够多，这就大大提升了系统的成本。因此实际上，很少有人会完全在模拟调音台上进行全部的混音工作，而只是利用模拟调音台完成对通道电平和声像等控制器的调整，大部分的信号处理工作仍然会交给工作站来完成。

需要说明的是，上述这种模拟设备的优势，通常只在一部分音乐制作项目中能够表现出来。而在其他声音制作领域内，由于受到信号内容或监听条件的限制，模拟设备对声音个性（而不是质量）所带来的这一点点提升，是根本无法显现出来的。

因此，当前存在的工作站与调音台的配置方式，经常表现为以下几种：

第一，针对高端的古典音乐录音和混音，可以选择使用工作站 + 模拟调音台的配置方式。古典音乐制作通常不需要对录音得到的多轨素材进行大量的效果处理，此时，我们可以在工作站上完成基本的信号编辑，然后将多轨信号从工作站输出到模拟调音台上，完成混音工作。在混音过程中，可以使用模拟调音台自带的优秀效果器（主要是均衡器），以及其他的周边硬件效果器。最后，再将混合完毕的模拟音频信号（立体声或多声道）录回到工作站里。这种系统配置的优点是能够为声音带来温暖感，非常适合表现古典音乐的魅力。

不过，这种配置方式却会凸显模拟调音台在操作上的缺陷。因此，一种将数控模拟调音台与控制台结合在一起的调音台，成为近些年录音棚系统配置的热门方案。这种模拟调音台利用数控方式，解决了普通的模拟调音台不能存储操作状态的问题，同时还可以将工作状态切换为控制台模式，完成对工作站软件的电平、声像、独听、哑音等功能的控制。这种调音台通常都具有优秀的音质，为了降低成本，它们的体积往往比大型模拟调音台有所减小，推子的数量大多在 16 个至 32 个之间，不过足以满足古典音乐混音的需要。图 4.19 所示的 SSL AWS 948 就是这样一种带有 48 个输入通道、24 个推子，以及多种工作站主程序控制功能的高端数控模拟调音台，拥有 SSL 的 Super Analogue（超级模拟）技术。而图 4.20 所示的 AMS Neve Genesys 调音台，也属于这一领域内的优秀产品。

图 4.19　SSL AWS 948 带控制台功能的中型数控模拟调音台

图 4.20　AMS Neve Genesys 带控制台功能的中型数控模拟调音台

第二，高端的流行音乐录音和混音系统，完全可以沿用上述配置方式。不过，现代流行音乐的多轨素材数量往往可以达到几十条或上百条，因此完全通过上述这类模拟调音台和硬件效果器完成多轨混音是不现实的。而且，流行音乐的混音通常需要进行大量的效果处理，在工作站上直接利用效果器插件来进行这些处理，远比在调音台上使用硬件效果器方便得多。在这里，我们使用模拟调音台的原因，主要是为了能够让信号从模拟设备上“过一下”，获得相应的失真和染色，并完成多轨信号的混合。因此，这里所使用的模拟调音台可以进一步减少通道的数量，只要我们首先在工作站上对信号进行预混合（Pre-Mix），形成与模拟调音台通道数相等的输出声道数量，再将这些信号输出到模拟调音台上进行最终的混合，就可以了。此外，这里的模拟调音台也最好带有控制台功能，能够应对工作站软件中所进行的大量自动化操作。图 4.21 所示的 Focusrite Control 2802，就是适合于中小型录音棚使用的一款带有控制台功能的数控模拟调音台。

图 4.21　Focusrite Control 2802 带有控制台功能的小型数控模拟调音台

第三，在电影混录、电子音乐制作等领域当中，即使再大的模拟调音台，通道数量一般也不够用，而且模拟调音台在声音细节上的优势在这些领域也难以表现出来。因此，我们可以直接选择工作站 + 数字调音台（带控制台功能）的配置方式，或者干脆不使用调音台，而是选择工作站 + 控制台的配置方式，完全利用工作站进行混音，从而将控制台的优势发挥到最大。

需要说明的是，上述配置方式通常是为了某种特殊的制作目标而设计的。实际上，工作站 + 模拟调音台、工作站 + 数字调音台以及工作站 + 控制台这三种配置方式都可以被应用在各种声音制作领域，只是在系统连接的复制性、操作的便捷性、设备的成本和声音的特性上有所区别而已。

2.Summing Mixer/Summing Box

“sum”一词的原意为“总结、总计”，在音频制作中表示“混合、合并”之意，专指将多轨音频信号混合为单一音轨（单声道、立体声或环绕声）信号的过程，实际上也就是调音台通过总输出母线（mix bus）将多轨信号合并为单轨信号的过程。

在传统的音频制作流程中，summing 这一环节通常都是由模拟调音台的混合电路完成的。但是当数字调音台和数字音频工作站出现以后，summing 也可以通过这些设备的软件算法来完成。不过前文提到过，在多轨混合之后的声音特性上，高质量的模拟调音台相比于数字调音台和工作站仍然具有一定的优势，因此仍有不少人倾向于在这个环节使用模拟调音台来完成处理。

但是，高质量的模拟调音台价格很高，体积也比较大，并不是所有音频制作系统都能够接受的。于是，Summing Mixer 这一设备就应运而生了。从字面意思理解，Summing Mixer 就是专门用于执行信号合并功能的调音台。它实际上是模拟调音台的简化版本，去掉了话放、均衡、辅助等模块，仅保留电平控制和声像旋钮。除传统的调音台外形以外，很多 Summing Mixer 都会被设计成机架式设备，也不再使用推子进行控制电平，而是改用旋钮，如图 4.22 所示。常见的 Summing Mixer 一般有 16 至 32 个通道，专门用来配合工作站或数字调音台，完成对多轨信号的简单调整和混合工作。

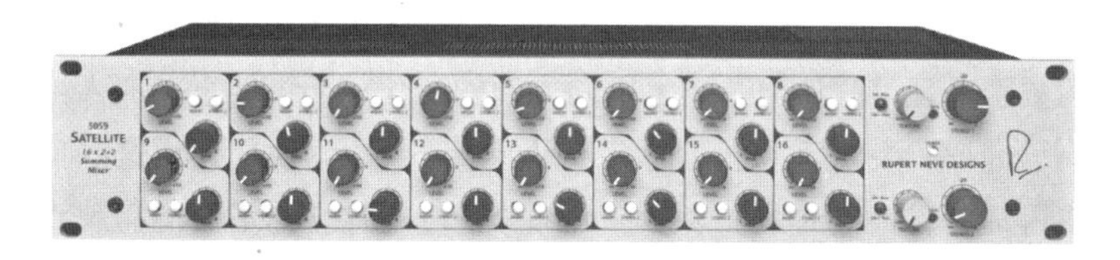

图 4.22　Rupert Neve Designs 5059 Summing Mixer

需要注意的是，Summing Mixer 一定是一台模拟设备，而且声音质量通常会非常出色。不同的 Summing Mixer 的声音特性有所不同，比如 SSL 公司的产品声音通常比较坚挺、硬朗、有弹性，适合流行音乐制作；而 Rupert Neve Designs 或 AMS Neve 公司的产品，声音通常比较温暖、融合，更适合古典音乐制作。

如果在 Summing Mixer 的基础上进一步简化，完全去掉电平和声像控制器，只保留多轨信号合并功能，由此产生的设备就是 Summing Box。从理论上说，Summing Box 也是一种纯粹的模拟设备，不过某些新型的 Summing Box 在此基础上加入了数控功能，可以通过网线和 IP 设置，用计算机对 Summing Box 进行控制，如图 4.23 所示。

图 4.23　SSL Sigma 可通过计算机进行控制的 Summing Box

由于 Summing Mixer 或 Summing Box 的体积不大，因此非常适合在工作站 + 控制台的系统配置基础上，为声音增加一些个性。此外，也有人在工作站 + 数字调音台的系统配置上加入 Summing Mixer 或 Summing Box，从而形成对信号的三级调整。

3. 话筒放大器和 AD/DA 转换器

（1）话筒放大器

话筒放大器（简称话放），也称话筒前置放大器，是专门用于对话筒信号进行放大，并为电容话筒提供幻象供电的设备，有时也带有线路输入和 DI 接口。实际上，每一个调音台都带有话放模块，而大部分的声卡也带有一定数量的话放模块。因此，我们为工作站系统配置单独的话筒放大器，主要基于以下两种考虑：

第一，声卡上的话放模块数量不足。通常，系统当中如果配置有调音台，就意味着有相当数量的话放，一般也就不再需要单独的话放了。但是如果没有调音台，而声卡上的话放数量又不够，我们就需要单独配置话放，并将话放的输出信号接入到声卡的线路输入接口当中。

第二，为系统提供更为独特的声音。很多著名的话放设备都有着标志性的独特声音。这些话放可能通过电路设计（使用电子管或晶体管）让声音更加温暖、圆润；也可能通过独特的数字处理手法让声音产生不同类型的变化；还可能直接加入均衡、压缩等模块，在对信号进行放大之后，直接进行效果处理。总之，我们使用这些独立话放的原因，是为了获得某种有特色的声音效果，大部分情况下这会与话放的品牌直接相关，如图 4.24 所示。

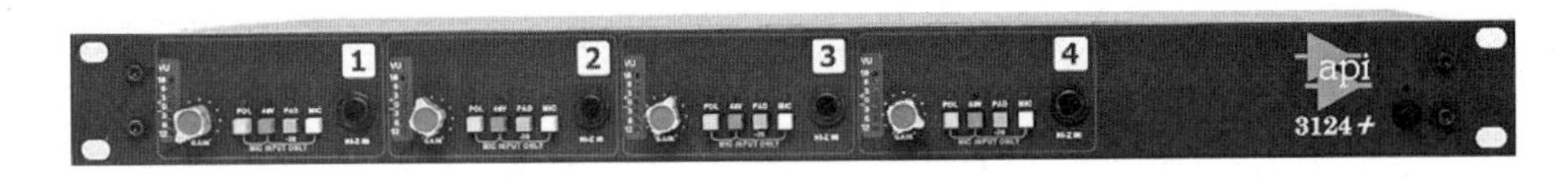

图 4.24　API 3124+4 通道话筒放大器（带线路信号放大功能和 ID 接口）

（2）AD/DA 转换器

通常，数字音频工作站用声卡来完成音频信号的 A/D 转换和 D/A 转换。如果工作站系统中配置有数字调音台，那么这一工作最好是交给数字调音台来完成，此时声卡只负责提供对应的数字音频接口。

不过，在没有数字调音台的情况下，我们也可能会为工作站系统配置独立的 AD/DA 转换器。这一做法主要基于两种考虑：

第一，声卡的 AD/DA 转换质量不够理想。前文曾经提到，A/D 转换和 D/A 转换的质量会对工作站系统整体的声音质量产生非常大的影响，因此在声卡的信号转换质量不高的情况下，可以使用外部 AD/DA 转换器实现更好的转换质量。

第二，声卡只带有数字音频接口，不提供模拟音频接口。也就是说，这种声卡是一种不具备 AD/DA 转换能力的声卡，只是用来为计算机提供一个数字音频信号的连接端口。此时，我们可以用独立的 AD/DA 转换器将外部信号转换成数字信号，实现与工作站的连接（AD/DA 转换器与声卡的数字音频信号接口格式要相互匹配，见图 4.25）。

图 4.25　SPL Madison 16 通道 MADI 格式 AD/DA 转换器

（3）话筒放大器 +A/D 转换器

在话筒信号进入计算机之前，都会经过话筒信号放大和 A/D 转换这两个过程。这两个过程当然可以分别通过单独的话筒放大器和 A/D 转换器来完成，也可以通过带有话放模块的声卡来完成，还可以通过数字调音台来完成。不过，目前很多话放设备实际上都内置有 ADC 模块，也就是形成了话筒放大器 +A/D 转换器，可以直接将经过放大的话筒信号转换为数字信号。这种设备的优势在于，它们可以替代数字调音台完成相应的功能，而且便携性大为提高；同时，它们与工作站之间能够以数字音频的形式进行远距离传输，从而减少了信号传输过程中的损失，并简化了系统连接的复杂性，如图 4.26 所示。

图 4.26　Focusrite ISA 828 带 AES/EBU 和 S/PDIF 输出的 8 通道话筒放大器

（4）监听控制器

大部分的调音台都带有监听模块，很多控制台也提供比较完善的监听功能。但是，在没有配备调音台或控制台的情况下，工作站系统就只能靠声卡（驱动）或者工作站主程序完成监听（包括返送和对讲）功能，这是非常不方便的。这时，我们可以选择为工作站系统配置一台监听控制器。监听控制器可以被认为是独立的调音台监听模块，它可以方便地连接各种声源设备和监听设备，并进行对应的切换，能够为我们的监听操作提供很大的便利，如图 4.27 所示。

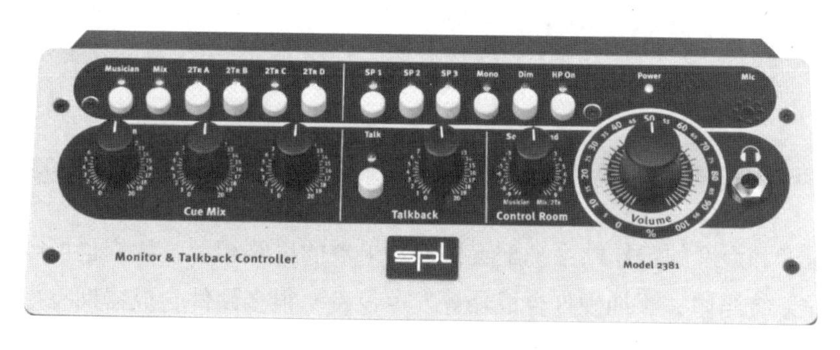

图 4.27　SPL Model 2381 监听控制器（可连接 3 对监听音箱）

（5）数字同步器

数字同步器又称数字时钟发生器，是为数字音频系统提供字时钟信号的设备。通过第三章字时钟部分的介绍，我们已经知道数字音频设备在通过数字音频接口协议进行连接时，必须使用字时钟进行同步，而且数字音频系统中的主时钟发生器只能有一个。在工作站系统当中，我们一般会采用高质量的数字调音台或声卡作为主机（主时钟），但也可以使用一台专门的数字同步器作为主机，向所有的从机发送字时钟信号，来实现整个数字系统的同步（见图 4.28）。此外，某些数字同步器在提供字时钟信号的基础上，还会提供 LTC、MTC 等时间码同步信号。

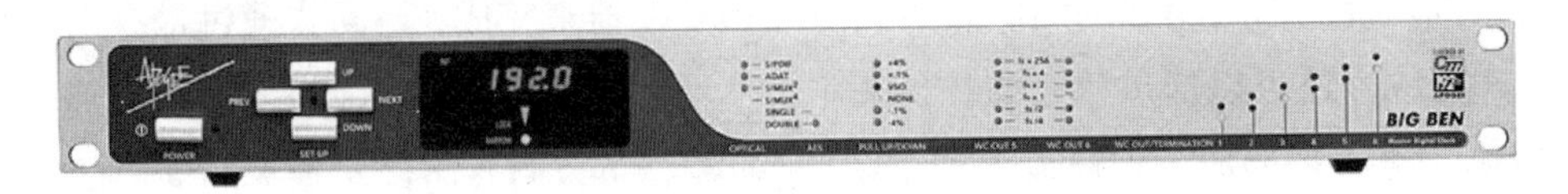

图 4.28　Apogee Big Ben 数字同步器

（6）硬件效果器和硬件合成器

目前，工作站系统主要使用各种软件效果器完成信号处理。如果系统中配置了调音台，我们还可以利用调音台上的均衡、动态等模块进行信号处理。不过，即使如此，在某些中高端的工作站系统当中，独立的硬件效果器依然不可替代。

使用独立硬件效果器主要原因，在于硬件效果器具有的高质量处理效果和富于个性的声音品质。特别是高端硬件混响器的声音处理质量，到目前为止，仍然明显优于软件混响器（当然二者的价格也完全不是一个数量级的），如图 4.29 所示。此外，很多高质量的硬件压缩器、均衡器等效果处理设备，也同样会让作品的声音变得更有魅力。

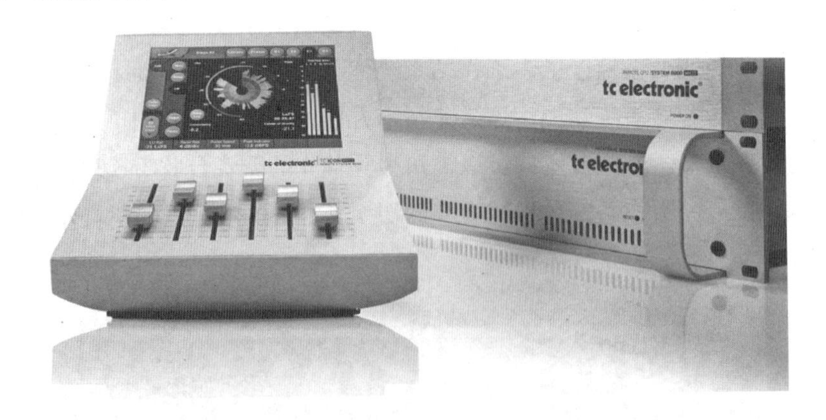

图 4.29　TC Electronic System 6000 硬件效果器（主打混响、限制和母带处理功能）

与用于录音和混音的工作站系统配置硬件效果器的思路相似，我们也可以在用于音乐制作的工作站系统当中，添加硬件合成器等发声设备。很多硬件合成器拥有虚拟乐器无法提供的音色，另外在演奏控制和音序调整上也拥有比较独特的技术（见图 4.30）。

图 4.30　Access Virus TI Polar 合成器

第三节　数字音频工作站系统的硬件连接

本节以图 4.31 为例，简单分析一下数字音频工作站系统的硬件连接方法，并对之前的内容进行简单的总结。

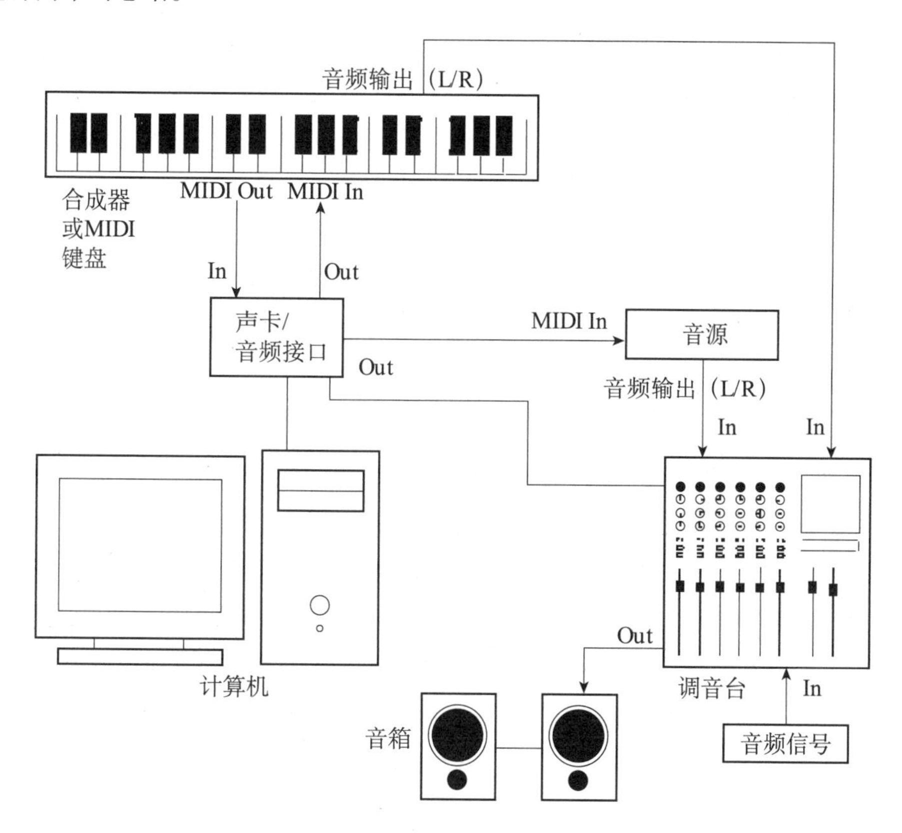

图 4.31　数字音频工作站系统的硬件连接示意图

图 4.31 所显示的工作站系统，主要包括由计算机（内部安装了主程序、软件效果器和虚拟乐器）与声卡（音频接口）构成的数字音频工作站，以及监听音箱、MIDI 键盘（或

合成器）、硬件音源和调音台这些周边硬件设备。该系统当中没有包括控制台、硬件效果器等其他周边设备。

这一工作站系统主要用来完成录音、混音、MIDI 编曲等工作。

音频录音的信号通路为：传声器或线路输入的音频信号进入调音台（其中传声器信号需要通过调音台的话放模块进行放大）进行初步调整，然后通过音频线缆（数字或模拟）进入声卡，在声卡驱动的帮助下通过计算机总线（PCI-E、USB、火线等）进入计算机当中的工作站主程序进行记录（记录载体为计算机的硬盘）。记录完的音频信号由主程序播放出来，然后按照与录音相反的路径返回调音台，通过音箱进行监听。其中，主程序当中的多轨信号到监听信号的混合过程可以在主程序内部完成，也可以在调音台上完成。

音频混音的信号通路与监听通路类似，多轨信号的处理和混合可以在主程序当中完成，也可以在调音台上完成。这两种混音的思路分别为工作站混音和调音台混音，当然还可以使用两种混音思路混搭的方式。最后，混音得到的信号由调音台再次进入主程序进行记录。

MIDI 编曲工作主要涉及 MIDI 信号的产生、记录、编辑、输出，以及通过 MIDI 信号的控制产生音频信号进行监听，并将音频信号记录下来这一系列过程。在图中的工作站系统当中，我们可以使用鼠标、键盘配合工作站主程序的方式，产生并记录 MIDI 信号，也可以使用 MIDI 键盘（或键盘合成器）通过演奏产生 MIDI 信号。

如果系统当中使用的是 MIDI 键盘，那么它所产生的 MIDI 信号可以通过 MIDI 线缆和 5 针 MIDI 接头连接在声卡上（前提是声卡上带有 MIDI 接头），然后通过计算机总线送入工作站主程序进行记录。此外，如果 MIDI 键盘带有 USB 接口，那么它产生的 MIDI 信号也可以不通过声卡，而是直接由 USB 接口送入计算机。

MIDI 信号的记录和编辑统一由工作站主程序来完成。但此后，在 MIDI 信号的控制下产生音频信号的方式，却有好几种选择。其一，是通过计算机中的虚拟乐器直接得到音频信号，此时，如果使用的是插件型的虚拟乐器，那么音频信号的记录可以直接通过主程序的并轨 / 缩混或者内录功能来实现；如果使用的是独立型的虚拟乐器，则需要在声卡上或调音台上进行相应的信号路由设置，将音频信号再次送入工作站主程序进行记录。其二，我们可以通过硬件音源来得到音频信号。这时，MIDI 信号需要从主程序输出至声卡，再由声卡输出至硬件音源。音频信号产生以后，可以由音源输出至调音台进行监听，然后再按照调音台→声卡→工作站主程序的顺序进行记录。其三，某些声卡自身实际上可以作为硬件音源或合成器使用（必须通过对应的软件进行配合）。此时，信号路由与使用硬件音源类似，只不过 MIDI 信号是在声卡上完成相应的控制，并产生音频信号的。

如果系统当中使用的不是 MIDI 键盘，而是键盘合成器，那么信号路由又会有所不同。键盘合成器可以被看作是 MIDI 键盘与合成器模块的统一体（通常还会包括音序器等其他模块），它经常有两种工作模式：一种是内部模式，即键盘模块产生的 MIDI 信号直接控制合成器模块产生音频信号，这种模式通常使用在现场音乐演出当中；另一种是外部模式，即键盘合成器的两个模块分别工作，就相当于是独立的MIDI键盘与合成器。在内部模式下，我们可以将合成器产生的音频信号直接送入调音台进行监听，同时按照调音台→声卡→工作站主程序的顺序进行记录。而在外部模式下，合成器的键盘模块所产生的MIDI信号可以通过主程序进行记录和编辑，至于由哪一个设备完成音频信号的生成，则可以在虚拟乐器、声卡、独立音源和合成器内部的音源模块之间进行选择。

思考与研讨题

1. 数字音频工作站可以分为哪两种类型？当前的主流类型是什么？
2. 数字音频工作站系统由哪两个部分构成？
3. 数字音频工作站的三个基本组成部分是什么？
4. 按照与数字音频工作站结合的紧密程度，工作站系统的周边软硬件设备可以分为哪三种？
5. 什么是控制台，它与调音台有什么区别？
6. 在进行工作站系统配置的时候，控制台和调音台各有什么优势和劣势？
7. 如果为工作站系统配置调音台，那么数字调音台和模拟调音台各有什么优势和劣势？
8. 什么是 Summing Mixer/Summing Box？
9. 在工作站系统当中，有哪些设备可以通过MIDI信号的控制生成音频信号？

延伸阅读

1. 胡泽、雷伟：《计算机数字音频工作站》，中国广播电视出版社，2005。

2.〔美〕David Miles Huber、Robert E.Runstein 著，李伟、叶欣、张维娜译：《现代录音技术》，人民邮电出版社，2013。

3.〔美〕Bruce Bartlett、Jenny Bartlett著，朱慰中译：《实用录音技术》，人民邮电出版社，2010。

chapter 5

第五章　声卡及其驱动

本章要点

1. 声卡的构成
2. 音频加速器的分类
3. 计算机总线接口的类型
4. 声卡的功能
5. 声卡的分类
6. 音频驱动格式的种类和作用
7. 专业声卡的专业性表现

通过上一章的内容我们已经了解到，作为一种计算机设备，数字音频工作站的核心毫无疑问是计算机。但是，在工作站系统当中，外部音频信号必须通过声卡进入计算机，而计算机内部的数字音频信号也必须通过声卡才能进行输出。如果以工作站（而不是调音台）为中心来构建工作站系统的话，那么声卡又会成为所有设备连接的枢纽。因此，我们可以认为，声卡是计算机以外整个工作站系统的硬件核心。

除了硬件元件以外，声卡的性能在很大程度上受到声卡驱动的影响。同时，作为保障声卡正常运行的程序，声卡驱动又会对工作站主程序的性能起到至关重要的影响，并对计算机音频信号的输入和输出进行直接的管理。因此，对于声卡驱动的认识，也成为理解声卡原理及功能的核心内容之一。

第一节　声卡的构成和工作原理

ADLIB 声卡实际上是一个用于声音合成的计算机设备，也可以被认为是计算机内置的一个数字合成器。它使用的合成方法为 FM 合成，音色十分单调。只提供单声道模拟音频输出接口，不支持音频输入（也就是只有 DAC，而没有 ADC），也不能接收 MIDI 信号，如图 5.1 所示。

图 5.1　世界上第一块声卡——ADLIB

在 ADLIB 之后，声卡主要按照应用领域的不同，沿着民用声卡（也称多媒体声卡）和专业声卡（也称音频接口）两条脉络向前发展，并在总线结构、技术指标以及具体的功能上产生

背景延伸

声卡是计算机的组成部分之一。早期的计算机并不能产生、记录和处理音频信号，唯一能够发出有效声音的设备是“蜂鸣器”，它的功能仅仅在于向用户提示开机错误等信息。直到 1984 年，英国的 Adlib Audio 公司才开发出了世界上第一块声卡——ADLIB，计算机从此进入到了有声时代。

了不少的变化。但是，不管是专业声卡还是民用声卡，它们的构成和工作原理却是基本相同的。

一、声卡的构成

图 5.2 显示了声卡的基本构成情况。任何计算机设备，如果想要正常工作，就必须在计算机上安装驱动程序（driver）。因此，声卡的组成部分实际上包括两类，即硬件元件和软件驱动。具体到硬件元件部分，则包括板卡上的元件、音频信号接口以及控制信号接口三个部分。此外，声卡上还必须具有与计算机主板进行连接的总线接口。

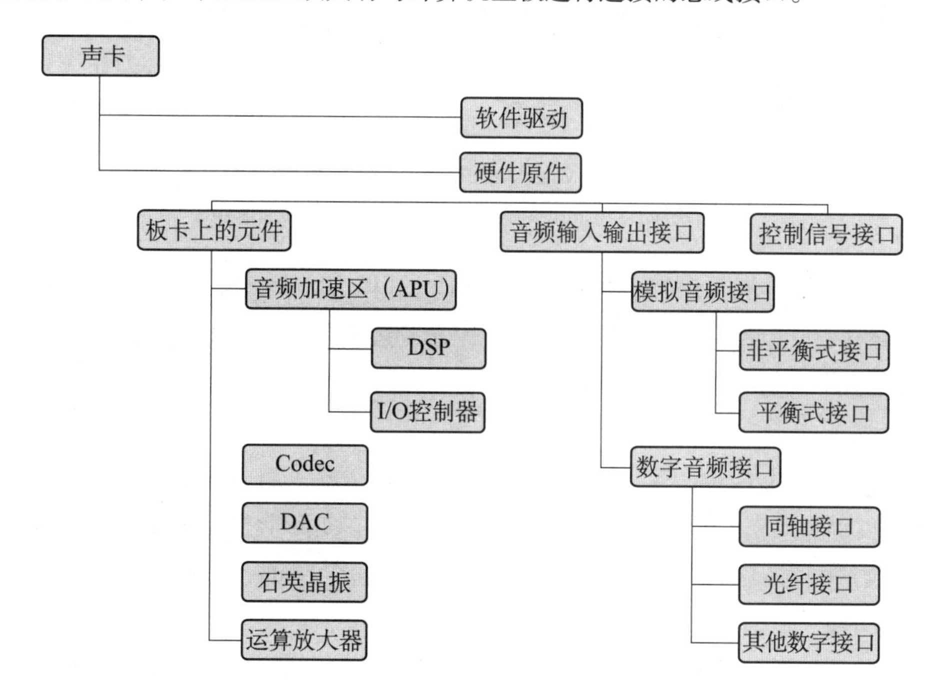

图 5.2　声卡的基本构成

（一）板卡上的元件

不管声卡的外观呈现为板卡的形状，还是一台完整的音频设备，它的主体实际上都是一块印刷电路板。在这块板卡上，主要的元件包括音频控制芯片、石英晶体振荡器和运算放大器。

1. 音频控制芯片

音频控制芯片是声卡当中最重要的元件，它主要包括音频加速器、Codec 和 DAC 三种。

（1）音频加速器

音频加速器（Audio Accelerator）又被称为 APU（Audio Processor Unit，音频处理器单元）或声卡主芯片，它是声卡的心脏，负责对音频信号进行运算和控制。音频加速器实际上可以拆分为两个部分：DSP（Digital Signal Processor，数字信号处理器）和I/O控制器（输入/输出控制器），前者负责数字信号的处理（运算），后者负责对信号的输入和输出进行管理。音频加速器的这两个部分既可以集成在一块芯片当中，也可以被分为两块独立的芯片，如图5.2所示。

图5.2　单块芯片（Creative SB Live!声卡）的音频加速器和两块芯片（Diamond MX200声卡）的音频加速器

尽管音频加速器包括DSP和I/O控制器两部分，但实际上，很多声卡上的音频加速器芯片只包含其中一个部分。这样一来，声卡主芯片就有了三种形式：DSP式主芯片、I/O控制器式主芯片、全功能主芯片。

（2）Codec

“Codec”一词为Coder（编码器）和Decoder（解码器）组合而成，意思是“编解码器”，就是负责完成模/数转换和数/模转换的芯片。它实际上是由ADC（模/数转换器）和DAC（数/模转换器）两部分构成的，但是二者却包含在同一块芯片当中，如图5.2中右侧图片所示。

Codec芯片的质量会直接决定音频信号的模/数转换和数/模转换的质量，从而在根本上决定声卡的音质。实际上，并非所有的声卡都具有Codec芯片。如果一块声卡上没有Codec芯片，它就是一块纯数字声卡，只能输入/输出数字音频信号。

（3）DAC

Codec既要负责模/数转换，又要负责数/模转换，显然工作量比较大。因此，某些声卡在板卡上加入了一块DAC芯片，专门负责数/模转换工作。此时，Codec实际上只用来完成模/数转换。这样设计的好处，就是能够更有效地提高信号转换的质量，从而提升声音的音质。不过，还一些声卡上面只有DAC而没有Codec，此时，这块声卡就只能输出模拟音频信号，而不能输入模拟音频信号。

2. 石英晶体振荡器

石英晶体振荡器（Crystal），简称晶振，是为声卡提供时钟信号的元件。它能够按照固定的频率发出脉冲，在声卡选择使用内部时钟的时候，就会按照这些脉冲的频率进行工作，如图 5.3 所示。

图 5.3　声卡上的石英晶体振荡器

3. 运算放大器

运算放大器，简称运放，如图 5.4 所示，是在 Codec 或 DAC 之后，将模拟音频信号进行放大的元件。因此，运放的质量及其布局也会影响到声卡输出的模拟信号的质量，但是与数字信号的输出质量无关。

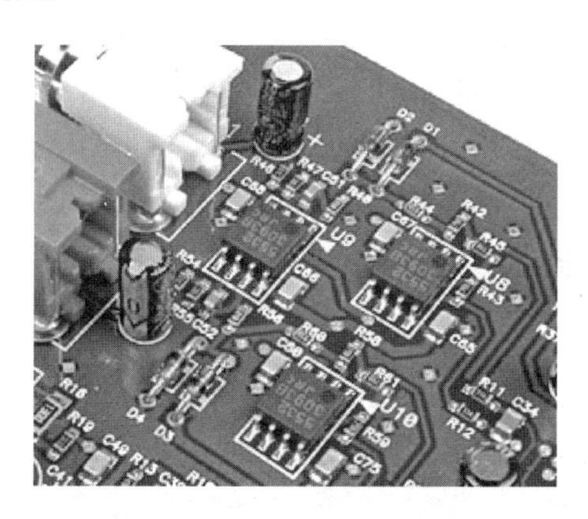

图 5.4　声卡上的运算放大器

（二）音频信号接口

声卡上的音频信号输入 / 输出接口，可以分为模拟接口和数字接口两类。模拟接口使用电信号传输，分为平衡式（XLR、TRS、D-Sub 等接头）和非平衡式（TS、RCA 等接头）两种。数字接口则按照具体的数字音频接口协议，使用电信号传输和光信号传输（TosLink、SC 等接头）两种，而电信号传输又具体分为平衡式（XLR、D-Sub 等接头）和非平衡式（RCA、BNC、D-Sub 等接头）两种。

音频信号接口的种类和数量，是决定声卡性能的关键因素之一。特别是在使用数字音频接口时，一定要注意其格式、声道数和信号的传输方向。具体情况请参照本书第三章的相关介绍。

（三）控制信号接口

除了音频信号接口以外，声卡上有时还带有一些控制信号的接口，比如标准 MIDI 接口（5 针 MIDI 接头）、字时钟接口（BNC 接头）和走带控制接口（RS-442A 标准的 9 针 D-Sub 接头），等等。

在声卡提供标准 MIDI 接口的时候，它实际上就包含了传统的 MIDI 接口（MIDI Interface）的功能。

（四）计算机总线接口

声卡使用计算机总线接口与计算机的主板进行连接，从而实现与 CPU 之间的信号交流。到目前为止，声卡发展过程中使用过的总线接口主要包括：用于普通计算机上的 ISA、PCI、PCI-E、USB、FireWire、Thunderbolt 接口，以及用于 iPhone/iPad 的 Dock 和 Lightning 接口。

1.ISA

ISA（Industry Standard Architecture，工业标准体系结构）是 1981 年诞生的计算机总线标准。最初定义的音频信号量化精度为 8bit，1984 年升级为 16bit。ISA 的信号带宽十分有限，最大传输速率只有 16MB/s，而且对 CPU 资源的占用率很高，目前早已被淘汰。

Creative（创新）公司生产的 Sound Blaster AWE 64 Gold，是最著名的 ISA 声卡之一，如图 5.5 所示。它具有独立的左、右模拟音频信号输出和 20bit S/PDIF 数字音频输出，使用波表合成方式进行声音合成，提供 4MB 硬件波表容量。

图 5.5　使用 ISA 接口的 Creative Sound Blaster AWE 64 Gold 声卡

2. PCI

PCI（Peripheral Component Interconnect，外设部件互连）是用于替代 ISA 的计算机总线标准，目前仍有一些计算机设备在使用该标准。与 ISA 相比，PCI 的信号带宽要大得多，数据传输速率可达 133MB/s。PCI 是声卡在 2000 年前后所使用的最主要的计算机总线接口，在所有 PCI 接口的声卡当中，最为著名的当属 Creative 公司的 Sound Blaster Live! 系列。该系列声卡所使用的 EMU10K1 音频加速器芯片，也是历史上知名度最高的声卡主芯片。

以 1998 年推出的 Sound Blaster Live! 标准版声卡为例，它具有 4.1 声道模拟输出接口和单声道话筒 / 线路输入接口，使用波表方式进行声音合成，能够使用 Creative 公司开发的 SoundFont 音色库技术，还带有 EAX 音效处理能力，如图 5.6 所示。

图 5.6 使用 PCI 接口的 Creative Sound Blaster Live! 标准版声卡

3. PCI–E

PCI–E（PCI–Express）是 PCI 总线标准的增强版本，也是目前内置型声卡所使用的主要总线接口。PCI–E 标准分为 X1、X4、X8、X16 几种，接口的引脚数量分别为 36、64、98、164 针，信号传输速率分别为 250MB/s、1GB/s、2GB/s、4GB/s，如图 5.7 所示。目前声卡上使用最多的 PCI–E 标准为 X1 型。

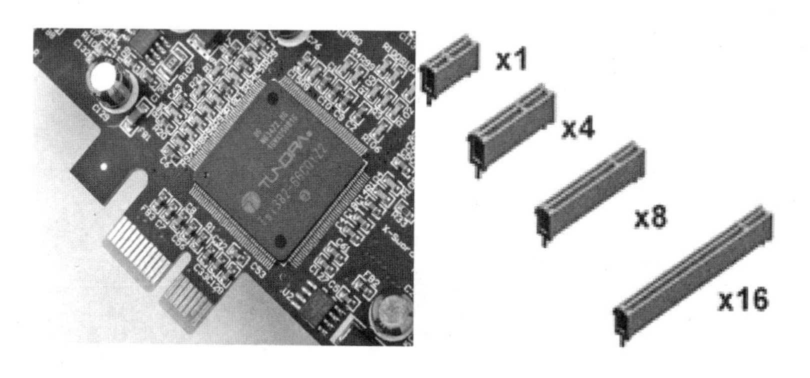

图 5.7 PCI–E 插口及插槽

4. USB

USB（Universal Serial Bus，通用串行总线）是一种能够供电，并支持热插拔和即插即用的计算机总线标准，也是目前外置型声卡使用最多的总线接口。USB 标准分为多个版本，传输速率不断提升：USB1.0 标准为 1.5Mbps（约为 187.5kbps）；USB 1.1 标准为 12Mbps（约为 1.5MB/s）；USB 2.0 标准为 480Mbps（约为 60MB/s）；USB 3.0 标准则为 5Gbps（约为 500MB/s）。

USB 接头的形式分为标准 USB 接头、USB Mini 接头和 USB Micro 接头三种。其中，标准 USB 接头为 4 针，外形分为 Type A 和 Type B 两种，通常声卡上提供的是 Type B 接头，而计算机上使用的是 Type A 接头。USB Mini 接头（分为 A 和 B 两种）与 USB Micro 接头（分为 A 和 B 两种）都是 5 针结构，它们多见于手机和数码相机等电子设备，如图 5.8 和图 5.9 所示。

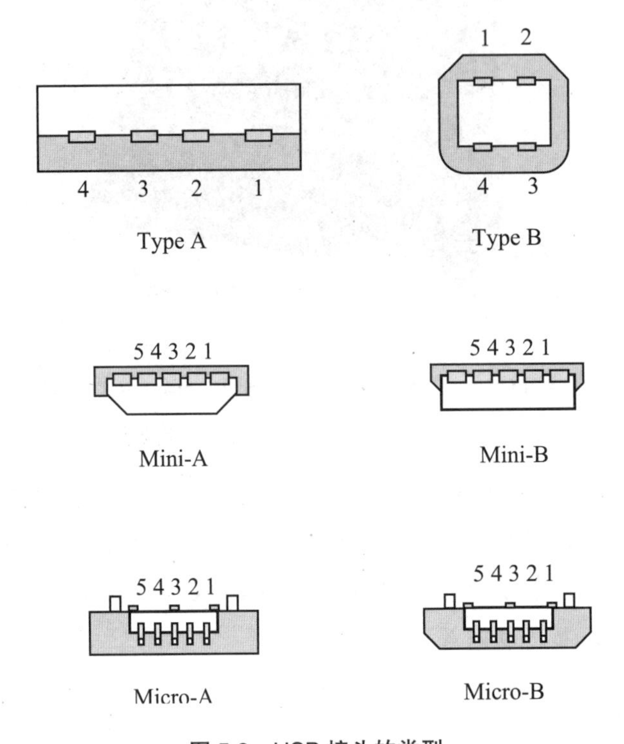

图 5.8　USB 接头的类型

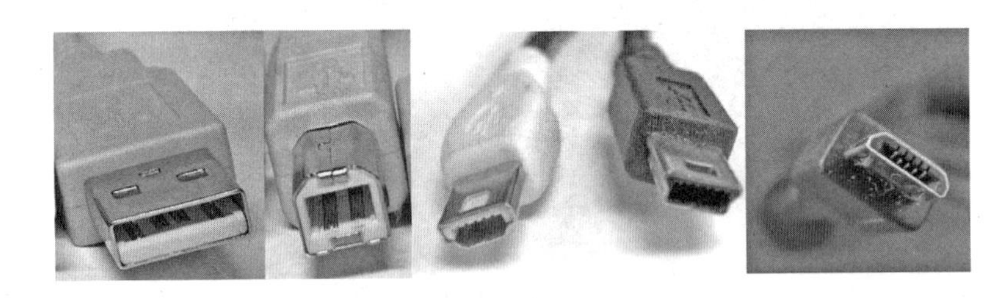

图 5.9　USB 接头的实物图
（从左至右依次为：Type A、TypeB、Mini–A、Mini–B 和 Micro–B）

5. FireWire

FireWire（火线）是 Apple 公司研发的计算机总线标准，可供电，支持热插拔，还可将不同的设备串联在一起，最高可以连接 64 个设备。因为使用目标和制造商注册商标的不同，该标准同时有着 FireWire、i.Link、Lynx、DV 端子等多种名称。此外，该标准被 IEEE 接纳为 1394 号协议，因此也经常被称为 IEEE 1394 标准。

FireWire 标准的常见版本分为 FW 400（1394a）、FW 800（1394b）两种，传输速率分别为 400Mbps 和 800Mbps，最新的标准将支持到 3.2Gbps。FW 400（火线 400）标准和 FW 800（火线 800）标准所使用的接头也不同。其中，火线 400 接头分为大口和小口两种，大口接头为 6 针，可以供电，而小口接头为 4 针，不可供电，如图 5.10 所示。声卡和 Mac 计算机上一律提供的是火线 400 大口，而 PC 笔记本电脑上通常只提供火线 400 小口。火线 800 的接头只有一种，为 9 针格式，如图 5.11 所示。从计算机上的火线 800 接头连接到设备上的火线 400 接头，需要火线 800 至火线 400 的转接线，如图 5.12 所示。

图 5.10　火线 400 接头（4 针小口和 6 针大口）

图 5.11　火线 800 接头（9 针接头）

与 USB 相比，火线 400 的传输稳定度和效率都相当高，对于 CPU 的负担也较低。虽然火线 400 的理论传输速率低于 USB2.0，但是实际上的传输速率却优于 USB2.0。不过，火线的通用性远低于 USB，而且很多 PC 计算机上的火线驱动设计都不够理想，会导致火线设备不稳定。此外，新一代的 Mac 计算机全面放弃了火线标准，改用 Thunderbolt 标准，这也使得火线声卡的型号在最近几年不断减少。

图 5.12　火线 800 至火线 400 转接线

6. Thunderbolt

Thunderbolt（雷电）是 Apple 公司主推的新一代计算机总线标准，传输速率达到 10Gbps，是目前传输速率最快的计算机外置设备接口。它的接头格式与 Apple 用于音视频信号传输的 Mini Display 接头相同，如图 5.13 所示。目前，市场上已经出现了使用 Thunderbolt 接口的声卡。

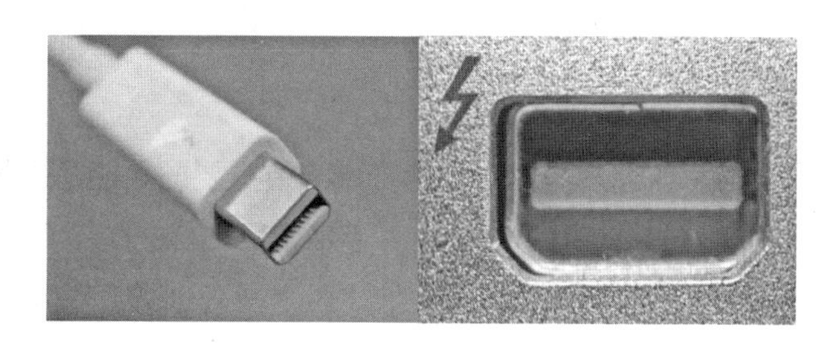

图 5.13　Thunderbolt 标准使用的 Mini Display 接头

Thunderbolt 与 USB、FW800、PCI-E X1 的传输速率对比，如图 5.14 所示。

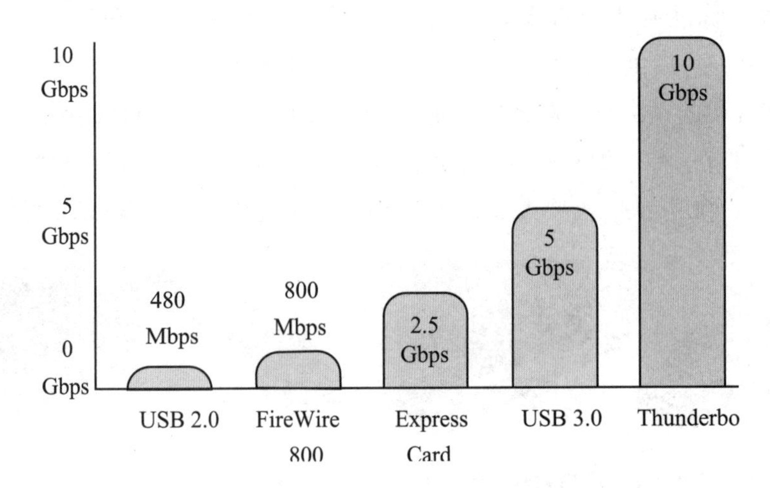

图 5.14　不同总线标准的传输速率对比

7. Dock 和 Lightning

Dock（30针基座）和Lightning（闪电）是Apple公司的iPad和iPhone使用的总线标准。Dock 接口采用 30 针，接头分正面和反面；而 Lighting 接口为 9 针，接头不分正反面，但只能输出数字音频信号，不能像 Dock 接口一样输出模拟音频信号。从 iPhone 5 和 iPad 3 开始，Lightning 接口已经全面替代 Dock 接口，如图 5.15 所示。

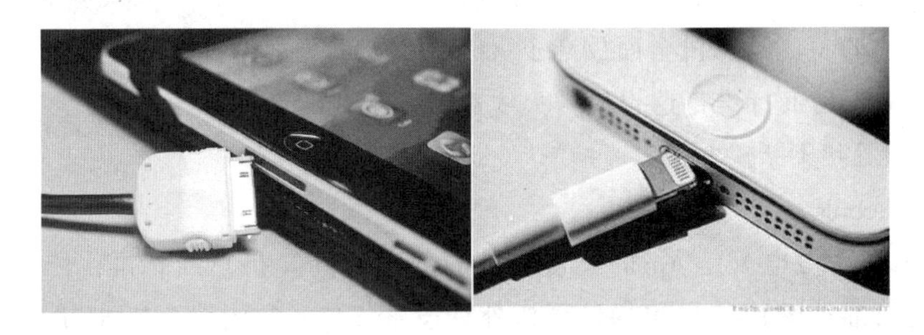

图 5.15　Dock 和 Lightning 接头

二、声卡的工作原理

图 5.16 显示了声卡的工作原理。对于声卡来说，最重要的功能是进行信号的输入 / 输出控制与运算处理。音频信号和 MIDI 信号是声卡最常见的输入 / 输出信号，其中音频信号又可以分为模拟音频信号和数字音频信号两种。声卡能否进行运算处理，取决于声卡的音频加速器是否具有 DSP 功能。如果没有 DSP，那么几乎所有的运算处理都会交给计算机

的 CPU 来完成。

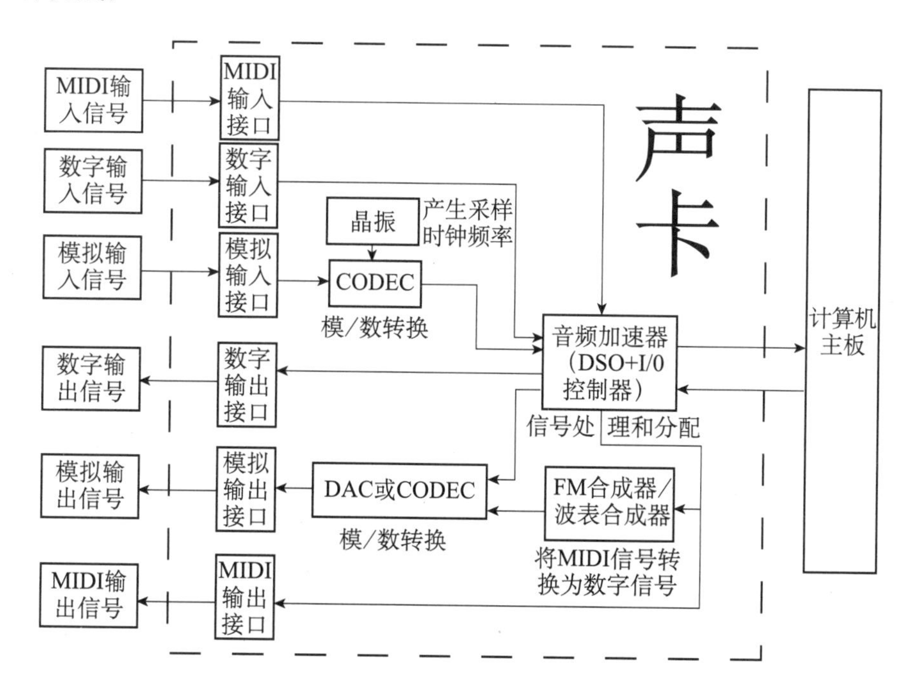

图 5.16　声卡的工作原理示意图

对于 MIDI 输入信号来说，它直接通过声卡上的 MIDI 输出接口进入音频加速器，然后由总线接口进入计算机，并通过工作站主程序进行记录和编辑。此后，MIDI 信号可以由计算机返回，并通过 MIDI 输出接口送给外部发声设备。不过，我们却可以通过三种不同的方式让工作站在 MIDI 信号的控制下输出音频信号：第一，利用计算机内的虚拟乐器直接合成出音频信号；第二，如果音频加速器芯片带有 DSP，并且计算机内安装了使用该 DSP 进行运算的虚拟乐器，那么声音合成的运算可以通过音频加速器来完成；第三，很多早期的声卡带有独立的 FM 合成芯片或者波表合成芯片，可以直接利用这种芯片实现声音的合成（这种情况现在已经非常少见了）。不管具体的运算是通过哪一种方式完成的，声音合成所产生的都是数字音频信号，它可以在音频加速器的控制下，直接从数字音频输出接口输出，也可以由 Codec 或 DAC 进行数 / 模转换以后，以模拟音频信号的形式输出。

声卡对于模拟音频信号和数字音频信号的处理过程基本相似。二者需要分别通过对应的音频输入接口进入声卡。模拟音频信号会在晶振和 Codec 的控制下转换为数字音频信号，并进入音频加速器，而数字音频信号是直接进入音频加速器的，不需要通过 Codec。此后，数字音频信号可以通过总线接口进入计算机，然后再进入工作站主程序进行记录、编辑、处理和混合，也可以通过音频加速器上的 DSP 进行处理（需要特定的软件配合），最后以数字音频信号或模拟音频信号的形式输出。

此外，声卡也可以不接受外部音频或控制信号，而是直接记录或输出计算机内部产生的音频信号，比如音频播放器软件产生的数字音频信号。

近年来，将音频信号转换为 MIDI 信号的软件逐渐增多。因此，不管是从声卡外部输入的音频信号，还是计算机内部产生的音频信号，都可以通过这种软件，在 CPU 或 DSP 的运算下，被转换为 MIDI 信号，再进行记录、编辑和输出；也可以通过声音合成，在 MIDI 信号的控制下产生新的音频信号，并记录或输出。

第二节　声卡的功能和分类

一、声卡的功能

通过上一节对声卡的构成和工作原理的介绍，我们实际上已经对声卡的功能有了基本的认识。总的来说，声卡是音频信号及相关控制信号进出计算机的门户，它最重要的功能就是将计算机与外部音频设备连接起来，实现对信号的分配和管理，这一功能主要是通过音频控制器芯片的 I/O 控制器部分实现的。从这一点来看，声卡非常像是一个调音台（专业声卡的驱动界面几乎都是软件调音台化的），只不过它的一头连接的是音频设备，而另一头连接的是计算机而已。

在接收外部音频信号，或者输出内部音频信号的过程中，声卡需要完成信号的模 / 数转换和数 / 模转换。但是，并非所有声卡都能够进行上述信号转换。有些声卡只在输出端带有模拟接口，而在输入端只有数字接口，这就意味着它的内部只有 DAC 而没有 Codec，只能完成数 / 模转换。还有一些声卡完全不提供模拟音频接口，只带有数字音频接口，这就意味着它内部的所有音频信号都是数字信号，因此这种声卡也被称为“纯数字声卡”。纯数字声卡放弃了对音质影响最大的模 / 数转换和数 / 模转换，因此，它的外部通常需要配备独立的 AD/DA 转换器或者数字调音台，才能够开始工作。

除了信号分配和管理以外，声卡的另一项重要功能是进行信号处理及声音合成运算。这一功能能否实现，关键要看声卡的音频控制器是否带有 DSP（早期的声卡多使用专门的声音合成芯片，而不是 DSP 来进行声音合成运算）。如果带有 DSP，而且计算机内安装了与之配合的软件，那么声卡就可以帮助计算机的 CPU 完成部分运算，从而降低 CPU 的工作量。但是如果音频加速器不带 DSP，那么所有的信号处理及声音合成运算就必须交给 CPU 来完成了。

二、声卡的分类

声卡的种类可以从功能、应用领域、独立性、总线接口、与机箱的关系等不同角度进行划分。

1. 从功能上分类

声卡从功能上可以分为接口卡、DSP 卡和全功能卡。

接口卡是为计算机提供外部信号接口，并能够进行信号分配和管理的声卡，但不具备运算处理能力。这种声卡的音频加速器中只带有 I/O 控制器，而没有 DSP。通常，大部分的中低端声卡都属于这一类。

DSP 卡（也称加速卡、运算卡、处理卡、效果卡等）是只能提供信号处理及声音合成运算的声卡。这种声卡只带有计算机总线接口，而不提供任何的音频信号或控制信号接口，板卡上的音频加速器中也只有 DSP，而没有 I/O 控制器。它的作用，完全在于为从计算机总线接口输送过来的信号提供运算，而具体的运算方法和控制方式，则通过对应的软件来实现。

全功能卡是接口卡与 DSP 卡的统一体，它既能进行信号的输入 / 输出和管理，又能用来进行信号处理。它的音频加速器包括 I/O 控制器和 DSP 两个部分。图 5.6 所示的 Sound Blaster Live! 声卡就属于这一类。

2. 从应用领域上分类

声卡从应用领域上，可以分为民用声卡（多媒体声卡）和专业声卡（音频接口）。

民用声卡主要突出声卡在娱乐性上的应用，包括两声道和多声道音频回放、声音合成、3D 音效（虚拟环绕声处理）、遥控控制等，能够为音乐欣赏、视频和游戏伴音提供较好的声音效果。民用声卡不强调录音功能，即使能够连接传声器，通常也只能连接一只，而且一般不提供幻象供电。目前，绝大部分的民用声卡都属于板载声卡，独立的民用声卡生产厂商数量非常少（如 Creative 公司），其产品也主要面向民用当中的高端领域，如图 5.17 所示。

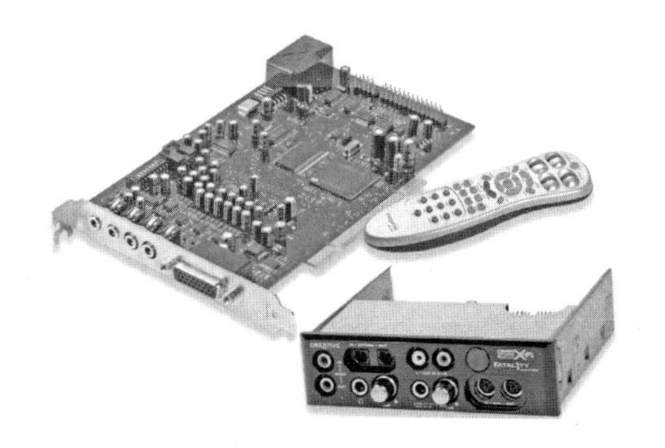

图 5.17　Creative X-Fi Platinum Fatallty Champion 声卡
（带有遥控器和安装在光驱位置的接口盒）

与民用声卡相比，专业声卡是一种专门用于录音、混音和声音合成等领域的声卡。它强调声卡的专业性，因此往往带有数量众多的专业音频接口，其中很多类型的接口是不会出现在民用声卡上的，比如 ADAT、MADI、AES/EBU 等数字接口，以及 XLR 等模拟接口。专业声卡的性能指标通常比较出色，能够满足专业制作对音质的要求。此外，它还必须支持专业音频驱动格式。早期的专业声卡几乎都是为运行某些工作站软件而专门开发的，而

关键术语

专业声卡经常被称为音频接口（Audio Interface）。但是，"音频接口"一词在专业音频领域实际上包含多种不同的意思。它既可以指一种专业音频设备，即专业声卡；又可以指用于连接设备和音频线缆之间的接头（connector），如XLR、BNC等；还可以指某种音频连接协议，比如ADAT、MADI等。因此，本书中在涉及专业声卡这一概念的时候，没有使用"音频接口"一词，而直接用"专业声卡"来描述。

且由于那时候的计算机运算能力比较弱，因此这些专业声卡大部分都带有DSP，如图5.18所示。

图5.18　Emagic公司开发的专业声卡Audiowerk 8
（专门用来在PC机上运行Logic 2.0）

3. 从独立性上分类

声卡从独立性上，可分为独立声卡与板载声卡两种。

独立声卡是独立于计算机主板的声卡，通过总线接口与主板进行连接。目前，几乎所有的专业声卡都属于独立声卡。

板载声卡又称主板集成声卡，它是与主板集成为一体的一种声卡类型，主要用于民用领域。目前，几乎所有的主板都带有板载声卡。

最初，板载声卡研发的主要目标是为了简化计算机系统的配置（不再需要加入独立声卡），并降低声卡的成本，因此相应的标准被制定得比较低。早期板载声卡的主要标准是由Intel等公司制定的AC'97标准，其中"AC"是Area Codec（主板上的Codec）的简写，而"97"则是指这个标准诞生于1997年。该标准规定将声卡的I/O控制功能集成到主板的南桥芯片当中，而音频信号处理工作全部由CPU来完成。这样一来，主板生产厂家只需要在主板上集成一块Codec芯片和相应的信号输入/输出接口，就可以在主板上实现声卡的功能。

AC'97标准最大的问题在于音质。它要求符合该标准的Codec芯片，只能够输出48kHz的音频信号，这使得声卡在遇到44.1kHz等其他采样频率的音频信号时，必须通过SRC（Sample Rate Convertor，采样率转换器）来实现采样频率的转换。为了降低成本，AC'97声卡的SRC完全依赖于软件的简单运算，质量相当不好，这就使得AC'97声卡在输出44.1kHz信号时的音质，比输出48kHz时的音质产生了明显的劣化。

针对 AC’97 标准的问题，Inter 公司与其他公司一起，于 2004 年开发了新的板载声卡标准 HD Audio（High Definition Audio）。它将可使用的音频信号规格提高到了 32bit/192kHz，并解决了 SRC 问题，在 44.1 kHz 和 48 kHz 输出之间无需进行采样频率转换。目前，大部分的板载声卡都符合 HD Audio 标准，有些台式机的板载声卡还能够提供 5.1 声道的模拟音频输出。

另外，当前很多主板厂商在设计板载声卡时，不再将 I/O 控制功能合并到主板南桥上，而是单独在主板上集成一块 I/O 控制芯片，这样就等于将一块独立的接口卡完整的集成到了主板上，从而大大提高了声卡的性能指标，如图 5.19 所示。这种板载声卡被称为“集成硬声卡”，与之相比，之前那种不带有独立 I/O 控制芯片的板载声卡就被称为“集成软声卡”。

图 5.19 集成硬声卡的独立 I/O 控制芯片

4. 从总线接口上分类

声卡所使用的计算机总线接口，包括 ISA、PCI、PCI–E、USB、FireWire、Thunderbolt Dock 和 Lightning 等。使用某种总线接口的声卡，通常就被称为“某某声卡”，比如 USB 声卡，火线声卡等。目前，主流的专业声卡类型为 USB 声卡和 PCI–E 声卡。

5. 从声卡与机箱的关系分类

声卡使用的总线接口类型，实际上就决定了这种声卡是安装在计算机机箱（台式机）内部的，还是连接在机箱外部的。使用 ISA、PCI 和 PCI–E 接口的声卡，只能安装在机箱内部，因此被称为内置声卡；而使用 USB、FireWire、Thunderbolt Dock 和 Lightning 等接口的声卡则位于机箱的外部，被称为外置声卡。由于外置声卡能够进行热插拔，便携性更好，因此成为了目前声卡发展的主要趋势。但是从稳定性和数据传输速率来看，内置声卡的优势依然比较明显。此外，有些声卡采用了机箱内部插卡，外加外部接口盒的组合形式，从本质上说，这种声卡依然属于内置声卡。

第三节 声卡驱动

声卡驱动，是一种用来指挥声卡运行的软件程序。它是声卡必不可少的组成部分之一，驱动的设计能够在很大程度上影响声卡的性能。通常，声卡驱动都是由声卡的生产厂商负责编写，并以光盘或下载地址卡的形式伴随声卡硬件一起提供给用户的。用户也可以从声卡厂商的官方网站上下载最新版本的声卡驱动，或者使用第三方编写的驱动，来提升声卡的性能。

声卡驱动的主要功能包括两个方面：一是遵照某些音频驱动格式的规定，实现操作系统对声卡的识别，并让声卡与相关的应用程序连接在一起，完成信号的相互传输。二是负责提供声卡的软件控制界面，实现对信号路由和处理效果的控制（某些声卡驱动不提供软件控制界面）。

根据应用领域的不同，声卡驱动可以被分为民用声卡驱动（多媒体声卡驱动）和专业声卡驱动两种。它们在音频驱动格式的使用和软件控制界面的设计上，存在一定的差别。

一、音频驱动格式

民用声卡驱动和专业声卡驱动最显著的区别，就在于它们所能够支持的音频驱动格式。音频驱动格式，又称音频 API（Application Programming Interface，应用编程接口），是一种关于音频信号传输和处理的规范，能够实现操作系统对声卡的识别，并让声卡硬件与计算机应用程序相互连通，从而完成信号的传输。

具体的音频驱动格式有很多，其中有一些是由操作系统的开发商指定的，而另一些则是由应用程序（主要是工作站主程序）的开发商指定的。声卡的生产厂商在编写声卡驱动的时候，只需要遵照具体的音频驱动格式进行设计，就能够实现声卡硬件、操作系统和应用程序三者之间的关联。

（一）音频驱动格式的分类

按照性能的不同，音频驱动格式可以分为“非专业音频驱动格式”与“专业音频驱动格式”两种。

为了便于理解，我们可以将音频驱动格式想象成连接声卡与应用程序之间的道路，而音频信号就像是行使在这些道路上的车辆。专业音频驱动格式类似于高速公路，能够同时传输多路音频信号，而且传输速度还非常快；与之相比，非专业音频驱动格式就像是普通的省道，不但传输的音频通道数量有限，而且传输速度还会变慢。

就像是车辆速度越慢就需要越长的行驶时间一样，专业音频驱动格式与非专业音频驱动格式之间的最大差别，就在于它们在音频信号传输过程中所造成的“延迟”（Latency，也称 Interrupt Latency，中断延迟）。这种延迟，表现为信号传输过程中的延时现象，这是由于应用程序需要不断向操作系统发出处理的“许可申请”，使操作系统不断产生“中断操作”而导致的。或者说，操作系统对音频信号传输的管理，是造成声卡与应用程序之间产生延迟的主要原因（详见下文）。非专业音频驱动格式产生的延时时间能够被人耳明显感觉到（通常在 50ms—500ms 之间），而专业音频驱动格式由于采用了特殊的设计，因而延时时间非常短（通常小于 10ms），几乎可以忽略不计。

在我们使用普通的应用程序，如音频播放器软件的时候，并不关心当播放按钮按下之后，声音要经过多长时间才会被播放出来。这时，音频信号通过非专业音频驱动在声卡与播放器软件之间进行传输是没有问题的。但是当我们使用工作站软件的时候，情况就会完全不同。我们的录音和监听工作，都需要尽量减少信号传输过程中的延时。否则，当歌手唱出一个音的时候，会在大约半秒钟之后才听到这个音从返送耳机中播放出来；而当录音师按下工作站软件上的录音键时，实际的录音也会在大约半秒钟以后才开始。这样一来，我们的工作就完全无法进行。因此，工作站软件必须使用专业音频驱动程序，才能够正常工作。

1. 非专业音频驱动格式

目前，几乎所有的非专业音频驱动，都是微软公司为 Windows 系统而制定的。运行在 Windows 系统下的声卡，不管是专业声卡还是民用声卡，几乎都支持对应的非专业音频驱动格式。

（1）MME

MME（Multi-Media Extensions，多媒体扩展接口）是 Windows 操作系统下广泛使用的音频驱动格式。它于 Windows 3.1 时代首次推出，并被应用在从 Windows 95 到 Windows 7 的一系列操作系统当中。MME 的优点在于它的适用性很强，大部分支持音频播放的应用软件（包括工作站主程序）都能够使用该驱动格式。而缺点在于，它是所有非专业音频驱动格式中造成信号延时最长的一个，延时时间为 200ms—500ms。

（2）DirectSound

DirectSound 也是 Windows 操作系统下广泛使用的一种非专业音频驱动格式。它所产生的延迟时间远低于 MME，为 50ms—100ms，但是它只能对音频回放起作用，而不能用于录音。DirectSound 广泛用于各种游戏软件和多媒体教学软件当中，也适用于各种以 DirectX 为标准的虚拟乐器和效果器插件。

（3）WDM

WDM（Windows32 Driver Model，32 位 Windows 驱动模型）是 Windows 系统的通用驱动模型，能够用于各种设备的驱动设计。其中，声卡的 WDM 音频驱动格式是 Windows 2000 和 Windows XP 系统中的标准音频驱动格式，Windows Vista 也在后台支持该驱动格式。在 Windows 2000 和 Windows XP 这两种操作系统下，大部分的音频播放软件都会以 WDM 作为它与声卡连接的首选方案。而在 WDM 无法使用时，会转而使用 MME。与 DirectSound 相比，WDM 进一步降低了信号传输过程中的延时，但仍然没有达到专业音频制作的要求。

2. 专业音频驱动格式

当前主流的专业音频驱动格式，是由工作站主程序或者操作系统的设计厂商制定的。这些驱动格式不仅能够被专业声卡所支持，有些还被广泛使用在民用声卡上。

（1）ASIO

ASIO（Audio Stream Input Output，音频流输入输出接口）是德国 Steinberg 公司（Cubase、Nuendo 和 Wavelab 软件的开发公司）制定的专业音频驱动格式。ASIO 实际上是

Steinberg 的 VST（Virtual Studio Technology，虚拟工作室技术）技术的一个组成部分，它的开发目的是为了让 Cubase 软件的运行脱离专业声卡的 DSP，而完全使用 CPU 在软硬件信号传输过程中实现很短的延时（小于 10ms）。

但是，ASIO 不仅定义了音频驱动格式，还对声卡的音频加速器芯片的性能提出了一定的要求。而在 Windows 系统下，目前所有的板载声卡和大部分的独立式民用声卡都无法达到这些要求。这也就意味着，在 Windows 系统下，只有专业声卡以及少数带有可编程 DSP 的民用声卡才能使用 ASIO。

当前，ASIO 已经成为大部分的工作站主程序在 Windows 系统下运行时的标准音频驱动格式，只有在 ASIO 驱动下，这些工作站主程序才能够正常运行。因此，当我们使用 Windows 操作系统来运行工作站主程序的时候，通常都需要配备一块能够支持 ASIO 的专业声卡。

不过，即使我们在 Windows 系统下使用的是板载声卡，还是可以通过安装“虚拟 ASIO 程序”的方法，来实现与专业声卡类似的低延时性能。这种“虚拟 ASIO 程序”是一种用来模拟 ASIO 性能的应用程序，它并不是真的实现了板载声卡对 ASIO 的支持，而只是通过软件算法降低了信号传输过程中的延时。作为代价，这种虚拟 ASIO 程序需要消耗一定的 CPU 运算量，从而在一定程度上降低了系统的稳定性。目前，使用最为广泛的虚拟 ASIO 程序是 Wuschel 开发的 ASIO4ALL，如图 5.20 所示。

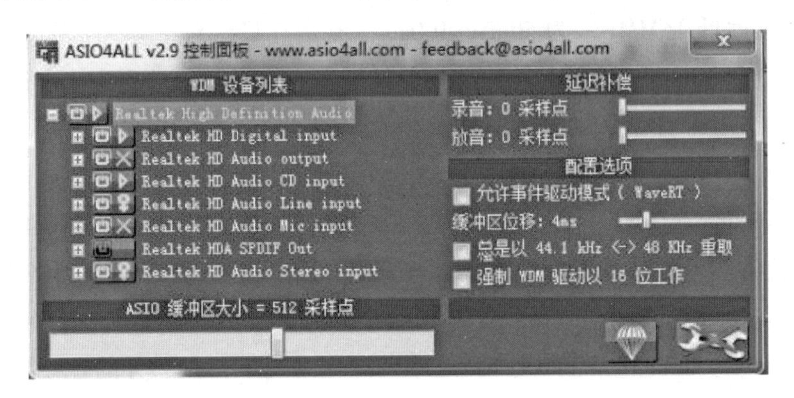

图 5.20　WuschelASIO4ALL v2.9 虚拟 ASIO 程序的控制界面

与 Windows 系统相比，在 OS X 操作系统下，所有 Mac 计算机的板载声卡都能够支持 ASIO。但是，由于 OS X 操作系统下的标准音频驱动格式是 Core Audio，因此 OS X 在对 ASIO 支持方面的优势，只有当我们使用板载声卡运行 Cubase、Nuendo 和 Wavelab 软件的时候，才能体现出来。

（2）Core Audio

Core Audio 是 OS X 操作系统制定的音频驱动格式。与 Windows 系统不同，OS X 系统只制定了这样一个音频驱动格式，也就是说，所有运行于该系统下的声卡，不管是专业声卡还是民用声卡，都会支持 Core Audio，而绝大部分的应用程序也都通过 Core Audio 来和声卡进行数据交流。Core Audio 本身就是一个性能非常出色的音频驱动格式，它所产生的延时很少，而且从 OS X 10.4 开始，Core Audio 允许同一个应用程序通过不同的总线接口同时使用多个声卡，从而增加了信号的输入和输出接口数量。

Core Audio 的优异性能，是 Mac 计算机在专业音频制作领域与 PC 计算机相比更为优秀的重要原因。我们完全可以通过板载声卡来运行工作站主程序，而不必担心延时问题（当然，使用板载声卡就必须在音质和信号接口的种类与数量上进行妥协）。

（3）DAE

DAE（Digidesign Audio Engine，Digidesign 音频引擎）是 Digidesign 公司（已被 Avid 公司收购）为 Pro Tools 工作站系统专门设计的音频驱动格式。在 Pro Tools 9 版本之前，不管是在 Windows 还是在 OS X 操作系统下，Pro Tools 系统的软件和硬件必须通过 DAE 驱动才能够实现连通，这就是 Pro Tools 系统长期保持封闭性的原因。但是 Pro Tools 9 以上的版本已经全面开放，在 Windows 系统下可以使用 ASIO，而在 OS X 系统下可以使用 Core Audio，这使得 Pro Tools 软件可以通过任何支持 ASIO 或 Core Audio 的声卡进行工作。

此外，在 OS X 系统下运行的 Logic 和 Digital Performer 软件也一度支持 DAE 驱动，使得它们可以通过 Pro Tools HD 系统的硬件（DSP 卡 +I/O 接口）进行工作。

（4）AAE

AAE（Avid Audio Engine，Avid 音频引擎）是 Avid 公司为 Pro Tools 工作站系统开发的音频驱动格式，从 Pro Tools 11 版本开始使用，但只能与 Avid 公司的硬件产品配合使用。AAE 加入了插件的动态 CPU 占用率分配、自动低延迟输入缓冲等新功能，性能比 DAE 有较大幅度的提高。

（5）MassCore

MassCore 是 Merging 公司为 Pyramix 工作站系统（只能运行于 Windows 操作系统下）中的高端版本 Pyramix MassCore 系统专门开发的音频驱动格式。MassCore 要求 PC 计算机必须在机箱内安装 Mykerinos DSP 母卡及其接口子卡，或者使用基于 Ravenna 协议的 Horus 音频转换器，而且 PC 机的 CPU 必须是多核的。在使用 MassCore 以后，Pyramix 系统的性能会获得极大的提升。

（6）WDM KS

WDM KS（WDM Kernel Streaming，WDM 内部数据流接口）是 Windows 2000 和 Windows XP 系统规定的一种建构在 WDM 基础之上的音频驱动格式。它能够提供非常低的延迟，但是它最大的问题在于能够使用该驱动格式的软件非常少。目前，主流的工作站主程序当中只有 Sonar 支持该驱动格式。

（7）Wave RT

Wave RT（Wave Real Time，实时波形驱动）是 Windows Vista 系统新加入的音频驱动

格式，也适用于 Windows 7 和 Windows 8。它可以使板载声卡的延迟时间降低到 10ms 以下，从而使得工作站软件能够通过板载声卡正常运行。但是，目前主流的工作站主程序中也只有 Sonar 支持 Wave RT。不过，很多 Windows Vista 和 Windows 7 下的播放器软件却能够使用该驱动格式进行工作。

（二）音频驱动格式的选择

通常，一块声卡的驱动程序会同时提供多个音频驱动格式。但是应用软件与声卡之间是否能够被连通，则取决于软件和声卡是否能够同时支持同一种音频驱动格式。

比如，在 Windows XP 操作系统下，绝大部分的播放器软件都支持 MME 和 WDM 驱动格式。此时，当我们使用的声卡也支持这两种驱动格式的时候，就能够通过在软件或者操作系统中的选择，将声音从播放器软件输出到声卡上。实际上，绝大部分的播放器软件本身并不能够选择声卡驱动格式，相应的选择需要在操作系统下完成，如图 5.21 所示。该窗口为“控制面板 / 声音和音频设备 / 音频”选项卡所显示的界面。在“声音播放—默认设备”选项中，我们可以看到 Mbox2 和 Maya44 Pro 两块声卡，其中 Maya44 Pro 的选项还分为 Ch12、Ch34 和 Ch1234。之所以会出现这样的选项，是因为在该 PC 计算机当中，安装了两块专业声卡——Mbox2（USB 接口）和 Maya44 Pro（PCI 接口），而主板自带的板载声卡已经通过计算机的 BIOS 被屏蔽了。

Maya44 Pro 这块声卡能够支持 MME、DirectSound、WDM、ASIO 等音频驱动格式，而 Mbox2 可以支持 MME、ASIO 和 DAE 格式。但是，由于 Windows XP 系统本身并不能辨认出 ASIO 和 DAE 这两种专业音频驱动格式，因此在“声音播放—默认设备”一栏中所显示的每一个选项，实际上都只是对应声卡的 MME 驱动格式。此外，Mbox2 只有两个音频输出接口，而 Maya44 Pro 有四个音频输出接口，因此在这里还可以对 Maya44 Pro 的输出信号路由作进一步的选择。如果我们选择的是“Mbox2 Out 1/2 Out”这个选项，那么播放器软件所输出的音频信号，就会通过 Mbox2 声卡的两个音频输出接口进行输出；而如果我们选择的是“2-Maya44 Pro Ch34”这个选项，那么音频信号就会从 Maya44 Pro 声卡的第 3 和第 4 音频输出接口进行输出。

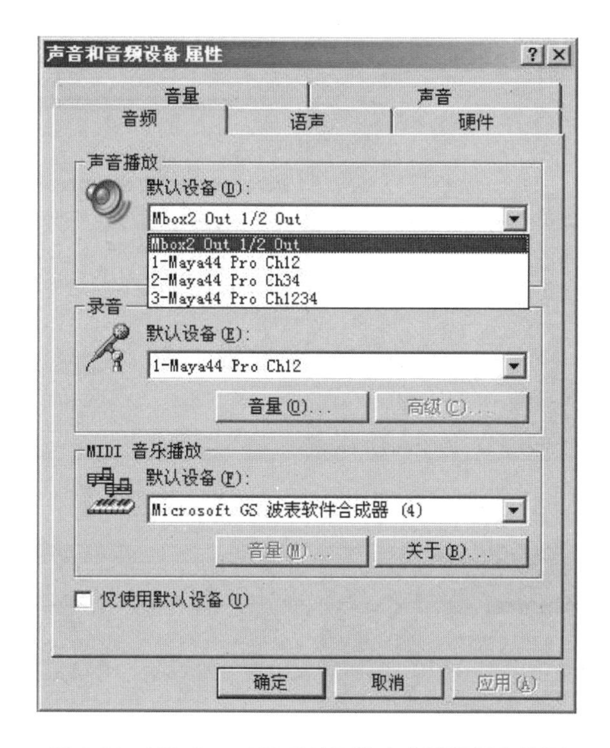

图 5.21　Windows XP 系统下的声音播放设备选择

不过，与大部分播放器软件的情况不同，有些更为专业的播放器软件支持直接在软件当中选择音频驱动格式。比如图 5.22 所示的 KMPlayer 软件，它既可以使用 Windows 操作系统设定的音频驱动格式，也可以通过选择其他音频驱动格式，跳过 Windows 系统，直接与声卡的硬件产生关联。

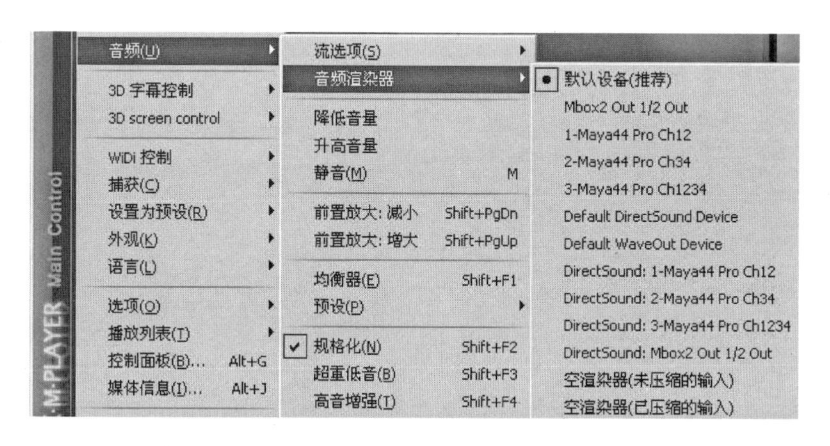

图 5.22　KMPlayer 播放器软件的音频选项

所有的工作站主程序都可以像 KMPlayer 一样，直接在菜单中选择所使用的音频驱动程序。不过，根据声卡、操作系统和工作站主程序的不同，这些选项中的内容也会发生很大的变化，如图 5.23 所示。

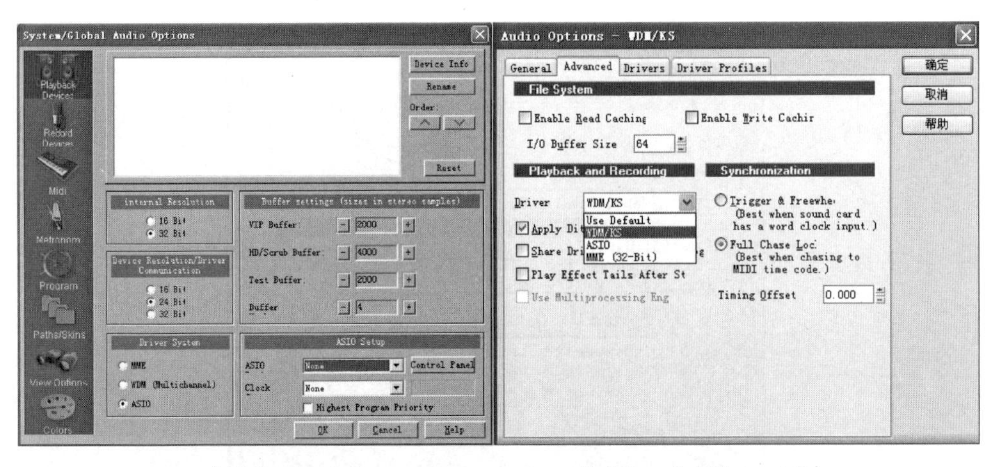

（a）Samplitude 7　　　　（b）Sonar 3（Windows XP）

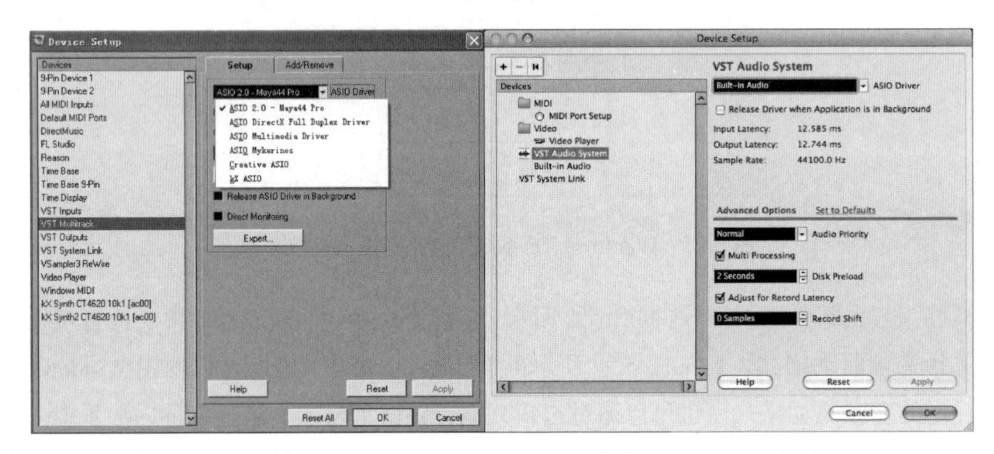

（c）Nuendo 3.0（Windows XP）　　　　（d）Cubase AI 5（OS X）

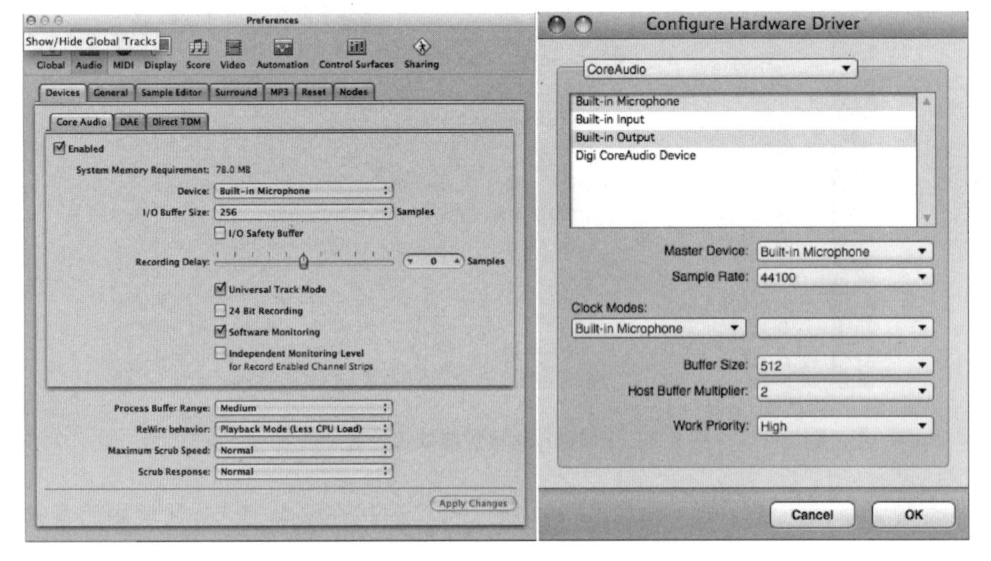

（e）Logic Pro 8　　　　（f）Digital Performer 7

图 5.23　不同工作站主程序的播放设备选项

在图 5.23 当中，（a）中 Samplitude 7 可以使用 MME、WDM、ASIO 三种驱动格式，如果想要正常工作，必须使用 ASIO；（b）中的 Sonar 3 在 Windows XP 系统下可以使用 WDM/KS、ASIO 和 MME 三种驱动格式，其中前两种专业音频驱动格式都可以实现软件的正常工作；（c）中的 Nuendo 3.0 在 Windows XP 系统下可以使用 MME（ASIO Multimedia Diver）、DirectSound（ASIO Full Duplex Diver）和 ASIO 三种驱动格式，想要正常工作必须使用 ASIO；（d）中的 Cubase AI 5 在 OS X 操作系统下只能使用 ASIO 驱动格式；（e）中的 Logic Pro 8 可以使用 Core Audio 和 DAE 两种驱动格式；（f）中的 Digital Performer 7 也可以使用 Core Audio 和 DAE 两种驱动格式，如果选择了 Core Audio 驱动，还可以同时使用多块声卡。

二、声卡的软件控制界面

通常情况下，声卡驱动都会负责为声卡提供一个软件控制界面，用户能够通过该界面对声卡的功能进行具体的控制。

由于民用声卡的音频通道一般较少，而且功能也比较单一，因此民用声卡驱动所提供的控制界面通常会比较简单，只需要实现基本的电平控制和监听源选择功能就可以了。此外，某些民用声卡驱动还带有比较高端的娱乐性功能，如 3D 音效（虚拟环绕声处理）、多声道环绕声音频解码等，这些功能一般都可以通过声卡控制界面进行选择，如图 5.24 所示。

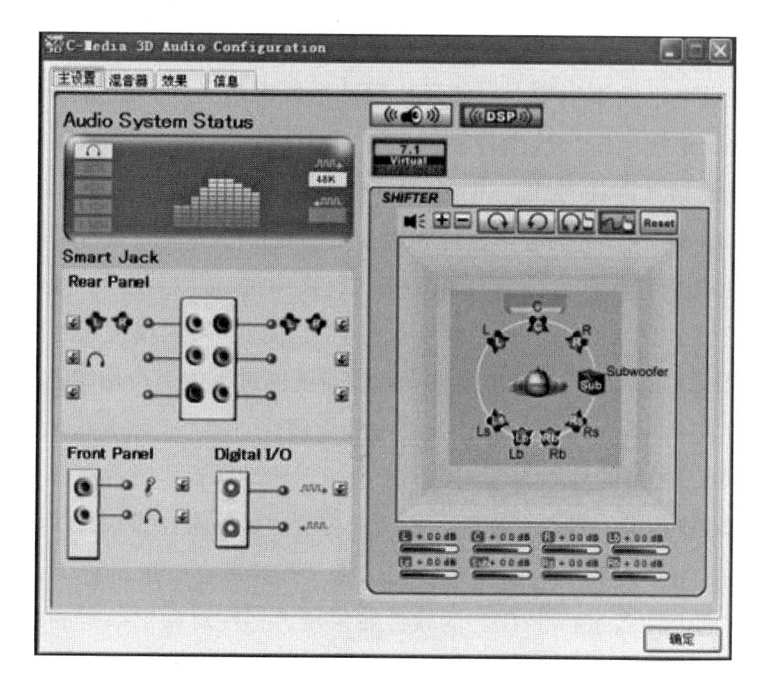

图 5.24　一块板载声卡的控制界面

但是，在 Windows 系统中调整音频信号的电平时，大部分板载声卡的用户都不会使用声卡控制界面，而是直接使用 Windows 系统自带的控制窗口进行调整。这个控制窗口就是 Windows Kernel Mixer，我们平时常用的屏幕右下角的电平控制器（小喇叭图标），就是它最左侧的 Master 推子，如图 5.25 所示。

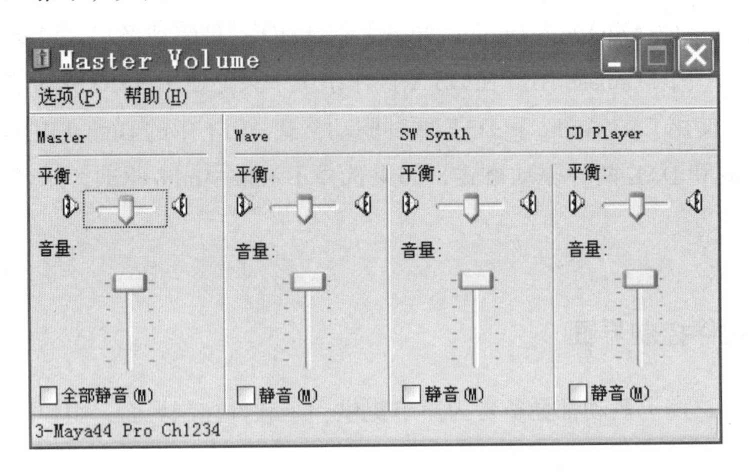

图 5.25　Windows Kernel Mixer

在前面谈到音频驱动格式的选择时，我们已经看到操作系统本身是能够对音频驱动格式进行控制的。事实上，Windows 和 OS X 操作系统在制定音频驱动格式的时候，都会在声卡与应用软件之间添加一个电平和路由的控制器。因此，当音频信号从应用程序中输出以后，就会受到三级电平控制：应用程序的电平控制器→操作系统的电平控制器→声卡控制面板的电平控制器。如果工作站系统当中还使用了调音台，实际上就会产生第四级电平控制。在这几级电平控制当中，对信号传输速度影响最大的，就是操作系统的电平控制器。在 Windows 系统当中，这个控制器就是 Windows Kernel Mixer。Windows 系统规定的非专业音频驱动格式，如 MME、WDM 和 DirectSound，之所以会产生较大的延迟，就是因为 Windows Kernel Mixer 在应用软件和声卡之间对信号的传输进行了附加的控制。因此，以 ASIO、DAE 为代表的专业音频驱动格式，在 Windows 系统下，是以绕过 Windows Kernel Mixer 的方式，让工作站软件与声卡硬件直接沟通，来实现很短的信号延迟的。与 Windows 系统相比，OS X 系统尽管也会在音频信号传输过程中进行相应的控制，但是由于 OS X 系统的特性及 Core Audio 驱动格式设计上的合理性，却不会带来很大的延迟。

与民用声卡驱动提供的控制界面相比，专业声卡驱动所提供的控制界面通常就要复杂得多。为了实现专业声卡的专业性功能，相关的控制界面通常会被设计成类似于调音台的样子，拥有精准的电平表和灵活的信号分配功能。有些带有 DSP 的声卡，还允许用户直接在声卡控制界面上插入运行于 DSP 的软件效果器，实现对输出信号的效果处理，如图 5.26 所示。此外，也有一些专业声卡驱动并不提供声卡控制界面。比如，由于 DSP 卡完全用来进行运算处理，并不需要对信号的路由进行管理，因此它的驱动通常就不提供控制界面。而有些功能非常简单的专业声卡，也不在驱动中提供软件控制界面，而是完全通过声卡上的硬件控制器实现相应的控制。

图 5.26　Universal Audio Apollo 专业声卡的控制界面

需要注意的是，声卡与声卡驱动的类型并不存在绝对的对应关系。通常，专业声卡不会使用民用声卡驱动；而性能较好的民用声卡，却可能通过使用专业声卡驱动，实现某些专业性功能。比如，Creative 公司的 Sound Blaster Live! 声卡就可以安装一种称为 KX 的非官方驱动。该驱动具有很强的专业色彩，不但提供了 ASIO 音频驱动格式，而且还带有可自由设计信号路由的控制界面，使得 Sound Blaster Live! 从民用声卡变成了“半专业声卡”，如图 5.27 所示。之所以称这种更换了驱动之后的声卡为半专业声卡，是因为 KX 驱动只能够提高声卡的软件功能，而无法提升声卡的音质和硬件指标。

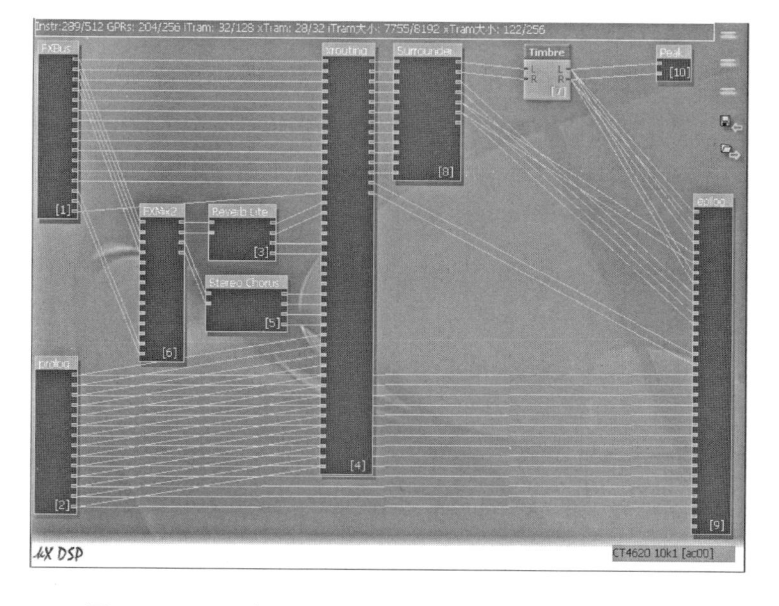

图 5.27　KX 驱动为 Creative 声卡提供的信号路由设计界面

第四节　专业声卡举例

尽管数字音频工作站软件在专业音频驱动格式的支持下，可以通过民用声卡（主要是板载声卡）来运行，但是毫无疑问，这会使工作站系统的音质和功能受到极大的影响。因此，除了便携式的个人编曲平台（通常基于笔记本电脑、平板电脑和智能手机）以外，工作站系统通常都需要配置一块专业声卡。

一、专业声卡的专业性表现

与民用声卡相比，专业声卡的专业性主要体现在它的设计上。也就是说，专业声卡在设计思路上完全是为音频节目制作而服务的，它从各个角度都要体现出专业特性。

具体来说，专业声卡的专业性主要表现在以下几个方面：

1. 优秀的音质

对专业声卡而言，最为核心的就是要保证优秀的声音质量，因为它是音频信号进出计算机的门户，对整个工作站系统的音质起着至关重要的影响。因此，专业声卡往往拥有较高的声音指标，比如最高达到96kHz或192kHz的采样频率、24bit的量化精度、很大的动态范围、很低的本底噪声，出色的频率响应，以及较少的失真，等等。在专业声卡的设计当中，对音质影响最大的就是ADC和DAC部分，因此我们往往能够通过一块专业声卡所使用的Codec芯片和DAC芯片，判断该声卡的声音素质。有时，为了提高工作站系统的整体音质，我们还可以使用“纯数字声卡”，而将模/数转换和数/模转换工作交给声卡外部的AD/DA转换器或者数字调音台来进行。

2. 多通道、种类齐全的信号接口

作为数字音频工作站的门户，专业声卡需要和大量的外部设备进行连接。此时，音频输入/输出接口的通道数量，将决定数字音频工作站的多轨录音和多轨输出能力。而信号接口的种类，将决定工作站能够与哪些外部设备，以何种方式进行连接。目前，1U高度的机架式专业声卡普遍具有8个话放模块、8个模拟输入和8个模拟输出接口、1对或2对ADAT接口、1对S/PDIF接口、有些还带有AES/EBU接口、MADI接口，以及字时钟和MIDI接口。

3. 支持专业音频驱动格式

与外部接口相对应，专业声卡需要与计算机内部的工作站软件进行连接，并使工作站软件能够正常工作，这就需要通过专业音频驱动格式来实现。通常，在Windows系统下运行的专业声卡，应该至少能够支持ASIO驱动；而在OS X系统下运行的专业声卡，应该至少能够支持Core Audio驱动。此外，某些配合特定的工作站软件运行的声卡，需要支持特殊的专业音频驱动格式，如Pro Tools的DAE、AAE驱动等。

4. 拥有功能多样、布局合理的软件调音台式控制界面

专业声卡能否充分发挥其功能，在一定程度上依赖于其控制界面的设计。优秀的声卡

控制界面就像是一个出色的调音台或跳线盘，能够将让复杂的信号流程变得清晰起来，容易实现相关的信号控制。

5. 带有 DSP，能够完成运算处理

有些专业声卡是纯粹的 DSP 卡，完全用来帮助 CPU 进行音频信号的运算处理；而有些专业声卡是纯粹的接口卡，只能提供信号的输入 / 输出和管理功能。目前，越来越多的专业声卡趋向于在接口卡的基础上加入 DSP 功能，也就是变成全功能声卡，从而能够在一定程度上降低 CPU 的运算负担，并直接完成对监听和返送信号的效果处理。

6. 带有其他外部设备的功能

目前，越来越多的专业声卡开始提供其他外部设备的功能，甚至直接被设计成声卡与外部设备的混合体。比如：声卡 + 监听控制器、声卡 +MIDI 控制器、声卡 + 控制台、声卡 + 调音台，声卡 + 硬件音源，等等，这就使得工作站系统的配置得到了一定程度的简化。

二、专业声卡的基本类型

（一）专业接口卡

接口卡是专业声卡中功能最为简单的一种，它的主要目的就是提供信号的输入 / 输出接口，并支持专业音频驱动格式。这种声卡的外形多种多样，如图 5.28 所示的 LightSnake，看上去似乎就是一条音频线，但实际上却是只带有模拟输入和 ADC 功能的 USB 声卡。这两个声卡分别提供的是线路输入接口和话放接口。

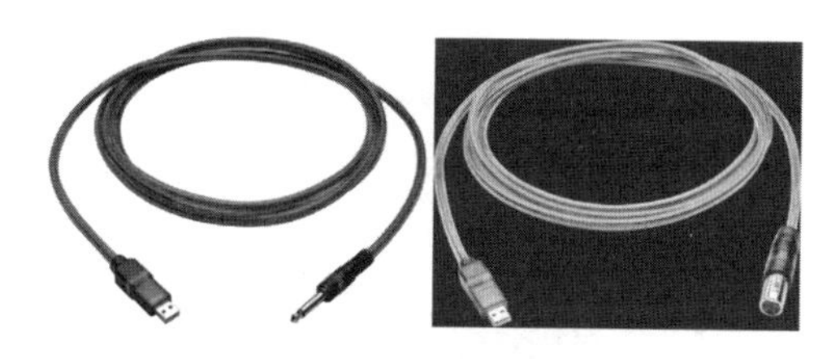

图 5.28　SoundTech LightSnake STUSBG10（左）和 STUSBXLR10（右）

典型的便携式专业声卡一般都使用 USB 接口，具有小巧的外形，能够提供 2 个话放接口、2 个模拟输入接口和 2 个模拟输出，有些还带有 MIDI 接口，如图 5.29 所示。

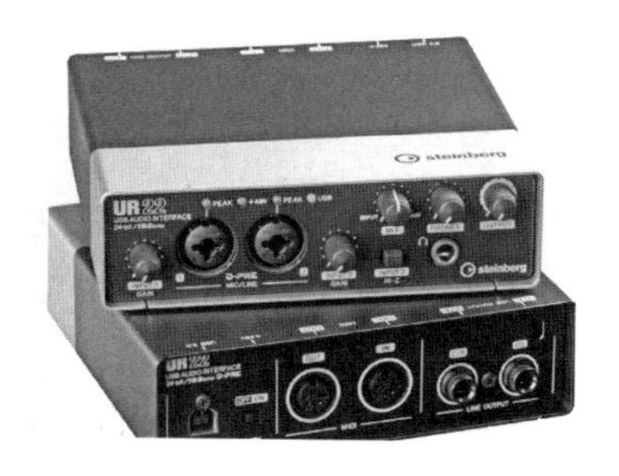

图 5.29　典型的便携式专业声卡 Steinberg UR22

大多数外形为 1U 机架或 2U 机架的专业声卡都能提供 8 个话放。目前，单个声卡提供话放数量最多的是 Roland 的 STUDIO–CAPTURE 16。它具有 12 个话放，还可以将两台设备组合在一起使用，形成 24 个话放的录音系统，如图 5.30 所示。

图 5.30　Roland 的 STUDIO–CAPTURE 16 专业声卡

为了追求在有限的表面积内提供更多通道的输入 / 输出接口，有些专业声卡放弃了常见的接口形式，而完全采用 MADI 接口。如图 5.31 所示的 RME HDSPe MADI FX PCI Express，就在两个机箱插槽的面积内，提供了 3 对 MADI 输入 / 输出接口（两对光纤和一对同轴），并附带有一对 AES/EBU 输入 / 输出接口和一个立体声的模拟输出接口，所有的音频输入和输出通道相加，共有 390 个。该声卡的控制界面如果完全展开，其长度会令人非常惊讶。

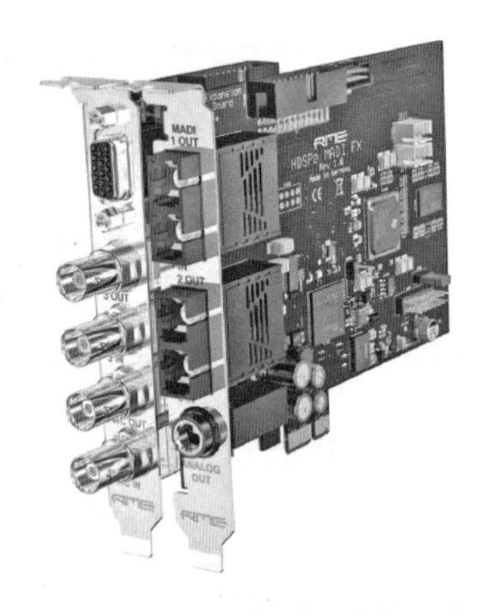

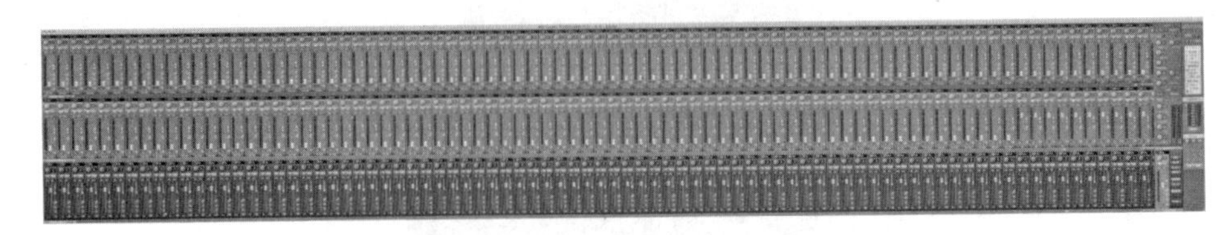

图 5.31　RME HDSPe MADI FX PCI Express 专业声卡及其控制界面

（二）专业 DSP 卡

大约在 10 年前，计算机的性能远没有如今这么强大，单纯依靠 CPU 完成音频信号的处理是有些困难的。因此，当时诞生了一大批专门进行信号处理的 DSP 卡，结合基于这些 DSP 进行运算的效果器插件及虚拟乐器插件，能够帮助 CPU 完成大部分的效果及声音合成处理，比如 TC PowerCore、SSL Duende、UAD-1，等等。但是，随着多核构架的通行，CPU 的性能变得越来越强大，而且插件对于多核 CPU 的优化也变得越来越好，因此纯粹的 DSP 卡已经所剩无几了。

目前，唯一还在坚持使用纯粹的 DSP 运算的公司，是美国的 UA（Universal Audio）公司，该公司的 UAD-2 系列 DSP 卡，也是目前市场上综合性能最出色的 DSP 音频产品。UAD-2 是 PCI-E 接口的 DSP 卡，分为双芯片和四芯片两个版本。一台计算机内部最多可以插入四块 UAD-2，此时，工作站主程序可以在 24bit/44.1kHz 精度下同时运行 128 个 Neve 88RS 通道条插件，如图 5.32 所示。

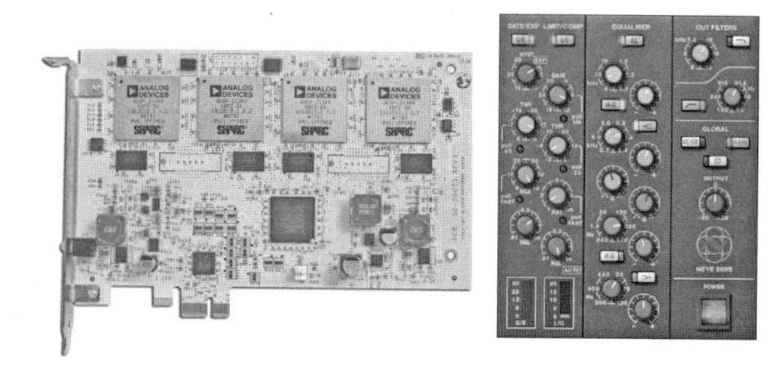

图 5.32　UAD-2 四芯片 DSP 卡和基于该卡运算的 Neve 88RS 通道条插件

除了 PCI-E 接口的版本以外，UAD-2 还提供了火线 800 接口的版本：UAD-2 Satellite。该 DSP 卡具有更好的便携性，适合搭配笔记本电脑使用。利用火线的串联功能，UAD-2 Satellite 可以实现多台串联，或与其他 UA 产品进行串联，实现更为强大的 DSP 运算能力，如图 5.33 所示。

图 5.33　UAD-2 Satellite 火线 800 接口的 DSP 卡

（三）全功能专业声卡

全功能专业声卡就是在专业接口卡的基础上增加了 DSP 的产物。如今，很多中高档专业声卡都开始提供 DSP 功能，允许用户直接在声卡控制界面上加载 DSP 效果器，或者在工作站主程序当中加载基于 DSP 运算的插件。如图 5.34 所示的 MOTU 896 MK3 火线 400 声卡，不但具有丰富的信号接口，还内置了 DSP，并提供相应的软件效果器。

图 5.34　MOTU 896 MK3 带有 DSP 的火线 400 声卡及其控制界面

其实，与纯粹的 DSP 卡相比，大部分全功能专业声卡的 DSP 运算能力要逊色很多，用户不可能完全依靠这些声卡的 DSP 进行全部的效果处理。这些声卡提供 DSP 的主要目的，是为了给监听和返送信号添加效果，这样就可以实现带效果的带前监听（硬件监听）；或者是在录音前对输入信号实施处理（如压缩或限制），起到过载保护的作用。

三、专业声卡与周边设备的结合

当前的很多专业声卡在功能上实现了周边设备的结合，使得我们在配置工作站系统的时候，能够减少设备的种类，并降低设备连接的复杂性。

（一）专业声卡 +MIDI 控制器

专业声卡最常见的一种功能扩展就是加入 MIDI 控制器功能，从而实现对软件的简单控制。比如，图 5.35 所示的 M-Audio Fast Track C600，就是一个 USB 声卡与 MIDI 制器的结合体，可实现走带控制与简单的软件控制（实际上还带有简单的监听控制功能）。而图 5.36 所示的 AKAI MPC Renaissance，则是一个在 MIDI 控制器的基础上，增加了 4 通道 USB 声卡的产物。

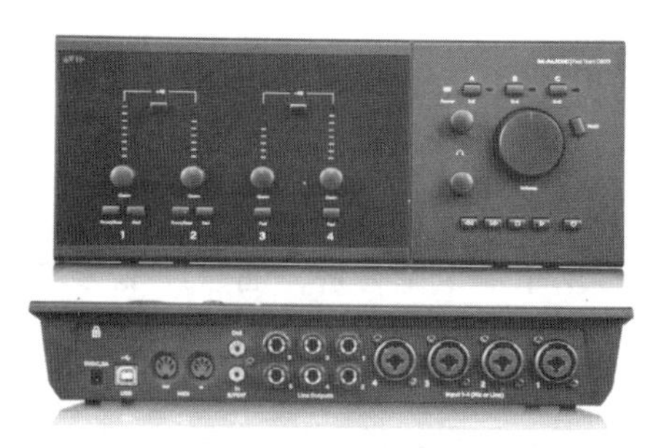

图 5.35　M-Audio Fast Track C600 USB 声卡 +MIDI 控制器

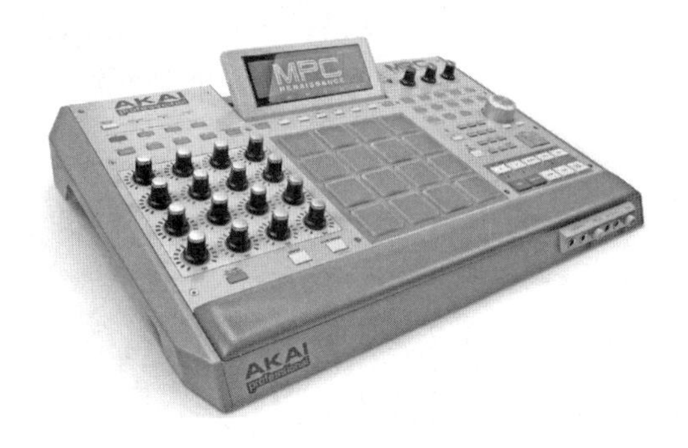

图 5.36　AKAI MPC Renaissance MIDI 控制器 +USB 声卡

(二) 专业声卡 + 控制台

作为工作站主程序的软件调音台的硬件化界面，控制台本身就是与工作站结合非常紧密的设备。而另一方面，声卡又是工作站必不可少的组成部分。因此，将这两种设备结合在一起，便是非常自然的事情了。不过，这种声卡 + 控制台的设备，不能像大型控制台一样进行模块化的扩展，因此它更适合中小型录音棚和个人工作室使用。如图 5.37 所示的 M-Audio ProjectMix I/O，就是一台能够控制多种工作站主程序的火线 400 声卡 + 8 推子控制台。

图 5.37　M-Audio ProjectMix I/O 火线 400 声卡 + 控制台

（三）专业声卡 + 调音台

这种设备实际上是在调音台的基础上加入了专业声卡功能的产物。如果脱离数字音频工作站，它们完全可以当作普通的调音台使用。但是当它们与计算机连接在一起的时候，就等于是在声卡的外侧又连接出了一个调音台，而且声卡与调音台之间不再需要音频线缆连接，如图 5.38 所示。

图 5.38　PreSonus Studio Live 16.0.2 数字调音台 +16 通道火线 400 声卡

（四）专业声卡 +AD/DA 转换器

AD/DA 转换器和专业声卡是功能极为接近的两种设备。实际上，只要为一台 AD/DA 转换器加入计算机总线接口，并提供相应的声卡驱动，就可以将它变成专业声卡。因此，目前市场上出现了不少两用型的产品，在脱离计算机使用的时候，它就是一个普通的 AD/DA 转换器；而当它与计算机连接在一起的时候，就会变成一个专业声卡。（见图 5.39）。

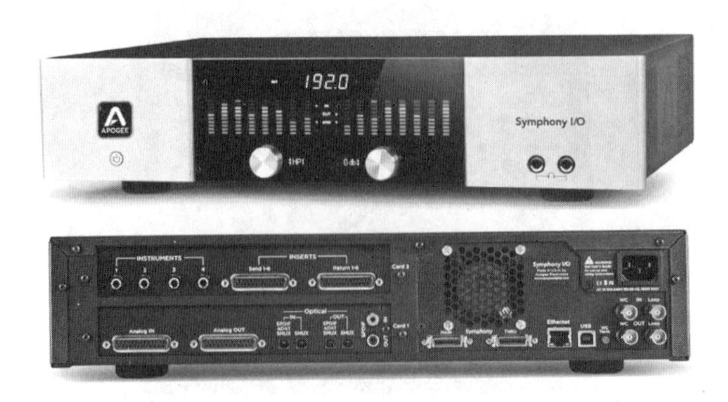

图 5.39　Apogee Symphony I/O AD/DA 转换器 +Mac 计算机专用 USB 声卡

（五）专业声卡 + 监听控制器

这种设备在专业声卡的基础上增加了监听控制器功能，可以很方便地完成多监听源的选择和多对监听音箱的切换，方便我们的使用，如图 5.40 所示。

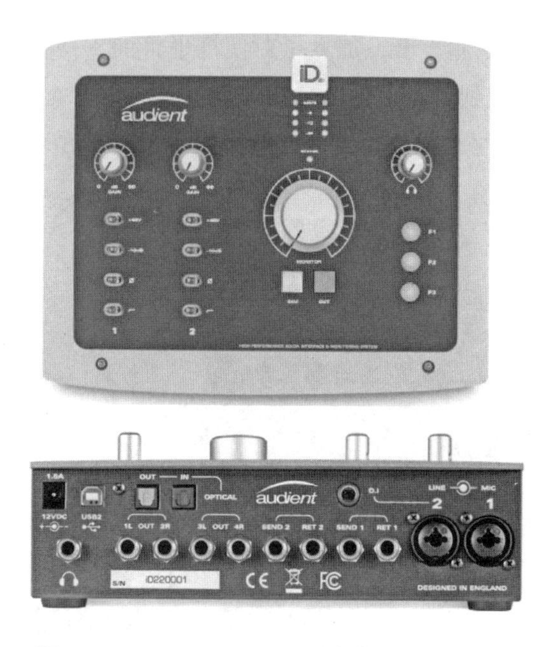

图 5.40　Audient iD22 USB 声卡 + 监听控制器

（六）多功能设备结合体

当前的数字音频工作站设备中，有一些能够将声卡与其他很多周边设备结合为一体，从而只用这样一台设备，就可以实现多个传统设备的功能，从而使得系统配置大为简化。如图 5.41 所示的 SSL Nucleus 就是这样一种多功能的数字音频工作站设备。它结合了 USB 音频接口、控制台（可同时控制 3 个不同的工作站主程序）、模拟调音台、USB Hub 和 DSP 处理能力，我们只需要在它的基础上，再加入一台计算机和监听设备，就完成了整套工作站系统的构建。

图 5.41　SSL Nucleus 多功能工作站硬件设备

四、专业声卡平台的多样化

普通的专业声卡通常只支持台式计算机或笔记本电脑。随着以 iPad 和 iPhone 为代表的便携移动工作站平台的兴起，市场上出现了越来越多的 iPad 和 iPhone 专用声卡。不过，也有一些外观比较传统的专业声卡，加入了对便携平台的支持，方便了用户的使用。目前，已经有专业声卡可以做到对 Windows、OS X 和 iOS 操作系统的全方位支持，未来还有可能加入对 Android 等便携平台操作系统的支持，如图 5.42 所示。

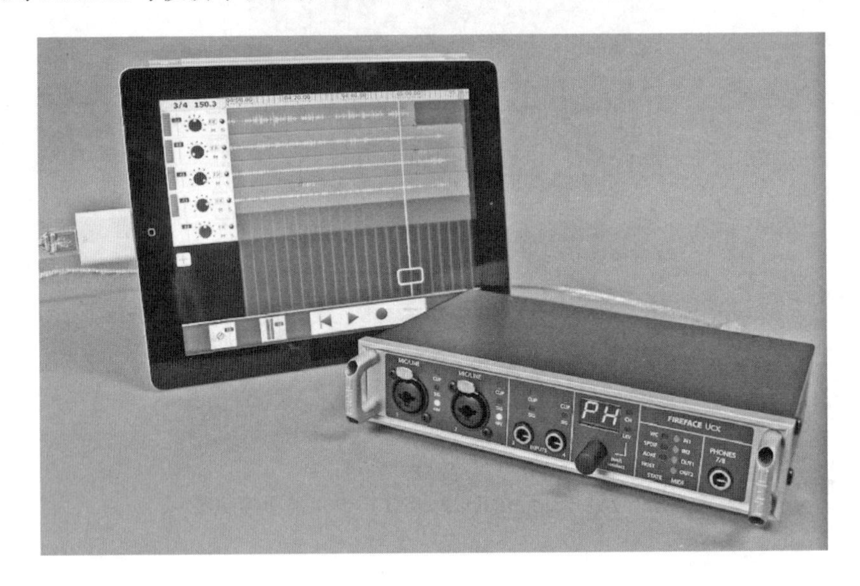

图 5.42　RME Firface UCX USB/ 火线 400 声卡，支持台式机、笔记本和 iPad

思考与研讨题

1. 声卡的基本组成部分有哪些？
2. 声卡板卡上的元件主要有哪几种？
3. 声卡的音频加速器有什么作用，它在构成上可以分为哪三类？
4. 声卡的 Codec 芯片的作用是什么？
5. 声卡的音频信号接口包括哪些类型？
6. 声卡所使用的计算机总线接口有哪些类型？
7. 声卡的基本功能是什么？
8. 声卡如何进行分类？
9. 声卡驱动的作用是什么？
10. 常用的音频驱动格式有哪些？其中哪些属于专业音频驱动格式？

11. 专业声卡的专业性主要表现在哪些方面？

12. 专业声卡与周边设备的结合都产生了哪些设备？

延伸阅读

1．胡泽、雷伟：《计算机数字音频工作站》，中国广播电视出版社，2005。

2．王逸驰：《声卡葵花宝典（一）—（六）》，midifan 电子杂志，第 6 期—第 11 期，www.midifan.com。

3．田越文：《声卡接口解密——芯片组》，midifan 电子杂志，第 61 期，www.midifan.com。

chapter 6

第六章　数字音频工作站主程序

本章要点■

1．工作站主程序的运算核心

2．工作站主程序的内部运算精度

3．工作站主程序的信号流程

4．工作站主程序的文件结构

5．工作站主程序的文件交互方法

6．工作站主程序的窗口种类

8．工作站主程序的文件导出方式

7．工作站主程序的主要类型

数字音频工作站主程序（简称工作站主程序，或主程序）是工作站系统的软件核心，也是工作站用户的主要操作对象。它决定了数字音频工作站系统的主要功能和工作重点。因此，人们基本上都是以工作站主程序的名字来对工作站系统命名的，如Pro Tools系统、Nuendo系统等。本章将对工作站主程序的基本情况做简要介绍。由于篇幅所限，本章内容不会涉及工作站主程序的具体操作方法，请读者在进行操作时参考相关的软件使用手册。

第一节　数字音频工作站主程序的技术要点

本节主要介绍数字音频工作站主程序涉及的一些技术要点，包括运算核心、音频驱动格式、内部运算精度、信号流程、文件结构、文件交互、窗口种类、导出方式、插件格式，等等。其中，关于音频驱动格式的问题已经在第五章介绍过了，而插件格式的问题将在第七章进行介绍。

一、运算核心

通常，数字音频工作站主程序的运行可以基于两种不同的硬件核心进行运算：计算机的CPU或声卡的DSP。习惯上，我们将基于CPU运行的工作站主程序称为“Native（本机）型”，而将基于DSP运行的工作站主程序称为“DSP型”。

早期的工作站主程序中有很多是通过DSP运行的，这主要是因为计算机CPU的运算能力尚不足以满足主程序的运算需求。此外，基于DSP进行软件开发的难度，也要低于针对CPU的软件开发难度。不过，这就要求工作站系统中必须配备一块带有DSP的专业声卡（纯DSP卡或全功能卡），而且这种声卡往往是由具体的主程序开发商研制的，比如Digidesign公司的Pro Tools 24系统使用的DSP Farm卡（配套的主程序为Pro Tools 4）。用户在配置工作站系统时，需要同时购买主程序以及与之配套的专业声卡。

随着计算机CPU性能的不断提高，很多主程序开始脱离DSP而改用CPU运行，用户可以使用任何满足主程序要求（主要是对音频驱动格式的要求）的专业声卡，从而大大降低了工作站系统的成本。如今，通过CPU运行已经成为工作站主程序的主要运行方式。不过，部分高端工作站系统仍然在坚持通过DSP运行主程序，比如Pro Tools HDX系统等，这样做的主要目的，是为了获得更为可靠的性能，并通过软硬件的匹配实现最佳的稳定性。

除CPU和DSP以外，还存在一种主程序的运算核心——FPGA。使用这种核心的主程序目前只有Fairlight系统的Dream Ⅱ软件一种，详情请参考本书第八章的相关内容。

二、内部运算精度

数字音频工作站主程序的内部运算精度，是指主程序在通过软件调音台对音频信号进行处理及混合时，音频信号所使用的量化精度。这一精度是主程序在设计时所确定的，与音频信号本身的量化精度（常用 16bit 或 24bit）、操作系统的运算方式（32bit 或 64bit 操作系统）以及软件的运算方式（32bit 或 64bit 软件）属于不同的概念。目前，最为常见的工作站主程序内部运算精度主要有两种：32bit 浮点（floating-point）和 48bit 固定点（fixed-point），此外还有少部分主程序使用 64bit 浮点或其他内部运算精度。

浮点和固定点是计数的两种方法。固定点计数也称整数（integer）计数，是指数字中每一位的意义不会发生变化，我们平时使用的计数方法，不管是十进制还是二进制，都属于固定点计数。比如，十进制的 5617 就代表五千六百一十七，而二进制的 1001 就代表十进制的 9，等等。与之相比，浮点计数则是一种比较特殊的计数方法，这种方法用数字中的某些位作为尾数（mantissa），表示一个完整的数值，而用其他位作为指数（exponent），表示这个数值应该被乘以或者除以多少。比如，一个十进制浮点计数的数字 3256，其尾数为 256，指数为 3，表示应该在 256 后面加 3 个零，结果为 256000；而一个十进制浮点计数的数字 0178，实际上则表示 178（尾数后不加零）。由此可见，浮点计数系统拥有远大于其实际位数的计数范围。

工作站主程序所使用的二进制 32bit 浮点计数方式，是由 24bit 的尾数加上 8bit 的指数构成的。实际上，不管是采用 32bit 浮点计数，还是 48bit 固定点计数，都可以获得非常大的计数范围。工作站主程序在进行内部运算时，之所以要对音频信号采用更高的量化精度，是因为信号本身的量化精度所能表示的数值范围，无法满足信号混合的要求。比如，当音频信号的量化精度为 16bit 时，其满刻度电平（0dBFS）等于 65536（216），如果我们将两个数值为 60000 的信号进行混合，混合得到的信号值为 120000，超过了 65536，从而导致信号被强制修正到 65536，产生严重的削波失真。但是，如果我们采用 32bit 浮点或者 48bit 固定点方法对音频信号进行量化，那么这两种量化精度能够表示的最大值都远大于 65536，因此在对多个信号进行混合的时候就不会导致削波失真。经过计算，如果工作站主程序使用 16bit 精度进行录音，并按照 32bit 浮点精度进行内部运算，那么即使我们将 100 万个 16bit 的满刻度信号进行叠加，或者将某一音轨的推子向上推 900dB，仍然不会造成削波失真。

通常，我们使用工作站主程序进行录音时，会选择 16bit 或 24bit 的量化精度，这一精度是数字音频信号被记录到硬盘上时的量化精度。但是，当音频信号从硬盘进入到主程序的软件调音台时，不管其原有的量化精度是多少，都会被强制转换为主程序的内部运算精度。主程序在软件调音台上以这种内部运算精度完成对信号的处理和混合，然后再将混合得到的音频信号重新转换为原有的量化精度，记录到硬盘上，或者通过声卡进行输出，如图 6.1 所示。

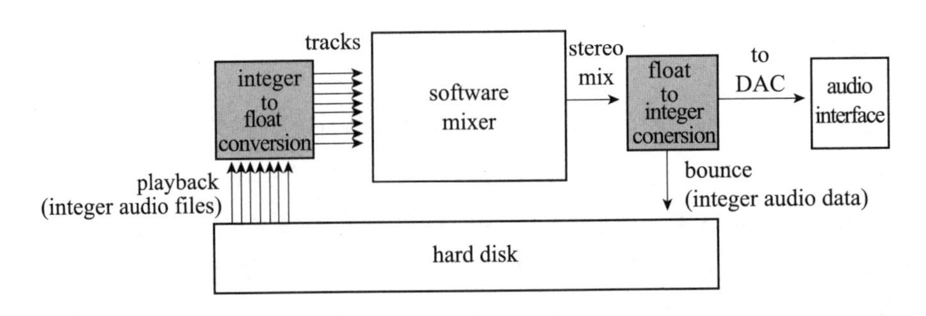

图 6.1　以 32bit 浮点运算的工作站主程序中的信号流程[①]

我们可以发现，由于软件调音台内部采用 32bit 浮点或 48bit 固定点运算，因此不管音轨上的推子被推到多大（即使音轨上的削波指示灯已经亮起），实际上都不会导致削波失真。但是，当音频信号从工作站主程序中被输出到硬盘或者声卡上时，会发生降比特运算。这一运算通常会出现在软件调音台的总输出推子之后。因此，当总输出推子被推得比较大，导致总输出轨上的削波指示灯亮起时，就会发生失真。这就意味着，在我们进行混音或制作时，一定要时刻注意软件调音台总输出轨的电平表或削波指示灯，确保它们不会变红或者亮起。

此外，由于软件调音台在总输出推子之后会进行降比特操作，因此从理论上说，只要信号经过了总输出推子，就应该加入抖动处理，比如在主程序执行缩混（mixdown）或并轨（bounce）命令的时候。有些工作站主程序会在这一过程中自动加入抖动处理（如 Audition），而有些主程序则需要用户手动加入抖动处理效果器（如 Cubase 或 Pro Tools），而且这类抖动处理效果器必须加载在总输出推子之后。

那么，对工作站主程序而言，32bit 浮点运算和 48bit 固定点运算，哪一个更有优势呢？与固定点运算相比，浮点运算的缺点在于无法精确表示某个数字。比如，利用浮点计数可以表示 256000 和 178，但是却无法表示它们的和：256178。因此，浮点计数在运算过程中会存在一定的误差。此外，在 32bit 浮点计数系统中，数字的实际精度会比其尾数（24bit）多 1bit，也就是 25bit。因此，工作站主程序使用 32bit 浮点运算时的实际精度为 25bit，可以达到 151dB 的动态范围（1bit 精度约有 6.02dB 动态范围）。与之相反，固定点计数的数值会非常精确，而且其精度与数字的位数完全相同。所以从理论上说，48bit 固定点运算的精度毫无疑问超过 32bit 浮点运算。

但是，精度更好并不意味着性能更加出色。不管具体的计数方式是浮点还是固定点，32bit 量化就意味着每一个采样值需要用 32 位的二进制数来表示，而 48bit 量化则需要使用 48 位二进制数，这会使得 CPU 或 DSP 的运算负担加重，从而在处理能力不变的情况下，降低实际可用的通道数或效果器插件数量。更重要的在于，数字音频工作站系统的音质并不仅仅取决于软件的内部处理精度。实际上，与信号处理过程中所产生的失真，以及

① Roey Izhaki，*Mixing Audio—Concepts, Practices and Tools*，Focal Press，2008，p.151.

数/模转换、模/数转换过程中所带来的信号损失相比，浮点运算不够精确所产生的误差几乎可以忽略不计。因此，在考虑工作站系统音质问题的时候，我们应该更关注软件效果器和硬件设备的质量，而不是软件的内部运算精度。

也正因为如此，目前大部分的工作站主程序都使用32bit浮点的内部运算精度，只有基于DSP运行的Pro Tools HD系统，对于信号的混合采用的是48bit固定点运算，而Sonar软件、Pro Tools HD Native和Pro Tools HDX系统采用的则是64bit浮点运算。对此，我们并不能通过内部运算精度来判断它们的音质优劣。不过，我们却可以认为，基于CPU运算的Pro Tools LE软件和基于DSP运算的Pro Tools HD软件，是完全不同的两个软件，因为前者采用的是32bit浮点运算，而后者采用的是48bit固定点运算，尽管这两个软件无论从外观还是从操作手法上来说，都非常相似。

三、信号流程及相关问题

工作站主程序的信号流程是由软件设计厂商根据软件的功能而制定的。因此，功能类似的主程序，其信号流程通常也大体一致。信号流程中的关键问题之一，是工作站主程序与声卡在信号传输过程中产生的延时问题，延时的整体性能主要与主程序所使用的音频驱动格式相关，而具体的延时时间与缓冲（buffer）的设定相关。此外，为了应对效果处理所带来的延时问题，很多主程序采用了自动延时补偿（Automatic Delay Compensation）技术。

（一）音频信号的相关流程

下面，以运行在Windows操作系统下的Samplitude软件（使用ASIO驱动）为例，来介绍音频信号的播放、录音和监听流程。

1. 播放

音频信号播放过程，就是将硬盘上记录的音频信号，经过主程序、声卡和其他周边设备，送到监听设备上的过程。图6.2显示了Samplitude的音频信号播放流程。该工作站系统当中没有配备调音台，监听设备是直接连接在声卡的音频输出接口上的。从图中我们可以看到，硬盘上的音频信号被主程序的播放引擎读取以后，会通过主程序当中一系列控制器和效果器的处理，然后经过ASIO驱动，被送入声卡进行输出。这一过程中的延时时间，主要由各种软件

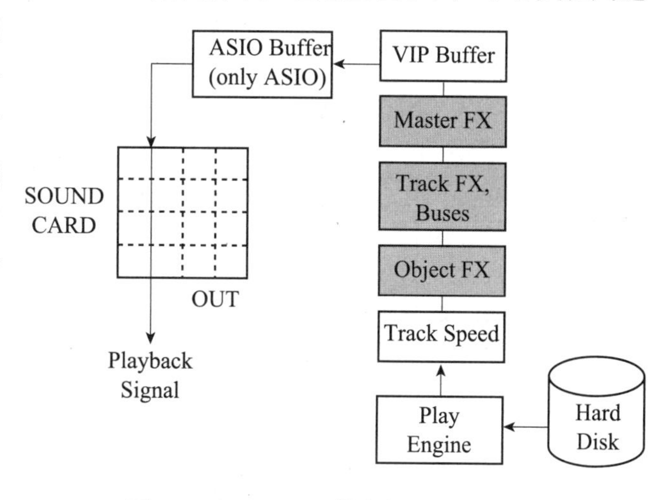

图6.2　Samplitude的音频信号播放流程

效果器的延时和 ASIO 引起的延迟决定。

2. 录音

音频信号录音的流程与播放流程相反，如图 6.3 所示。音频信号进入声卡后，通过 ASIO 驱动进入主程序的录音引擎，进行录音。此外，有些主程序能够在录音引擎之前，让信号经过一定的软件控制器和软件效果器，从而实现带效果的录音。

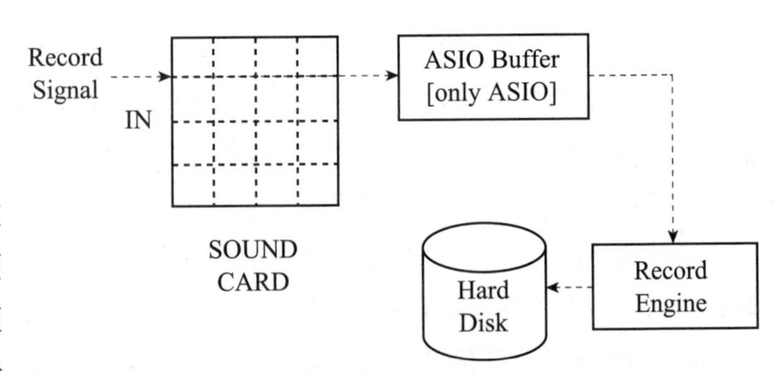

图 6.3　Samplitude 的音频信号录音流程

3. 监听

与播放和录音相比，信号监听的流程要复杂很多。在进行分期多轨录音的时候，我们需要将输入工作站的音频信号记录下来，同时对这一输入信号进行监听，还需要对已经记录在硬盘上的信号进行播放。也就是说，这一过程实际上包括录音、播放和监听三个部分。大部分的工作站主程序在处理监听问题的时候，会采用两种方式来完成：硬件监听（Hardware Monitoring）和软件监听（Software Monitoring），如图 6.4 和图 6.5 所示。

所谓硬件监听，是指我们对录音信号的监听，是通过主程序之外的硬件设备完成的，因此也被称为外部监听。这种设备通常情况下有三种：声卡、调音台和监听控制器。图 6.4 所示的，是通过声卡完成外部监听的情况，此时，监听设备是直接接在声卡的音频输出接口上的。用户可以通过声卡面板上的硬件控制器，或者由声卡驱动所提供的软件控制界面，将声卡音频输入接口上得到的信号，直接分配到音频输入接口上去。不过，当工作站系统当中拥有调音台或监听控制器的时候，监听设备通常就不会被连接在声卡上了。此时，我们可以通过调音台或监听控制器完成硬件监听的相关信号分配。

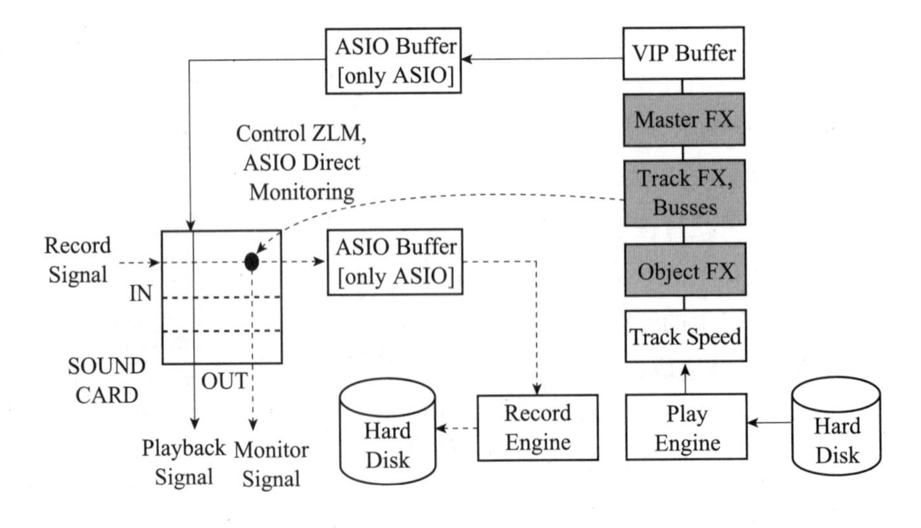

图 6.4　Samplitude 的硬件监听信号流程

硬件监听的最大优点在于，对录音信号的监听是由硬件设备完成的，因此几乎不会产生延时。不过，在使用声卡进行硬件监听，并通过声卡的软件控制界面完成信号分配的时候，信号实际上还是要通过音频驱动在声卡与计算机之间进行交流的（只是不进入工作站主程序），因此这时候所产生的延时，会略大于使用调音台或监听控制器的情况。如果我们需要在硬件监听的情况下为监听信号添加效果处理，就需要通过声卡或者调音台来完成。此时，声卡必须带有 DSP，以及能够通过该 DSP 运算，并可在软件控制界面上加载的软件效果器；而调音台也必须自带效果器。

在使用硬件监听的时候，尽管对录音信号的监听可以做到近似无延时，但是从硬盘上播放出来的信号依然要经过 ASIO 驱动，因此对播放信号的监听依然是有延时的。不过，ASIO 驱动具有一种特殊的功能，就是将播放信号由软件调音台的音轨直接送入声卡的监听通路，从而绕过 ASIO Buffer，不再产生相关的延时。此时，我们依然还能够通过软件调音台的音轨推子和声像电位器对播放信号的电平和声像进行调整，只是不能使用软件效果器进行处理了。这一功能被称为 ASIO 直接监听（ASIO Direct Monitoring），如图 6.4 中的虚线部分所示。但是，它的实现需要声卡本身的支持，并非所有支持 ASIO 驱动的声卡都能完成。

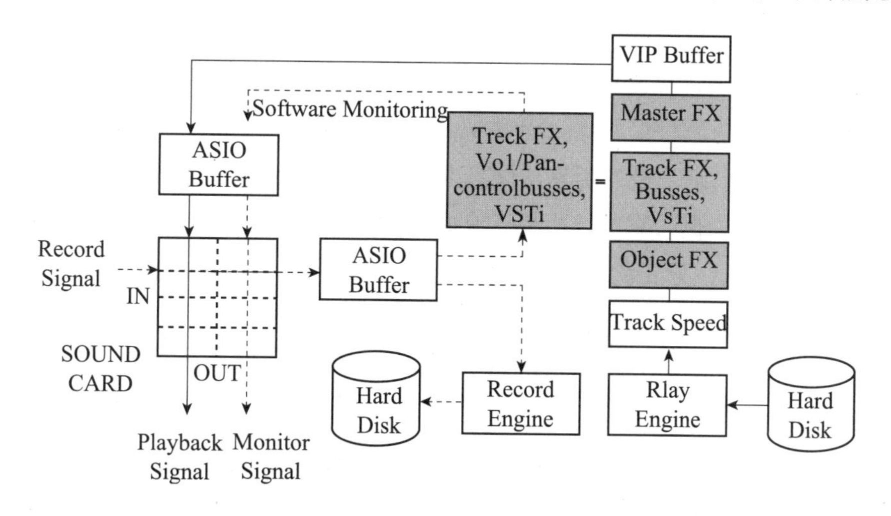

图 6.5 Samplitude 的软件监听信号流程

与硬件监听不同，软件监听是通过工作站主程序自身完成监听的，因此也被称为内部监听。如图 6.5 所示，录音信号在进入声卡以后，会通过 ASIO 驱动分别送入录音引擎和主程序的音轨。此时，录音信号可以在音轨上通过各种控制和效果处理，与播放得到的信号一起再次经过 ASIO 驱动，返回到声卡上，进行输出。也就是说，在这种情况下，录音信号从声卡输入到声卡输出，一共经过了两次 ASIO Buffer，由此造成的延时会比硬件监听明显得多。但是，这种监听方式的最大优点在于，我们可以使用软件调音台上的控制器和软件效果器，对监听信号进行控制和处理，从而降低了工作站系统的成本，在实际的操作上也更为方便、灵活。

其实，绝大部分声卡在设计的时候，可以允许我们同时监听录音信号和由 ASIO 驱动返回的信号，也就是同时进行硬件监听和软件监听。如图 6.6 所示的 Avid Pro Tools Mbox Mini 声卡，就在前面板上设计了一个 Mix 旋钮。当该旋钮位于极左的时候，声卡进行完全的硬件监听；当该旋钮位于极右的时候，声卡进行完全的软件监听；当该旋钮位于左右之间时，声卡进行软硬件混合监听。但是，在实际操作中，我们一般不会同时进行这两种监听，因为它们所使用的监听信号之间存在时间差，合并在一起之后会形成非常明显的梳状滤波器效应。

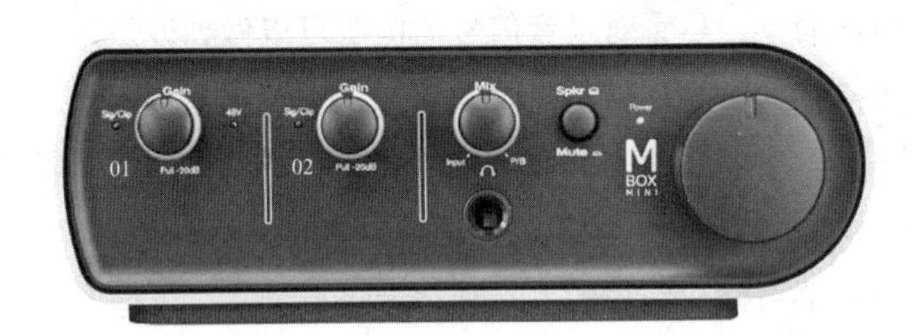

图 6.6　Avid Pro Tools Mbox Mini USB 声卡

在软件监听下，主程序可以使用不同的监听模式（Monitoring Mode）。所谓监听模式，就是在停止、播放和录音三种走带状态下，软件调音台的音轨所播放的信号源。从图 6.5 我们可以看出，在进行软件监听时，音轨实际上存在两个信号源：一个是由 ASIO 驱动送入的录音信号；另一个则是播放引擎从硬盘上读取出来的播放信号，这两个信号源不能同时发声。以 Pro Tools 为例，它的监听模式有两种：一种称为 Auto Input Monitoring（自动输入监听），在该模式下，只要激活了音轨上的预录按钮，不管是在停止状态还是在录音状态，音轨都会以录音信号作为信号源，但是在播放状态下，则会以播放信号作为输入源；另一种监听模式称为 Input Only Monitoring（总是监听输入信号），此时，不管主程序处于停止、播放和录音中的哪一种状态，音轨都会以录音信号作为输入源。与 Pro Tools 相比，Nuendo 提供四种监听模式，不过它们与 Pro Tools 的两种监听模式的大体内容是相似的，只是在具体的操作上有所区别。

相对来说，我们在实际录音中更习惯于使用 Auto Input Monitoring 所定义的这种监听模式。因此，很多主程序都以该模式作为默认的监听模式。由于这种模式与传统磁带录音机的监听模式一致，因此它也经常被称为磁带监听（Tape Monitoring）或磁带机模式（Tapemachine Mode）。

（二）缓冲

我们已经看到，不管是利用工作站主程序进行音频信号的播放、录音，还是软件监听，都要通过相应的音频驱动格式进行软硬件信号的关联。音频驱动格式所引起的信号延迟，主要与音频驱动格式本身的性能相关。比如，专业音频驱动格式造成的延时时间，会远小于非专业音频驱动格式。但是，在主程序使用某一种专业音频驱动格式进行工作的时候，它的缓冲设置会与信号延时时间，以及系统的性能息息相关。

缓冲是计算机信号传输当中经常出现的概念，我们可以把它理解为将若干采样值以打包的方式进行传输。比如，在主程序向声卡传输信号的过程中，数字音频信号并不是像河中的水流一样，连续不断地进行传输，而是像我们搬家一样，一次只能搬几个箱子，所有的东西必须分批分次传输。通常，搬家的时候，我们可以采用两种方法：一种方法是每次多拿几个箱子，这样每次拿箱子的时间就会比较长，但是可以少跑几次；另一种方法则是每次少拿几个箱子，这样拿箱子的时间就会比较短，但需要多跑几次。

与之类似，我们所要传输的数字音频信号实际上是一个个被编码后的采样值。音频驱动格式在传输这些采样值的时候，也是按照分批分次的方式完成的，而每一次传输的采样值个数就是缓冲值。常见的缓冲值为 32、64、128、256、512、1024 和 2048 个采样（samples）。如果缓冲值比较小，那么每一次得到一个采样集合的时间就比较短，因此造成信号的延时时间较短。但是，这种短的延时是以进行更多次的采样集合传输为代价的，系统不得不频繁地在信号起点（主程序）和信号终点（声卡）之间频繁传输这些小规模的采样集合，从而造成较多的运算资源占用量。相反，如果缓冲值比较大，那么每次等待缓冲集合形成的时间也就比较长，造成信号的延时时间较长，但对系统的运算资源占用率却较低。

由于系统的运算资源是有限的，如果信号传输消耗了较多的运算量，那么可用于信号处理的运算量就会减少，从而造成工作站主程序能够同时播放的音轨数，以及同时使用的软件效果器和虚拟乐器的数量都会减少。这一现象给人的直接感觉，就是工作站系统性能的降低。因此，总结来说，较小的缓冲值可以带来较短的延时，但会造成工作站系统性能下降；反之，较大的缓冲值造成的延时也较多，但却能够让工作站系统的性能保持在较高的水平。

实际上，缓冲所造成的延时时间是非常容易计算的。以 512 个采样的缓冲值为例，如果此时音频信号的采样频率为 48kHz，那么每个采样之间的时间间隔就是 1/48000 秒，因此缓冲所造成的延时为 $512 \times 1/48000 \approx 10.67$ms。如果缓冲值为 1024 个采样，那么延时时间就会超过 20ms。因此，我们可以根据工作时所能够允许的信号延时，来设定缓冲值。比如，在进行前期多轨录音过程中，我们如果使用了软件监听，就需要设定较短的缓冲值（通常小于 256 个采样），以确保监听信号不产生明显的延时。此时，尽管较小的缓冲会造成系统资源占用较多，但由于我们在前期录音过程中通常不会加载很多的软件效果器，因此工作站系统性能的少许下降，对前期录音没有什么妨碍。但是，在后期混音和编曲工作中，我们不再会进行录音，也就是不再需要使用软件监听，因此这时，我们可以将缓冲值设定得比较大（通常可以大于 256 个采样），让系统将主要的运算资源都用于效果处理和虚拟乐器的运行。

在工作站主程序的菜单或者声卡控制界面当中，通常都会有关于缓冲值的选项。图6.7所示的，是Pro Tools LE 8当中的Playback Engine（播放引擎）窗口。可以看到，Pro Tools LE 8当前使用的声卡为Digidesign Mbox2，H/W Buffer Size（硬件缓冲值）选项用于设定DAE驱动向声卡传输音频信号时的缓冲值，该值可在64–4096个采样之间选择。

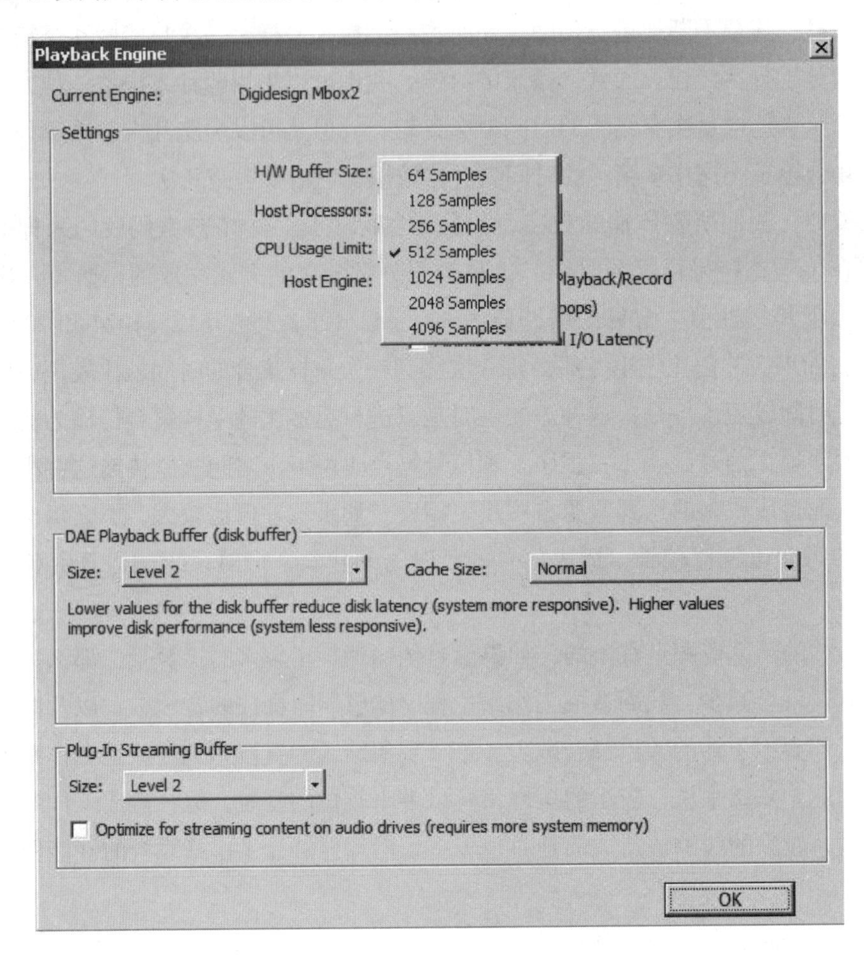

图6.7　Pro Tools LE 8当中的硬件缓冲值设定

不过，上述这种对缓冲值的调整，仅仅是在系统资源不足或者监听延时过大的情况下，才需要进行。如果专业声卡及音频驱动的性能很好，我们一般不需要调整缓冲值，而是直接将它设定在一个较小的值上就可以了。因此，为了检测专业声卡的驱动性能，我们可以在某一专业音频驱动格式下，运行一个非常消耗系统资源的工程。如果此时，主程序的缓冲值可以被调得很小，且系统不产生任何的爆音或者停顿状态，那么就说明该声卡在驱动性能上是非常优秀的。

此外，如果我们使用的是硬件监听，而不是软件监听，那么缓冲值只会影响播放信号的延时，而不会影响对录音信号进行监听时的延时。因此，在条件许可的情况下，硬件监听相对来说是比较好的选择。

（三）自动延时补偿

自动延时补偿是工作站主程序中非常重要的一个功能。与主程序和声卡之间的数据传输类似，在主程序和插件之间进行数据传输时，也存在缓冲。由于不同的插件具有不同的算法，对缓冲值的需求量也不同，因此不同的插件在信号处理过程中所产生的延时也就不同。通常，我们在混音和编曲过程中，会在不同的音轨中插入数量不等的插件，这就造成了不同音轨的信号之间产生进一步的延时，使得原本相互同步的多轨信号在播放时产生错位。

自动延时补偿（Auto Delay Campensation），就是工作站主程序为了应对音轨之间由于使用插件而产生的延时所提供的一种处理办法。简单来说，主程序会自动计算不同音轨上的延时时间，然后以其中延时最大的一个音轨为标准，为其他音轨加入新的延时，使这些音轨具有相同的延时，从而实现同步播放。

目前，绝大多数主程序都具有自动延时补偿功能，如图 6.8 所示的 Pro Tools 9 的 Playback Engine（播放引擎）窗口当中，就带有对自动延时补偿的设置。但是，也有少部分主程序不提供自动延时补偿，比如图 6.8 所示的 Pro Tools LE 8。此时，从理论上说，对于这些没有自动延时补偿功能的主程序，我们必须通过手动移动音频块的方法，来取得多轨信号之间的播放同步（但事实上，这一琐碎的工作几乎是不可能完成的，而且也没有人真的这样去做）。

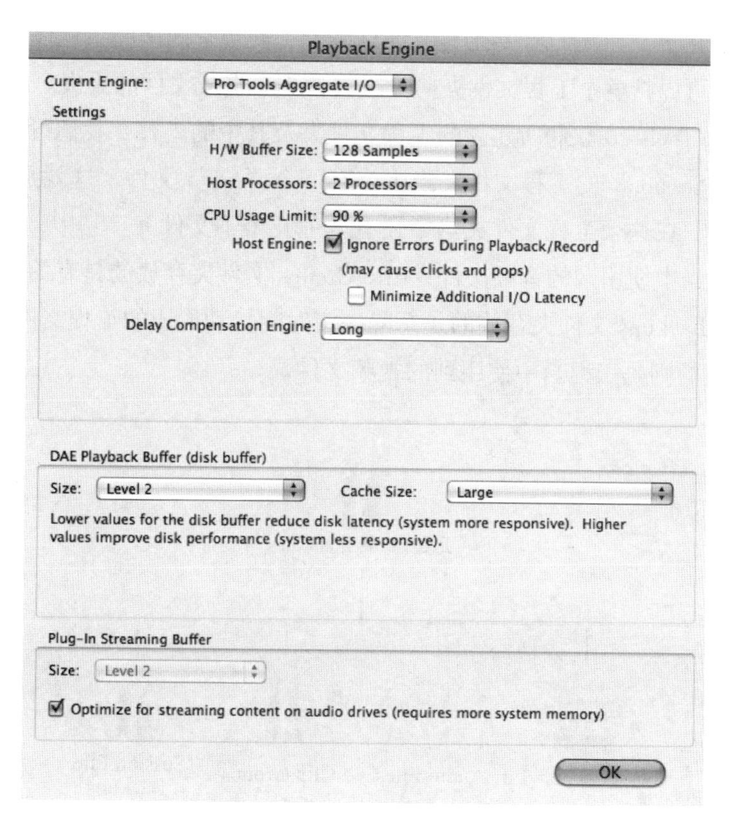

图 6.8　Pro Tools 9 带有自动延时补偿设置

四、文件结构及文件交互

（一）工作站主程序的文件结构

工作站主程序的文件结构是主程序设计当中非常重要的一个内容。目前，大部分主程序具有相似的文件结构，其主要目标是为了实现“非破坏性处理”（non-destructive processing）。

通常，我们会把在主程序中进行的某个项目称为“工程”。而在一个工程当中处于统领位置的就是“工程文件”，它用于记录与工程有关的界面布局、音轨设置、音频块位置、插件使用、编辑过程等一切内容，但是却不包括具体的音频文件，因此工程文件的体积一般都非常小（大约为几十至几百 KB）。不同的主程序对工程文件的称呼有所不同，常见的有 Session（Pro Tools、Audition 等），Project（Nuendo、Cubase 等），Virtual Project（Samplitude、Sequoia 等）。

我们在打开一个主程序开始一个新的工程的时候，通常会首先新建一个工程文件，这一操作一般可以通过“File → New……”命令来实现。此时，主程序会要求我们选择一个存放工程文件的地址，并对工程文件命名。很多设计合理的主程序，会在我们选定的地址当中自动建立一个文件夹，并将工程文件连同其他重要的文件一起，放置在这个文件夹当中。因此，我们经常称这个文件夹为“工程文件夹”。将所有相关文件统一放置在工程文件夹当中的好处在于，当我们需要在其他计算机上（安装了同样的主程序）打开某一工程文件的时候，就可以将整个工程文件夹拷贝过去，不会造成文件的丢失。

图 6.9 为 Pro Tools 10 软件所建立的工程文件夹及其中的内容。我们可以看到，在这个称为“Pro Tools Session”的工程文件夹当中，有一个“.ptx”文件，这就是 Pro Tools 10 的工程文件。此外，在这个工程文件夹当中还有其他几个子文件夹。其中，Audio Files 文件夹存放的是工程当中使用到的音频文件；Clip Groups 文件夹存放的是有关音频块打包的文件；Session File Backups 文件夹存放的是每隔一定时间自动形成的工程文件备份；而 Video Files 文件夹存放的则是工程当中使用到的视频文件。

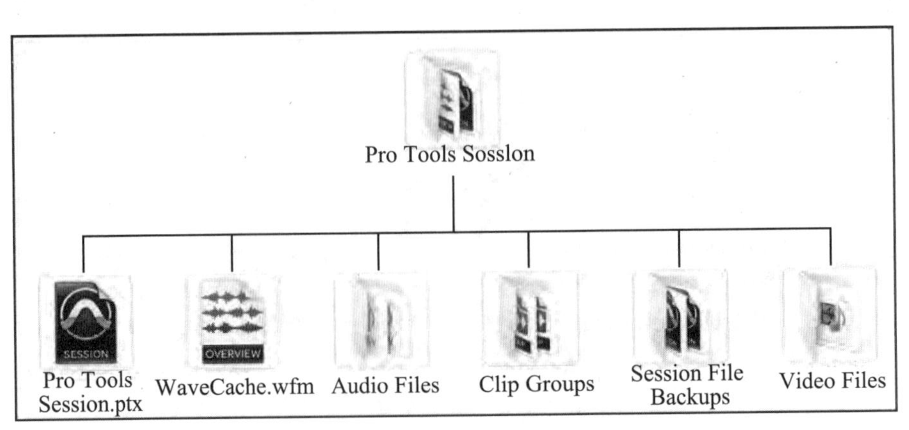

图 6.9　Pro Tools 10 的某个工程文件夹及其中的内容

与 Pro Tools 类似，Nuendo 在新建工程文件的时候也会将新生成的有关内容放置在一个文件夹当中（但却不会像 Pro Tools 一样自动生成一个与工程文件同名的工程文件夹）。图 6.10 所示的是 Nuendo 2 的某个工程文件夹的内容。其中，“.npr” 文件为工程文件；Audio 文件夹用于存放录音或导入的音频文件；Edits 文件夹用于存放操作过程中新生成的音频文件；而 Images 文件夹则用来存放与波形图形显示相关的文件。

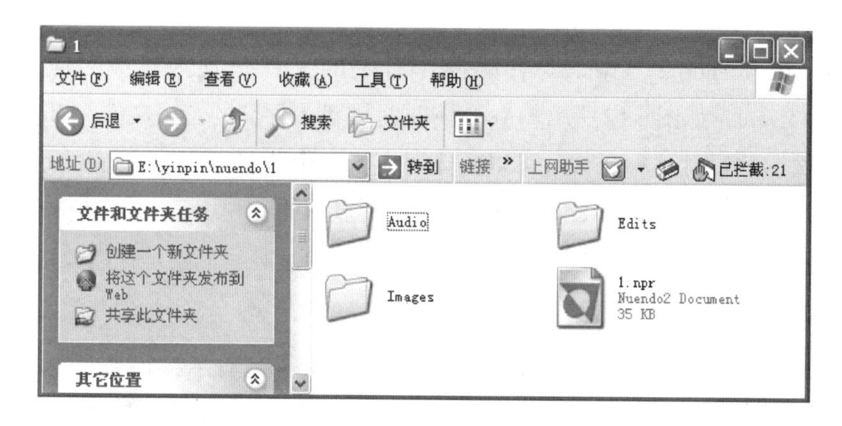

图 6.10　Nuendo 2 的某个工程文件夹中的内容

通常，当我们在主程序中建立了一个工程以后，就会添加多种类型的音轨。在录音或导入新的音频文件以后，就会在音频轨上形成一个个能够显示波形的“音频块”，如图 6.11 所示。需要重点注意的是，这些音频块并非是真正的“音频文件”，而只是音频文件（或一部分音频文件，或多个音频文件的片段）在音轨中的图形显示。如果借用编程当中的一个术语来形容的话，这些音频块只是音频文件在音轨中的“指针”。

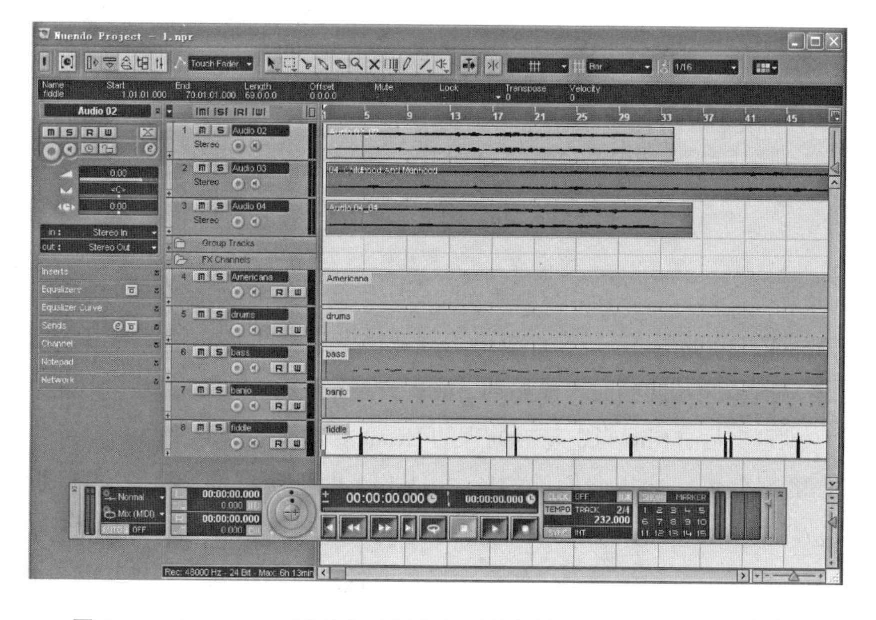

图 6.11　Nuendo 2 工程窗口中的音轨及其中的 Audio Events（音频块）

通常，所有的主程序都称音频文件为 Audio File，大部分情况下，这些音频文件是以 Wave 文件的格式，存储在工程文件夹中的 Audio 或 Audio File 文件夹中的。但是，不同的主程序对于音轨中的音频块却有着不同的称呼，比如 Clip（Audition、Pro Tools 10 以后的版本等）、Region（Pro Tools 9 之前的版本）、Event（Nuendo、Cubase 等）、Object（Samplitude 、Sequoia 等），等等。

工作站主程序之所以要建立复杂的文件结构关系，就是为了实现“非破坏性处理”。例如，在 Nuendo 2 当中，与音频操作有关的文件呈现为三级对应关系：Audio File→Clip→Event，如图 6.12 所示。Audio File 是硬盘上存储的音频文件。Clip 是 Pool（素材池）窗口显示的素材，一个 Clip 可以整体对应于一个 Audio File，而它的不同部分也可以对应于不同的 Audio File。Event 则是音轨当中所显示的音频块，它是 Clip 的一部分在音轨中的波形显示，我们在音轨中播放某个 Event 的时候，实际上就是在播放对应的 Clip 中的那一部分。

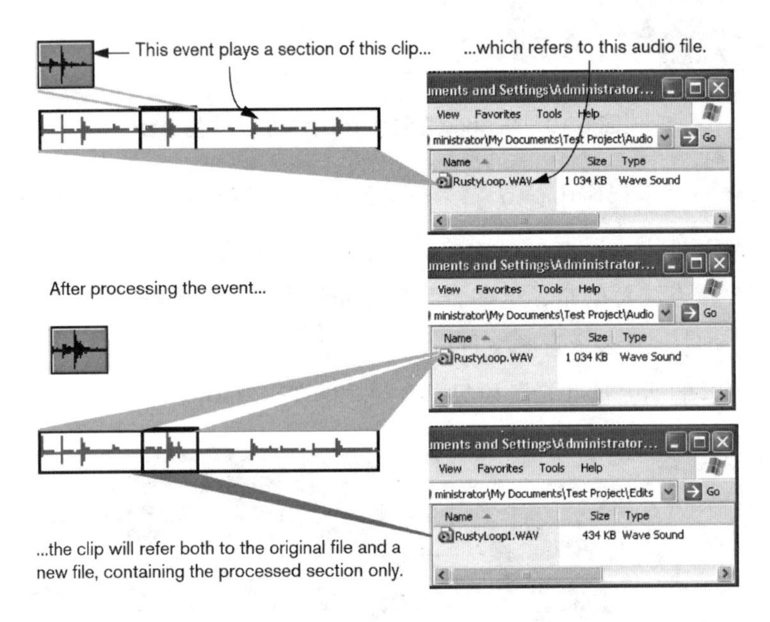

图 6.12 Nuendo 2 实现非破坏性处理的方法

当我们对音轨中的一个 Event 或者 Event 当中的一个范围进行处理的时候，就会在硬盘上生成一个新的 Audio File，该文件位于工程文件夹当中的 Edits 文件夹中，如图 6.12 中右侧第三个窗口所示。与此同时，原始的 Audio File 并没有产生变化。

经过这一处理之后，Clip 当中与被处理的 Event 相对应的部分，会指向新生成的 Audio File，而其余的部分仍然会指向原始的 Audio File。由于所有的处理只会生成新的 Audio File，并且改变 Clip 与 Audio File 之间的指向关系，因此只要不关闭工程文件，我们就可以在任何时候，以任何的顺序撤销任何一次操作。这就是所谓的“非破坏性编辑”。

我们可以通过存盘命令，将当前处理得到的这种文件的指向关系存储在工程文件当中。

因此，在重新打开工程文件的时候，主程序会自动根据工程文件的内容来搜索音频块所对应的音频文件。如果在对应的地址当中无法找到名字相同的音频文件，主程序就会报告有文件丢失。这就是为什么绝大部分的主程序会将工程文件及其所有相关文件都统一放在一个文件夹当中的原因。而我们在进行录音、导入等操作的时候，也应该尽量将新生成的音频文件存放在工程文件夹当中，从而防止在对工程进行拷贝或传输的时候，产生文件的遗漏。

此外，由于我们针对音频块的每一次处理都会产生新的音频文件，因此随着我们的操作，工程文件夹的体积会变得越来越大，而其中的很多音频文件，实际上并没有被最终使用到。因此，在进行工程拷贝或者传输之前，我们应该在主程序中利用相关的命令，对工程文件夹进行清理，去除那些不再使用的音频文件，减小工程文件夹的体积。

（二）工作站主程序的文件交互

由于每一个工作站主程序都有自己独特的工程文件格式，所以在通常情况下，我们无法在一个主程序当中打开另一个主程序的工程文件。这样，当我们在工作中需要更换主程序的时候，就会带来非常大的不便。因此，我们有必要考虑一下不同工作站主程序的文件交互方法。目前，常用的主程序文件交互方法包括以下几种。

1. 直接通过一个主程序打开另一个主程序的工程文件

尽管很少有主程序能够打开另外一些主程序的工程文件，但这也不是绝对的。比如，Pyramix 就支持导入或导出 Pro Tools 的工程文件，但是仅限于 Pro Tools 4.X 和 5.0 版本的工程文件，如图 6.13 所示。此外，Digital Performer 也支持打开早期版本的 Pro Tools 工程文件。但是，一个主程序对其他主程序工程文件的导入和导出往往具有很多限制，而且容易发生错误，因此这种方法实际上很少使用。

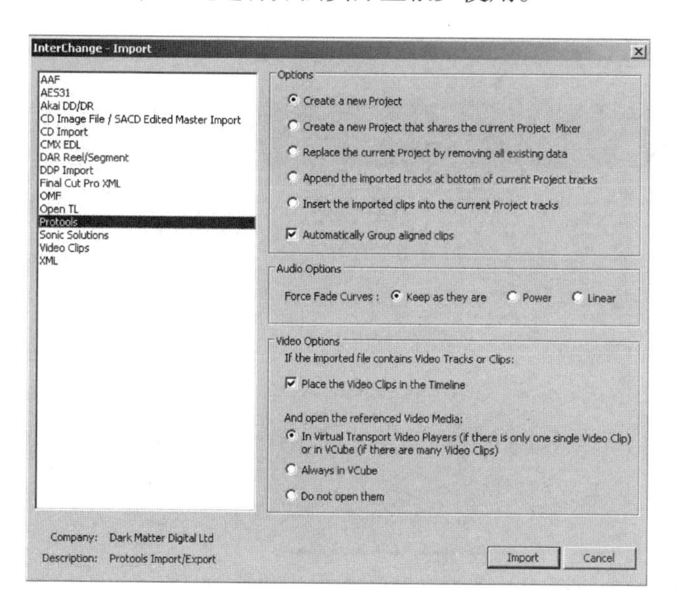

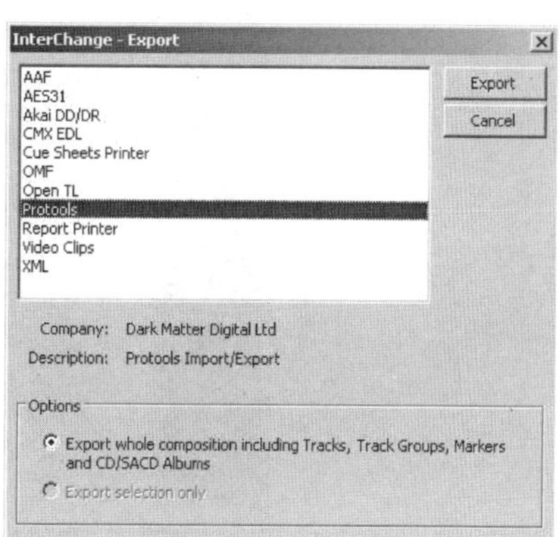

图 6.13　Pyramix 可以导入或导出 Pro Tools 的工程文件

2. 使用分轨音频文件

其实，最安全的文件交互方法，是直接从一个主程序中导出分轨音频文件，再在另一个程序中导入这些文件。这种做法的主要目的，是为了适应在一个主程序中编曲，而在另一个主程序中混音的制作方式。

实际上，目前大部分的音频音序器软件都具有编曲和混音的双重功能，我们完全可以在一个软件中完成从原始创作到成品输出的全部工作。但是，由于使用习惯和软件功能侧重的不同，有很多人还是喜欢使用不同的主程序进行编曲和混音，比如使用 Logic 编曲，而用 Pro Tools 混音。此外，编曲工作大多是在个人工作室完成的，编曲人可以使用自己习惯的任何主程序，但混音工作有时却必须在专业录音棚完成，而专业录音棚中往往只有一两种常见的主程序，如 Pro Tools 或 Nuendo，这样就会面临必须进行主程序转换的问题。

此时，编曲人首先需要在编曲工作站当中，对所有音轨（包括 MIDI 轨和音频轨）进行分轨音频导出，得到多个起始时间相同的音频文件。然后，在混音工作站上导入这些音频文件，形成多个独立的音频轨。这种做法的主要问题在于：第一，所有新生成的音频轨上只会有一个音频块，因此这种做法只适合于音乐创作，而不适合于影视声音后期制作；第二，所有音色或者效果都在导出时被固定了，无法在新的工作站中恢复到之前的某种状态，因此当我们发现对某些音色或效果不满意时，还得重新进行这种导出和导入；第三，如果编曲工作站无法实现一次性分轨快速导出（比如 Cubase 4 和 Nuendo 4 之前的版本），那么导出的工作将变得非常繁琐。

3. 使用工程文件格式转换工具

目前，已经存在一些实用性的软件，能够将一种主程序的工程文件转换为另一种主程序能够辨认的文件。其中，比较著名的软件是 SSL 公司的 Pro-Convert，如图 6.14 所示。

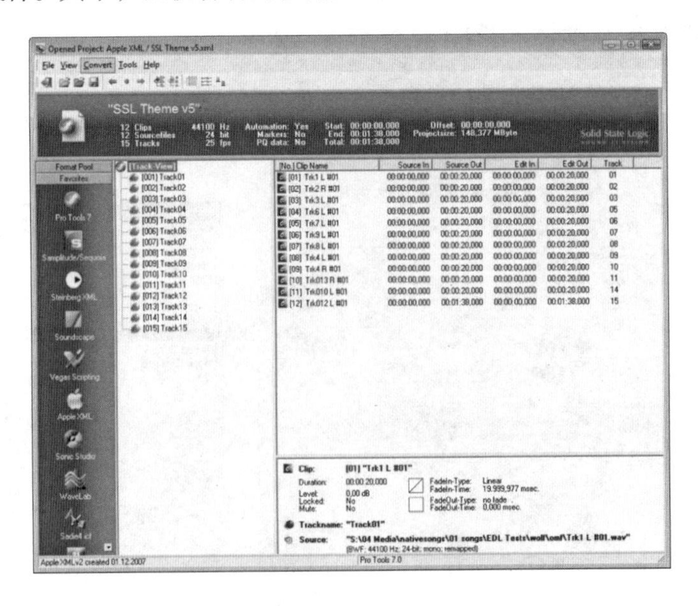

图 6.14　SSL Pro-Convert 工程文件格式转换工具

Pro-Convert 是通过将一个主程序的工程文件转换为另一个主程序的 XML 文件，来实现工程文件的转换的。XML（Extensible Markup Language，可扩展标记语言）是一种国际标准的计算机标记语言，能够标记文件的结构、数据，并定义数据类型。很多音频工作站和视频工作站的主程序，如 Nuendo 和 Final Cut Pro，都支持自身的工程文件格式与 XML 文件的相互转换，因此只要能够把一个主程序的工程文件转换为另一个主程序的 XML 文件，就可以在该主程序中打开。

Pro-Convert 支持超过 40 种工作站主程序的工程文件及其 XML 文件的相互转换，如音频工作站主程序 Pro Tools、Cubase/Nuendo、Logic、Samplitude/Sequoia、SADiE、Audition、Sonic Studio 等，以及视频工作站主程序 Vegas、Final Cut Pro 等，此外还支持将这些工程文件或 XML 转换为 OMF 等交互式文件格式。

4. 使用交互式文件格式

除了上述方法以外，我们在进行工作站平台转换的时候，最常使用的方法是借助于交互式文件格式。交互式文件格式是一种很多主程序都能够识别的文件格式，我们可以通过在一个主程序中导出这种格式的文件，再在另一个主程序中导入该文件的方法，来实现工作平台的转换。常见的交互式文件格式包括 OMF、AAF、MXF、AES31、OpenTL，等等。

交互式文件的主要形式包括媒体数据（Media Data, 也称媒体文件，Media File）和元数据（Metadata）两种。媒体数据包括以文件形式存储的视频和音频素材，音频素材是以采样为单位的，而视频素材是以帧为单位的，我们平时常用的 Wave 文件、MP3 文件等音频文件以及 AVI、MPEG 等视频文件都属于媒体数据。元数据则主要包括以下四种内容：第一，媒体数据的相关信息，比如场号、拍摄 / 录音次数的序号、采样频率、量化精度、音频块的名字、时间码，等等；第二，与工程文件或序列（sequence）有关的信息，比如用到了哪些素材文件、它在时间线上出现的位置以及音轨的自动化控制信息等；第三，对于 OMF 和 AAF 文件来说，元数据中还可以包含未经处理的非实时效果器的信息，在交互式文件被导入新的主程序后，这些非实时效果器会被忽略；第四，OMF 和 AAF 序列当中还会包括针对音频块的增益和关键帧的增益等自动化控制信息。

媒体数据与元数据的关系，就像是一张比萨饼的馅料和饼底，馅料决定了比萨饼的实质内容，而饼底则承载这这些内容，并决定了这些内容的排列情况。元数据当中决定媒体数据排列方法的部分就是序列，它直接描绘了工程当中与窗口布局有关的信息。一个主程序的工程文件实际上只是一种序列（很多视频工作站软件，如 Media Composer 或 Final Cut Pro 直接称它们的工程文件为序列），而一个主程序的工程文件夹通常却既包含序列（工程文件），又包含媒体数据（音频和视频文件）。

需要注意的是，交互式文件可以只是媒体数据（如 MXF），也可以只是序列（如 AAF），也可以既是媒体数据又是序列（如 OMF）。

（1）OMF（.omf）

OMF（Open Media Framework，开放式媒体框架）也称 OMFI（Open Media Framework Interchange，开放式媒体框架交互），是一种广泛使用的交互式文件格式。OMF 格式既可以是媒体数据，如 OMF 音频或 OMF 视频，也可以是序列。我们进行文件交互的时候，可以看到三种 OMF 文件：

第一，纯粹的 OMF 格式的媒体数据，既可以是音频文件，也可以是视频文件；

第二，纯粹的 OMF 序列文件（指向但不包含媒体数据），这种文件的体积非常小，完全可以被认为是一种工程文件。需要注意的是，OMF 序列可以指向 Wave、AVI 等普通音频或视频文件，也可以指向 OMF 格式的音频和视频文件，但不能指向 MXF 文件；

第三，OMF 序列与 OMF 媒体数据混合为一体的 OMF 文件，这种文件的体积通常比较大，而且文件中只能包含 OMF 格式的媒体数据，不能包含 MXF 等其他格式的媒体数据。

对于同平台的文件交互（不更换计算机，只更换主程序）来说，我们可以在原始的主程序当中只导出纯粹的 OMF 序列文件，这样会使导出的速度非常快。而对于更为常见的更换平台的文件交互来说，我们最好是输出合并式的 OMF 文件，尽管这样做会使导出速度变慢，但却不会导致媒体文件的丢失。

需要注意的是，某些工作站对于 OMF 文件的导出和导入是有限制的。比如，Pro Tools 只能导出 OMF 音频文件，不能导出 OMF 视频文件；在导入文件的时候，Pro Tools 只能导入包含有 OMF 音频的合并式 OMF 文件，而不能导入包含有视频的合并式 OMF 文件。

（2）AAF（.aaf）

AAF（Advanced Authoring Format，高级制作格式）也是一种常用的交互式文件格式，它比 OMF 更为先进，在某些情况下已经替代了 OMF。

与 OMF 不同的是，AAF 是一种纯粹的序列格式，不存在 AAF 格式的音频或视频文件。但是，AAF 文件既可以是纯粹的 AAF 序列（指向但不包含 OMF、MXF 或其他格式的媒体文件），也可以是 AAF 序列与 OMF、MXF 或其他格式的媒体数据的混合体。当我们在一个主程序当中导入 AAF 文件时，就会展开 AAF 序列所描述的音轨布局及音频块排列方式，同时，主程序会按照 AAF 序列所指向的媒体文件，建立音频块与媒体文件之间的联系。

（3）MXF（.mxf）

MXF（Material Exchange Format，素材交换格式）是由 SMPTE 制定的交互式文件格式。与 AAF 和 OMF 不同，MXF 是一种纯粹的媒体数据格式，只存在 MXF 格式的音频文件或视频文件，不存在 MXF 格式的序列。AAF 文件可以指向或者包含 MXF 格式的媒体素材，而 OMF 文件不能指向或者包含 MXF 格式的媒体素材。

MXF 在本质上与 Wave 或 AIFF 一样，都是一种数据“容器”，但是它可以装载的数据类型却比 Wave 或 AIFF 丰富得多，包括 MPEG 2、DV、PCM 的数据流和多种格式的数据库文件。MXF 既支持流媒体传输，也支持文件形式的传输。因此，在交互能力上，它比

Wave、AVI 等文件格式强大得多。目前，很多音频和视频工作站软件都支持 MXF 文件的导入和导出。

（4）AES31（.adl）

AES31 是由 AES 制定的一种交互式文件格式，只用于数字音频工作站软件之间进行音频数据的交互，而不能用于视频数据交互。AES31 文件是一种纯粹的序列文件，不能包含媒体数据。而且，它所指向的媒体数据必须是 BWF 文件。

（5）OpenTL（.tl）

OpenTL 是一种为 Tascam 公司的硬盘录音机（MMR-8、MMP-16 和 MX-2424）而设计的交互式文件格式，也被很多工作站主程序所支持。与 AES31 一样，OpenTL 文件也是一种纯粹的序列文件，不能包含媒体数据。并且，Tascam 的这些硬盘录音机对于 OpenTL 文件所指向的媒体文件格式是有要求的：在使用 FAT32 格式的硬盘（Windows 操作系统标准）时，OpenTL 必须指向 BWF 文件；在使用 HFS+ 格式的硬盘（Mac OS 操作系统标准）时，OpenTL 必须指向 SD Ⅱ 文件。而且，这两种硬盘格式下输出的 OpenTL 文件不相互辨认。

不过，工作站软件对于 OpenTL 的支持要稍微好一些。以 Nuendo 为例，Windows 系统下的 Nuendo 软件只能支持与 BWF 文件连接的 OpenTL 文件；而 OS X 系统下的 Nuendo 软件既可以支持与 SD Ⅱ 文件连接的 OpenTL 文件，也可以支持与 BWF 文件连接的 OpenTL 文件。

五、窗口种类

数字音频工作站主程序所包含的主要窗口，与主程序的功能直接相关。通常，功能相近的主程序，其窗口的种类也是相似的。

以音频音序器软件为例，这类软件通常包括两个主窗口：音轨窗和调音台窗。音轨窗以纵向排列的方式，显示出多条轨道（轨道中的波形和 MIDI 音序的显示为横向），具体的轨道种类主要包括音频轨（Audio Track）、MIDI 轨（MIDI Track）、乐器轨（Instrument Track）、辅助轨（Aux Track）、视频轨（Video Track）、总输出轨（Master Track），等等；而调音台窗则以横向排列的方式显示这些轨道。

不同的音频音序器对于窗口和音轨的称呼有所区别。比如，Pro Tools 称音轨窗为 Edit 窗、调音台窗为 Mix 窗、辅助轨为 Auxiliary Input Track；Nuendo 称音轨窗为 Project 窗、调音台窗为 Mixer 窗、辅助轨为 FX Channel；Logic 称音轨窗为 Arrange 窗、调音台窗为 Mixer 窗、辅助轨为 Aux；Samplitude 称音轨窗为 VIP 窗、调音台窗为 Mixer 窗、辅助轨为 Aux Bus；等等。

音轨窗和调音台窗之间的关系，能够反映一个主程序的设计思路。绝大多数主程序的音轨窗和调音台窗是完全一致的，调音台窗可以被视为竖立的音轨窗，只是其中显示出更多的控制器，却不再显示波形和 MIDI 音序。此外，有些主程序的调音台窗会比音轨窗多显示一些轨道的信息，如 Nuendo/Cubase 可在调音台窗中显示输入和输出母线，而在音轨窗中则无法看到这些内容。不过，也有一些主程序的音轨窗与调音台窗是完全分离的，在音轨窗中添加音轨，并不能增加调音台窗中通道条的数量，反之亦然。此时，主程序实际上将音轨窗当作了多轨录音机，而将调音台窗当成了这台录音机外部的一个软件调音台，音频信号会在这二者之间进行相互传输。比如，Pyramix 软件在新建工程文件的时候，就会要求用户首先建立一个软件调音台，而这个调音台的结构并不会随着音轨窗中音轨的多少而发生变化，如图 6.15 所示。

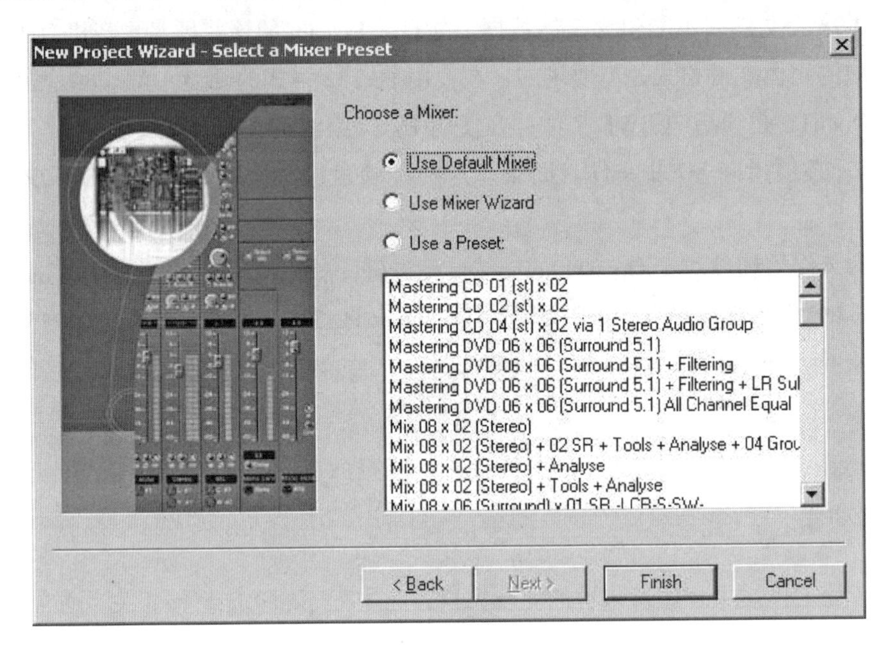

图 6.15　在 Pyramix 软件中新建工程文件时需要首先建立一个软件调音台

除了音轨窗和调音台窗这两个窗口以外，音频音序器软件中还经常出现与 MIDI 编辑相关的一些窗口，如钢琴卷帘窗、五线谱窗、事件列表窗，等等。不同的主程序对这些窗口的命名也都不太相同，比如对于钢琴卷帘窗，Sonar 称之为 Piano Roll；Cubase 称之为 Key Editor；Logic 称之为 Matrix Edit；Samplitude 和 Pro Tools 称之为 MIDI Editor。但无论名字如何，不同软件中的这些窗口都有着相似的界面和功能。

不过，主程序中除音频音序器和音频编辑软件以外的其他软件，往往会有一些功能独特的窗口。比如，以电子舞曲制作为主要目标的 FL Studio，除了拥有传统的钢琴卷帘窗、调音台窗等窗口以后，还具有用于建立 Pattern（样式）——电子舞曲中某一声部的基本循环单位——的 Step Sequencer（步进音序器）窗，以及用于设计 Pattern 连接方式的 Playlist（播放列表）窗，如图 6.17 所示。

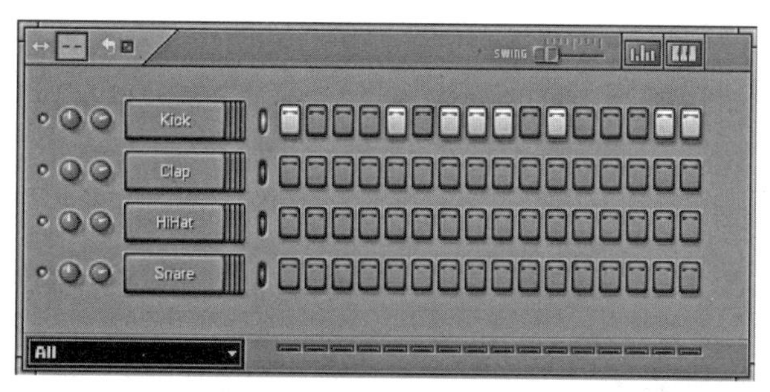

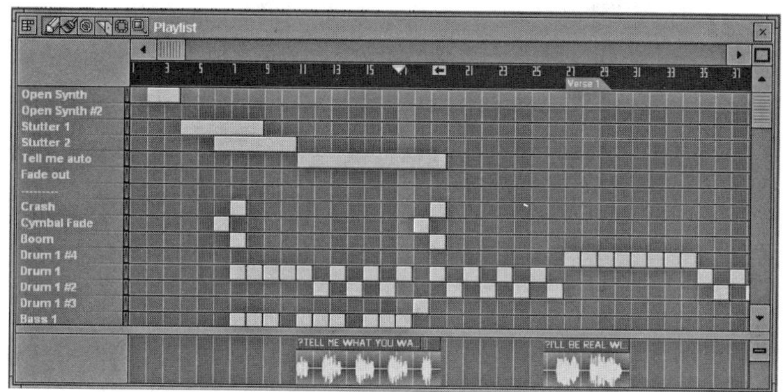

图 6.17　FL Studio 软件当中的 Step Sequencer 窗和 Playlist 窗

六、导出方式

当我们在主程序中完成所有的编辑和处理以后，需要将多轨音频合并为一定声道的（单声道、立体声或多声道）的音频文件，这一工作可以通过两种方式来完成：其一，是在拥有调音台或 Summing Mixer/Summing Box 的情况下，使用这些外部设备完成信号的混合，并将混合得到的信号重新录回到主程序或者其他的载体当中；其二，是通过主程序自身完成信号的混合，直接得到一个单声道 / 立体声 / 环绕声的音频文件，或多个分声道的音频文件。由于后一种方式并不需要外部设备的支持，因此绝大多数情况下，我们都是通过这种方式得到混合信号的。

主程序可以通过两种方法来实现信号的混合：一种方法通过内部路由设置，将多轨信号输出到一条总线上，然后再用一条新的音频轨来录制该总线的信号，即通过边播边录的"内录"方式来得到混合信号；另一种方法则是利用主程序的导出命令，直接产生所需的音频文件。

主程序的导出命令一般称为"Mixdown"（缩混）或"Bounce"（并轨）。主程序在执行该命令的时候，可以采用两种具体的处理方法：一种是"实时（Real-Time）导出"，也称"在线（Online）导出"或"等时长导出"，也就是说，需要导出的内容的实际播放时间有多长，导出命令所执行的时间就有多长。实际上，主程序在执行这种导出方式的时候，就是在进行内录，只不过用户不再需要亲自设置信号的路由了。实时导出的最大优点在于，用户在导出过程中是可以听到声音的，因此一旦发现问题，就可以随时中断，并进行修改。但是，实时导出也存在一个非常大的问题，这就是导出所需的时间完全等于素材的播放时间，一旦素材很长，就需要等待相当长的时间，才能得到结果。使用实时导出的典型软件是 Pro Tools，在 Pro Tools 11 版本之前，所有的 Pro Tools 软件在执行 Bounce 命令的时候，唯一可用的导出方式就是实时导出。

另一种导出方式称为“快速导出”，也称“离线（Off Line）导出”。在按照这种方式执行导出命令的时候，主程序会根据一定的算法生成目标文件。此时，DSP 卡或者 CPU 会将全部的运算量完全投入到这一运算当中，从而在很短的时间内得到目标文件。但是，在快速导出的执行过程中，用户是无法听到声音的，从而也就无法判断导出文件的实际效果。为了保证导出的结果不出现错误，用户最好是将导出得到的文件从头到尾再播放一遍，进行仔细的审听，不过这需要花费与实时导出相等的时间。

除 Pro Tools 以外，绝大部分的主程序默认的导出方式都是快速导出。而且，Pro Tools 从 11 版本开始，也加入了快速导出选项。有很多主程序的导出命令窗口允许用户在快速导出或实时导出之间进行选择，比如 Cubase 和 Nuendo。这是因为，尽管快速导出能够节省大量的时间，但是某些基于 DSP 卡进行运算的插件并不支持快速导出，或者是在进行快速导出的时候容易发生错误，此时我们就必须选择实时导出。此外，有一些人认为实时导出的文件音质会比快速导出的音质更好，尽管这一说法并没有得到普遍的认同，但我们确实可以通过对导出的文件进行比对，证明这两种导出方式的结果，有时的确会存在细微的差别。

作为对本节内容的总结，表 6.1 对比了 Windows 和 OS X 操作系统下常见的工作站主程序的运算核心、专业音频驱动格式、内部运算精度和插件格式等技术要点。

表 6.1　工作站主程序的技术要点比较

<table>
<tr><th>主程序类型</th><th>主程序（系统）名称</th><th>软件版本号</th><th>操作系统</th><th>运算核心</th><th>专业音频驱动格式</th><th>内部运算精度</th><th>插件格式</th></tr>
<tr><td rowspan="6">音频音序器</td><td rowspan="2">Sonar</td><td>1.0 以上</td><td rowspan="2">Windows</td><td rowspan="2">CPU</td><td rowspan="2">ASIO/WDM KS/Wave RT</td><td>32bit 浮点</td><td rowspan="2">DX/VST</td></tr>
<tr><td>5.0 以上</td><td>64bit 浮点</td></tr>
<tr><td>Samplitude / Sequoia</td><td>1.0 以上</td><td>Windows</td><td>CPU</td><td>ASIO</td><td>32bit 浮点</td><td>VST</td></tr>
<tr><td rowspan="2">Cubase/ Nuendo</td><td rowspan="2">1.0 以上</td><td>Windows</td><td rowspan="2">CPU</td><td rowspan="2">ASIO</td><td rowspan="2">32bit 浮点</td><td rowspan="2">VST</td></tr>
<tr><td>OS X</td></tr>
<tr><td>Logic Pro</td><td>6.0 以上</td><td>OS X</td><td>CPU</td><td>Core Audio</td><td>32bit 浮点</td><td>AU</td></tr>
</table>

续表

主程序类型	主程序（系统）名称	软件版本号	操作系统	运算核心	专业音频驱动格式	内部运算精度	插件格式
音频音序器	Digital Performer	8.0 以上	Windows	CPU	ASIO	32bit 浮点	MAS/VST
		4.0 以上	OS X		Core Audio		MAS/AU
		8.0 以上					MAS/AU/VST
	Pro Tools LE	5.0—8.0.5	Windows	CPU	DAE	32bit 浮点	AS/RTAS
			OS X				
	Pro Tools	9.0 以上	Windows	CPU	ASIO	32bit 浮点	AS/RTAS
			OS X		Core Audio		
		10.0 以上	Windows		ASIO		AS/RTAS/
			OS X		Core Audio		AAX Native AS/AAX Native
		11.0 以上	Windows		ASIO		
			OS X		Core Audio		
	Pro Tools HD	5.3 以上	Windows	CPU/HD Core Card/HD Accel Cared	DAE	24bit 固定点效果处理 48bit 固定点混合处理	AS/RTAS/TDM/HTDM
			OS X				
		10.0 以上	Windows				AS/RTAS/TDM/HTDM/AAX Native/AAX DSP
			OS X				
		11.0 以上	Windows		AAE		AS/AAX Native/AAX DSP
			OS X				
	Pro Tools HD Native	8.5 以上	Windows	CPU/HD Native Card	DAE	32bit 浮点效果处理 64bit 浮点混合处理	AS/RTAS
			OS X				
		10.0 以上	Windows				AS/RTAS/AAX Native
			OS X				
		11.0 以上	Windows		AAE		AS/AAX Native
			OS X				
	Pro Tools HDX	10.2 以上	Windows	CPU/HDX Card	DAE	32bit 浮点效果处理 64bit 浮点混合处理	AS/AAX Native/AAX DSP
		10.1 以上	OS X				

续表

主程序类型	主程序（系统）名称	软件版本号	操作系统	运算核心	专业音频驱动格式	内部运算精度	插件格式
音频音序器	Pro Tools HDX	11.0 以上	Windows		AAE		AS/AAX Native/ AAX DSP
			OS X				
	Reaper	1.0 以上	Windows	CPU	ASIO	32bit 浮点	DX/VST
			OS X		Core Audio		AU/VST
	Studio One	1.0 以上	Windows	CPU	ASIO	32bit 浮点	VST
			OS X		Core Audio		AU
音频编辑软件	Sound Forge	1.0 以上	Windows	CPU	ASIO	32bit 浮点	DX/VST
		10.0 以上	OS X		Core Audio		AU/VST
	Wavelab	1.0 以上	Windows	CPU	ASIO	32bit 浮点	VST
		7.0 以上	OS X				
	Audition	1.0 以上	Windows	CPU	ASIO	32bit 浮点	DX/VST
		CS5.5 以上	OS X		Core Audio		AU
	Pyramix MassCore	6.0 以上	Windows	CPU	MassCore	64bit 浮点	VS3/VST
	Pyramix Native	4.0 以上			ASIO	32bit 浮点	
	Sadie	5.0 以上	Windows	CPU/DSP	ASIO/自定义	32bit 浮点	自定义 /VST/DX
	Fairlight Dream II	1.0 以上	Windows	CPU/CC-1 Crystal CoreFPGACard	自定义	动态精度优化	自定义 /VST
电音及DJ软件	FL Studio	1.0 以上	Windows	CPU	ASIO	32bit 浮点	DX/VST
	Reason	1.0 以上	Windows	CPU	ASIO	32bit 浮点	不支持
			OS X		Core Audio		
	Live	1.0 以上	Windows	CPU	ASIO	32bit 浮点	DX/VST
			OS X		Core Audio		AU

续表

主程序类型	主程序（系统）名称	软件版本号	操作系统	运算核心	专业音频驱动格式	内部运算精度	插件格式
音频拼接软件	ACID Pro	1.0 以上	Windows	CPU	ASIO	32bit 浮点	DX/VST
	Garageband	1.0 以上	OS X	CPU	Core Audio	32bit 浮点	AU

第二节　数字音频工作站主程序的类型

目前，以 Windows 和 OS X 操作系统为平台的数字音频工作站主程序，主要包括音频音序器软件、音频编辑软件、电子舞曲和 DJ 软件、音频拼接软件、自动伴奏软件、乐谱制作软件等几种。而在 iOS 操作系统下，主程序的种类也在变得越来越丰富。

一、音频音序器软件

音频音序器（Audio Sequencer）是使用最为广泛的数字音频工作站主程序类型。这种软件既能够支持音频信号的录音、编辑、处理、混合和格式转换，也能够支持 MIDI 信号的记录、编辑和处理，还能利用虚拟乐器在 MIDI 信号的控制下产生对应的音频信号。因此，也有人称这种软件为“综合型音频工作站软件”。

音频音序器软件的发展有两种不同的脉络：一是从纯粹的 MIDI 音序器发展而来，逐渐加入音频编辑软件的功能，从而形成的综合型工作站软件，如 Sonar、Cubase、Logic、Digital Performer 等；二是从纯粹的音频编辑软件发展而来，逐渐加入 MIDI 音序器功能而形成的综合型工作站软件，如 Pro Tools、Samplitude 等。以下，简单介绍一些常见的音频音序器软件。

（一）Sonar

Sonar 是美国 Cakewalk 公司开发的音频音序器软件（2013 年 9 月，该公司被 Gibson 公司收购，Sonar 软件被并入 Gibson 旗下的 Tascam 品牌），也是 PC 计算机上历史最为悠久的工作站主程序之一。到目前为止，该软件只能运行在 Windows 系统下。

Sonar 的前身是一款 1987 年开发的、称为 Cakewalk 的 MIDI 音序器软件，该软件也是当时唯一可以运行在 PC 计算机的 Dos 系统下的 MIDI 音序器。之后，Cakewalk 进入 Windows 系统，并改称为 Cakewalk for Windows，在发展到 3.0 版本时，该软件已经具有目前音频音序器软件中 MIDI 音序器的绝大部分功能了。到 1995 年，Cakewalk for Windows 发展到 4.0 版本，加入了音频录音和编辑功能，由此改名为 Cakewalk Pro Audio 4.0，并一直发展到 9.x 版本。其中，1998 年推出的 Cakewalk Pro Audio 7.0 首次加入了 DX 格式的软件效果器。

2001 年，Cakewalk Pro Audio 被全新的 Sonar 软件取代，二者最大的区别在于 Sonar 提供了对 DXi 格式的虚拟乐器和 WDM 音频驱动格式的支持。2003 年，Sonar 从 2.2 版本开始支持 ASIO 驱动，从 2005 年的 5.0 版本开始支持 VST 格式的插件，并在所有主流的音频音序器软件中率先支持 64 位操作系统，同时开始使用 64bit 浮点的内部处理精度，成为当时所有工作站主程序中内部处理精度最高的一个。

2010 年，Sonar 在发展到 8.5 版本之后，直接推出了 X1 版本。它的界面经过了重新的设计，内置的软件效果器数量也大为增加。目前，Sonar 的最高版本为 X3，如图 6.18 所示。

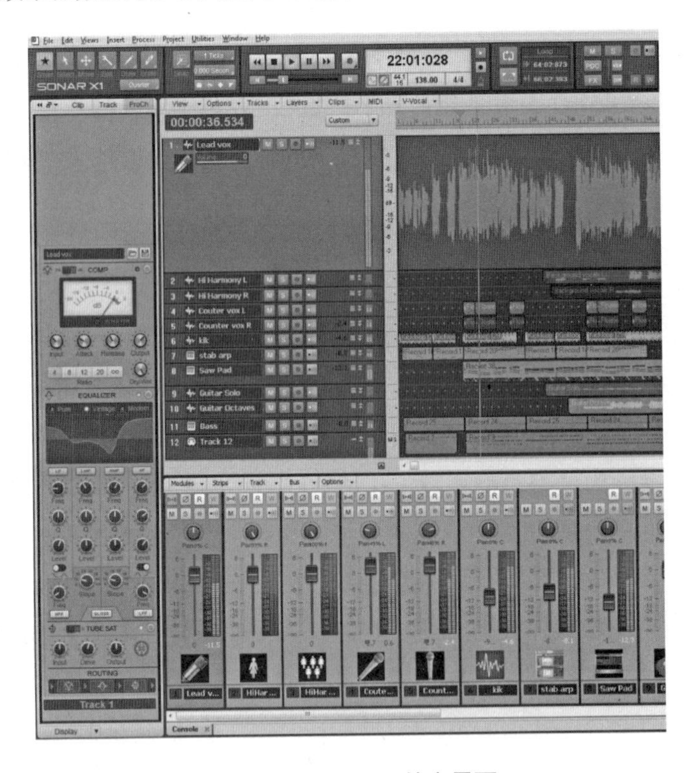

图 6.18　Sonar X3 的主界面

（二）Cubase/Nuendo

Cubase 和 Nuendo 是德国 Steinberg 公司（现属于 Yamaha 公司）开发的音频音序器软件。Steinberg 公司成立于 1984 年，该公司在 1989 年推出了一款运行在 Atari ST 电脑（一款著名的早期个人电脑）下的 MIDI 音序器软件，称为 Cubase。1990 年，Cubase 开始支持 Macintosh 计算机和 OS 操作系统，并在 1992 年开始支持 PC 计算机和 Windows 操作系统。

直到今天，Cubase 和 Nuendo 依然保持着对 OS X 和 Windows 双平台的支持。

Cubase 软件在 1991 年加入了音频录音功能，并改称 Cubase Audio。1996 年，Steinberg 公司开发出著名的 VST（Virtual Studio Technology，虚拟工作室）技术，可以在 ASIO 驱动的支持下，通过 CPU 进行实时音频效果处理。Cubase Audio 也因此改名为 Cubase VST（OS 系统下的版本号为 3.0，Windows 系统下的版本号为 3.5），并成为世界上第一个不使用 DSP 卡，即能够实现实时音频效果处理的工作站主程序。

2000 年，为了满足复杂的音频编辑和处理，Steinberg 公司开发了主要面向音频领域的 Nuendo 软件。它可以完全通过 CPU 实现各种音频效果处理，并支持环绕声制作。

2002 年，Cubase 的全新版本 Cubase SX 发布。它具有重新设计的界面，而且整合了 Nuendo 的功能。2003 年，在 Cubase SX 和 Nuendo 推出 2.0 版本的时候，这两个软件的界面和主要功能已经基本上一致了，相比而言，Nuendo 的功能更强，可以被认为是强化版的 Cubase SX。

2004 年底，Steinberg 公司被 Yamaha 公司收购，Cubase SX 在 2006 年升级为 4.0 时也重新改称 Cubase。目前，Cubase 的最高版本为 7，主要针对个人音乐制作领域，也能应对复杂的音频录音和处理工作，如图 6.18 所示。

图 6.18　Cubase 7 的 Project 窗口

在 3.0 版本之后，Nuendo 的升级速度总是低于 Cubase 一个版本号。在二者版本号相同的情况下，Nuendo 拥有 Cubase 的全部功能，并拥有用于专业音频领域的高级功能，而 Cubase 的高版本（如 5.0）却拥有 Nuendo 的低版本（如 4.0）所没有的一些功能。不过，目前的 Nuendo 6 已经拥有了 Cubase 7 全部的功能。如图 6.19 所示。

图 6.19　Nuendo 6 的 Mixer 窗口

（三）Logic Pro

Logic Pro是美国Apple公司开发的音频音序器软件，目前只能运行在OS X操作系统上。Logic Pro 的前身是 1988 年诞生的 Notator 软件，该软件是德国 C-Lab 公司研制的一款带有乐谱编辑功能的 MIDI 音序器，只能运行在 Atari ST 电脑上。1993 年，C-Lab 公司经过重组改名为 Emagic，Notator 软件也随之改名为 Notator Logic，人们习惯于简称其为 Logic。

从 1.6 版本开始，Logic 从 Atari ST 平台移植到了 Macintosh 平台。它只能使用 Digidesign 公司研制的 DAE 专业音频驱动格式以及该公司出品的声卡来运行，并且直到 2.5 版本才可以使用任意品牌的声卡。Logic 对 Windows 操作系统的支持是从 2.0 版本开始的，从 Windows 系统下的 3.5 版本开始，Logic 开始支持 VST 和 DX 插件格式。

Logic 4.0 是一个非常重要的版本。从这一版本开始，Logic 被分为四个不同档次的版本，其中最高端的版本为 Logic Platinum，在 Windows 系统下可以使用包括 ASIO 和 EASI 在内的多种专业音频驱动格式。同时，这一版本还在音频音序器软件当中率先引入了虚拟乐器的概念，也就是著名的 EXS 采样器插件。

2002 年，Apple 公司收购了 Emagic，这也导致 Logic 变成了一个只能运行在 OS X 操作系统上的软件，并且只支持 Core Audio 驱动（对 DAE 驱动的支持有所延续）和 AU 格式的插件。与此对应，Logic 在 Windows 系统下的最后一个版本为 5.51。

2004 年，Logic 从 6.3 版本开始被划分为两个版本，高端的称为 Logic Pro，低端的则称为 Logic Express。与 Cubase 和 Sonar 等软件相比，Logic Pro 的最大优点就是拥有质量极高的虚拟乐器和软件效果器，几乎不用安装第三方插件就可以应对全部工作。

2007年，Logic Pro 8被整合进行了一套被称为Logic Studio的制作套装中，这个套装的内容还包括Main Stage现场演出软件、Soundtrack Pro 2音频编辑软件、40种虚拟乐器和80种效果器，以及大量的音色素材和Apple Loops素材等，堪称最为全面的音乐制作软件系统。

2013年，Apple发布了Logic Pro的最新版本Logic Pro X，它是一个完全的64bit软件，只支持64bit的操作系统和64bit的插件，而且只能通过Apple Store购买和下载，如图6.20所示。

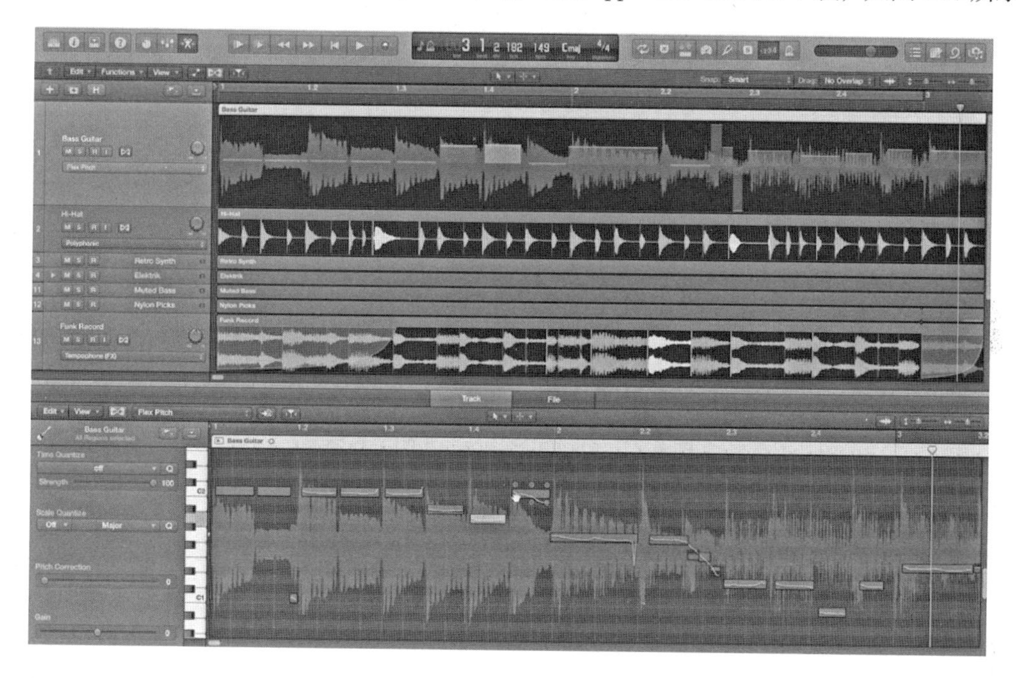

图6.20　Logic Pro X的Arrange窗口

（四）Digital Performer

Digital Performer是由美国MOTU（Mark of the Unicorn）公司开发的音频音序器软件。1984年，MOTU公司开发了一款运行在Macintosh电脑上的乐谱制作软件Professional Composer，并在此基础上研制出一款名为Performer的MIDI音序器软件，成为20世纪80年代Macintosh电脑和OS操作系统平台上最为著名的MIDI音序器。

1990年，MOTU公司为Performer软件加入了音频录音功能，并把它改名为Digital Performer（简称DP）。由于Macintosh电脑的CPU性能比较强大，为此MOTU公司专门为DP研制了MAS插件格式，可以完全通过CPU完成音频效果处理。2003年，DP的3.0版本开始支持OS X操作系统，并作为一款只能支持Mac计算机的工作站主程序，一直发展到7.22版本。与Logic和Pro Tools等软件相比，DP的整体功能毫不逊色，在有些方面甚至还更为突出。在欧洲和美国，它一直拥有大量的用户群体。

2012年底，DP升级到8.0版本，首次开始支持Windows 7操作系统，而且在Windows

和 Mac 系统上都开始支持 VST 插件。由此，DP 也正式成为能够支持两大主流操作系统的工作站主程序，如图 6.21 所示。

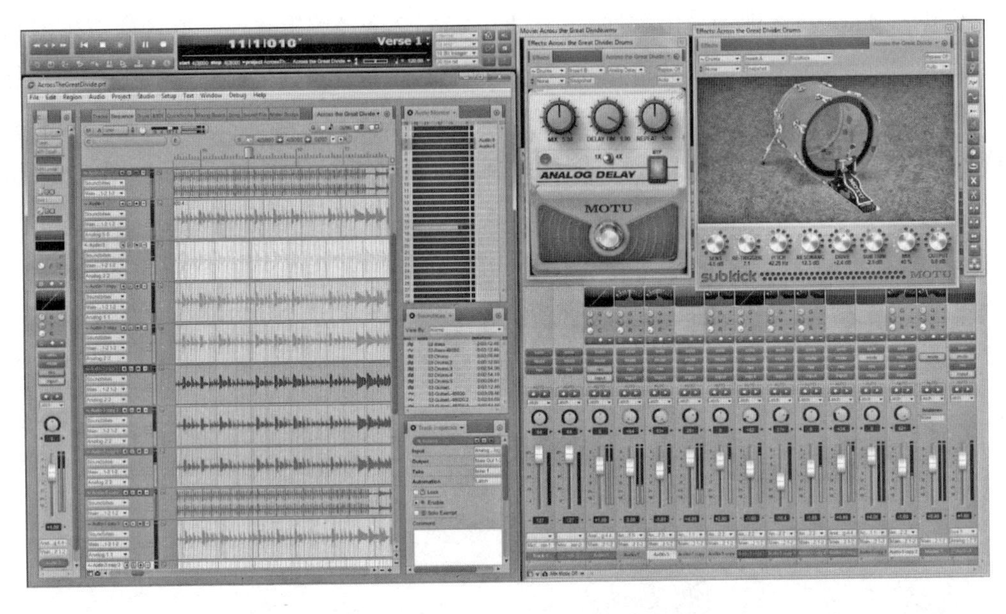

图 6.21　Digital Performer 的主界面

（五）Samplitude/Sequoia

Samplitude 和 Sequoia 是由德国 Magix 公式研制的音频音序器软件，只能运行在 Windows 操作系统下。

Samplitude 的第一个版本发布于 1992 年，运行平台为 Amiga 电脑，1995 年开始支持 PC 计算机和 Windows 操作系统。与 Sonar 和 Cubase 等从 MIDI 音序器发展而来的音频音序器软件不同，Samplitude 是一款专门用于音频录音和处理的音频音序器软件，在逐步加入 MIDI 音序器功能后，逐渐发展为音频音序器软件。目前，Samplitude 的最高版本为 Samplitude Pro X，如图 6.22 所示。

图 6.22　Samplitude Pro X 的主界面

与 Cubase 和 Nuendo 的关系类似，Sequoia 可以被认为是 Samplitude 的高级版本。与 Samplitude 相比，Sequoia 拥有大量针对节目播出和母带处理的专业功能，目前的最高版本为 12，如图 6.23 所示。

Samplitude 和 Sequoia 是功能非常完善的音频音序器软件。在音频编辑的细节设计上，它们比 Nuendo 和 Pro Tools 等竞争对手更为优秀，这使得它们既适合古典音乐录音，又适合流行音乐录音，还能应对影视声音后期制作的要求。不过，尽管它们也有着非常出色的 MIDI 音序器功能，但由于使用习惯的原因，目前用这两种软件来进行编曲的人并不多。

图 6.23　Sequoia 12 的主界面

（六）Pro Tools

Pro Tools 是美国 Avid 公司出品的音频音序器软件，也是所有工作站主程序当中知名度最高的一个，能够支持 OS X 和 Windows 操作系统。长期以来，Pro Tools 一直都是好莱坞电影录音领域和格莱美音乐录音领域的标准，在世界范围内的影视声音制作和流行音乐录音领域也有着非常强的统治地位。

与其他常见的主程序不同，Pro Tools 在相当长的时间内都是作为一种数字音频工作站系统，而非一款单独的软件而存在的。它最早源于美国 Digidesign 公司在 1985 年开发的一款名为 Sound Designer 的软件，能够利用 Macintosh 电脑编辑 EMU 公司的 Emulator Ⅱ采样器中的采样音色。1989 年，Digidesign 公司自己开发了与 Sound Designer Ⅱ配套使用的 DSP 卡、模拟接口卡和数字接口卡，再加上一台苹果电脑，形成了世界上第一套能够通过 DSP 卡进行音频录音和处理的数字音频工作站 Sound Tools。

1991 年，Pro Tools 工作站系统发布，它继承了 Sound Tools 系统软硬件搭配的思路，必须使用 Digidesign 公司自己的 DSP 卡和接口卡。此后的 Pro Tools Ⅲ系统（1994 年）、Pro Tools 24 系统（1997 年）和 Pro Tools Mix 系统（1998 年）也一直沿用这一思路。1995 年 Avid 公司收购 Digidesign 公司以后，也没有对 Pro Tool 系统的这一发展思路进行改变。

1998 年，Pro Tools 软件从 4.2.1 版本开始支持 Windows 操作系统（Windows NT）。1999

年，Pro Tools 软件升级到 5.0，首次加入了 MIDI 音序器功能，使得它成为了一个音频音序器软件。同时，Digidesign 公司还推出了 Pro Tools LE 系统，这是第一款不需要 DSP 卡就能运行的 Pro Tools 系统，但是仍然必须使用 Digidesign 生产的接口卡。

2002 年，Digidesign 推出 Pro Tools HD 系统，能够支持 24bit/192kHz 的数字信号，对应的 Pro Tools HD 软件依然必须运行在 DSP 卡上。Pro Tools HD 系统和 Pro Tools LE 系统高低搭配的局面一直持续到 2010 年 Pro Tools 9 的发布，从此 Pro Tools 与 Sonar、Cubase、Logic 等其他主程序一样，变成了一款真正可以通过任意专业声卡来运行的独立软件。Pro Tools 9 的出现替代了 Pro Tools LE 系统，但 Pro Tools HD 系统依然存在，而且后来 Avid 公司还推出了相对廉价的 Pro Tools HD Native 系统，以及用来替代 Pro Tools HD 的 Pro Tools HDX 系统。

2003 年，Pro Tools 11 软件发布，它只能运行在 64bit 的 OS X（10.8.3 以上）和 Windows（Windows 7 和 Windows 8）操作系统上，并且只能使用 AAX 插件格式，如图 6.24 所示。关于 Pro Tools 系统的详细介绍，请参考本书第八章的相关内容。

图 6.24　Pro Tools 11 的主界面

（七）Studio One

Studio One 是美国 PreSonus 公司于 2009 年推出的音频音序器软件，可以支持 Windows 和 OS X 操作系统。和其他老牌软件相比，Studio One 的发展历史很短，但是它对各种专业声卡的兼容性都不错，而且功能上也有一些独特的优势，比如整合了著名的 Melodyne 音调修正插件，等等。目前，Studio One 的最高版本为 2.6，如图 6.25 所示。

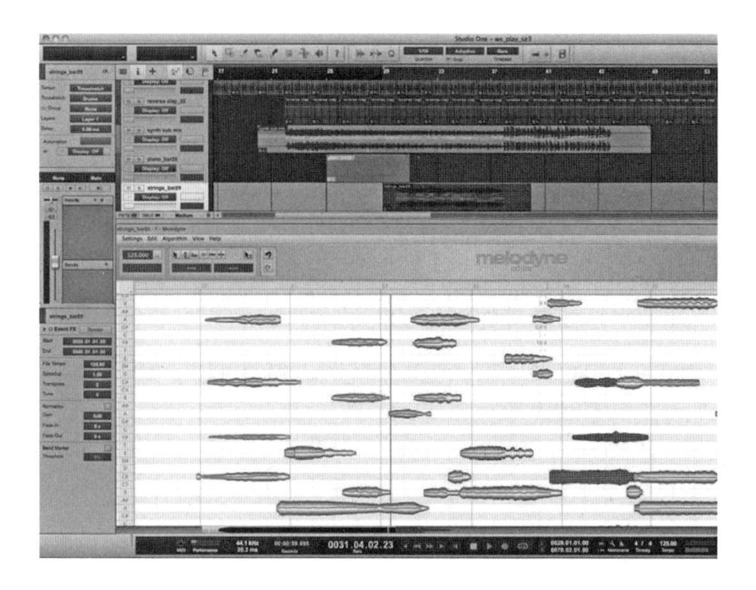

图 6.25　Studio One 2 的主界面（内置 Melodyne 音调修正插件）

（八）Reaper

Reaper（Rapid Environment for Audio Prototyping and Efficient Recording，音频原型与高性能录音的快速环境）是美国 Cockos 公司于 2007 年开发的音频音序器软件。这一软件的最大特点在于体积非常小，安装文件通常不超过 20MB，价格也非常便宜，但却具有普通音频音序器软件的所有常见功能。而且，Reaper 堪称是世界上升级速度最快的工作站主程序，几乎达到每个月升级一次，前一个版本中出现的问题，很快能够在后一个版本中得到解决。Reaper 目前的最高版本为 4.5，支持 Windows 和 OS X 操作系统，如图 6.26 所示。

图 6.26　Reaper 4.5 的主界面

二、音频编辑软件

音频编辑软件（Audio Editor）是一种主要用于对音频信号进行编辑、处理和混合的工作站主程序，不支持或只能简单支持 MIDI 信号的重放与编辑。音频编辑软件从功能上可以分为两类，一类是主要用于多轨录音和音频后期制作的软件，我们可以将它们看作是简化了 MIDI 音序器功能的音频音序器软件，比如 Audition 和 Pyramix；另一类则是主要用于精细的音频编辑、音频修复和母带处理等功能的软件，它们主要针对单一音频文件进行处理，如 Wavelab、Sound Forge Pro 等。不过，这两类软件的区分并不十分明确。以下简单介绍一些有代表性的音频编辑软件。

（一）Audition

Audition 是美国 Adobe 公司研制的音频编辑软件，也是目前国内普通用户使用最多的工作站主程序。它的前身是美国 Syntrillium 公司出品的 Cool Edit Pro，该软件发展到 2.1 版本后被 Adobe 公司收购，改名为 Audition。Audition 在 1.0 至 3.x 版本之间只能支持 Windows 操作系统，它从 1.5 版本开始支持 VST 插件格式，从 2.0 版本开始支持 ASIO 驱动，从 3.0 版本开始支持 VSTi 格式的虚拟乐器，并提供了 MIDI 编辑功能。

从 CS 5.5（4.0）版本开始，Adobe 将 Audition 纳入了 Adobe Creative Suite 软件包当中（简称 Adobe CS，包含所有 Adobe 公司的软件），并提供了对 OS X 操作系统的支持，但是去掉了 3.x 版本原有的 MIDI 编辑功能。随后，Audition 又升级到 CS 6（5.0），并在 2013 年 Adobe Creative Cloud 软件包（简称 Adobe CC）推出后升级到 CC（6.0）版本，成为一个只能支持 64bit 操作系统的 64bit 软件，如图 6.27 所示。

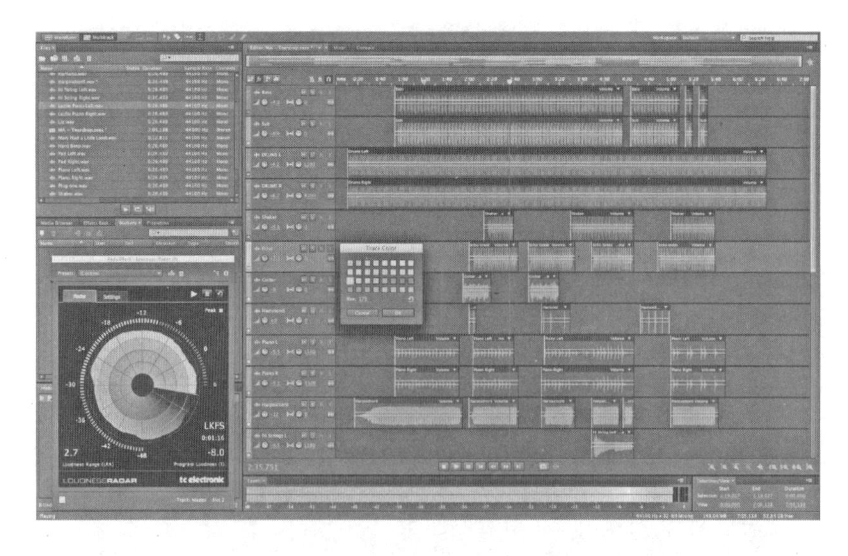

图 6.27 Audition CC 的主界面

由于 Audition 在普通用户当中的知名度很高，很多专业用户往往觉得它的性能不够出色。但实际上，Audition 是一款十分专业的音频编辑软件，它提供了完善的频谱显示、相位显示等功能，还能够直接支持 APE 和 FLAC 等无损压缩音频文件格式。Audition 最大的特点在于，它具有多轨和单轨两个编辑界面，前者提供非破坏性操作和实时音频处理，后者则用来进行破坏性操作和非实时音频处理，而且这两个界面可以一键切换，非常方便。此外，在影视声音后期制作上，Audition 是与同为 Adobe 出品的 Premier 视频编辑软件配合最为出色的音频编辑软件，Premier 中的音频块可以直接由 Audition 打开并进行编辑，其操作结果会在 Premier 中直接显现。

（二）Sound Forge Pro

Sound Forge Pro 是日本 Sony 公司出品的音频编辑软件，主要针对单一音频文件进行编辑，也是与同为 Sony 出品的 Vegas 视频编辑软件配合最好的音频编辑软件。它的前身是由美国的 Sound Foundry 公司研制的 Sound Forge 软件，只能运行在 Windows 系统下。Sound Forge 在 6.0 版本之后被 Sony 公司收购，并在升级到 10.0 版本的时候改名为 Sound Forge Pro，同时还推出了 Sound Forge Pro for Mac 版，成为了支持 Windows 和 OS X 双平台的音频编辑软件。Sound Forge Pro 拥有专业的音频修复工具、出色的 SRC（采样频率转换）和抖动处理技术，能够快速刻录符合红皮书标准的 CD-DA，还整合了 iZotope 公司的 6 个母带处理插件。目前，Sound Forge Pro 的最高版本为 11，如图 6.28 所示。

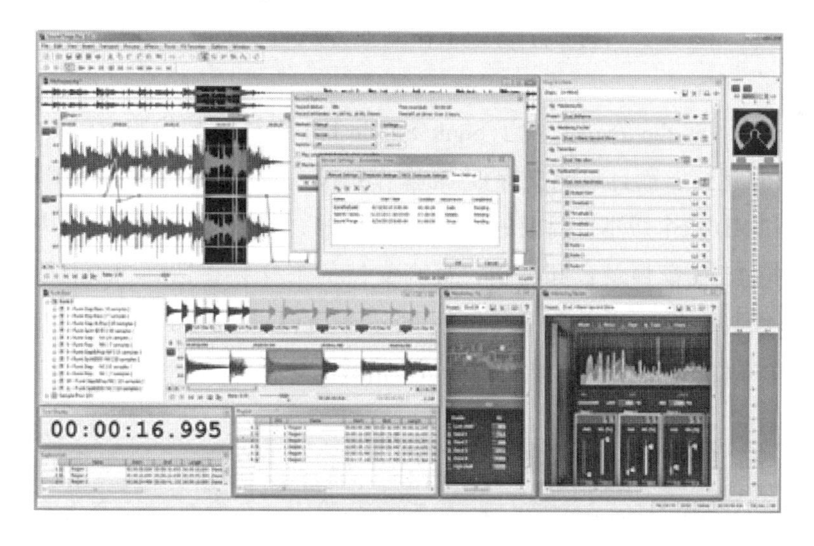

图 6.28　Sound Forge Pro 11 的主界面

（三）Wavelab

Wavelab 是德国 Steinberg 公司推出的音频编辑软件，主要针对精细的音频编辑和母带处理，也是目前世界上使用范围最为广泛的母带处理软件之一。它需要通过 ASIO 驱动来运行，支持各种 VST 格式的插件，内置 Sonnox 公司的降噪插件和各种精确的仪表，并能够进行 CD–DA 和 DVD–Audio 刻录。Wavelab 从 7.0 版本开始支持 OS X 操作系统，从而形成了 Windows 与 OS X 的双平台格局。目前，Wavelab 的最高版本为 8，如图 6.28 所示。

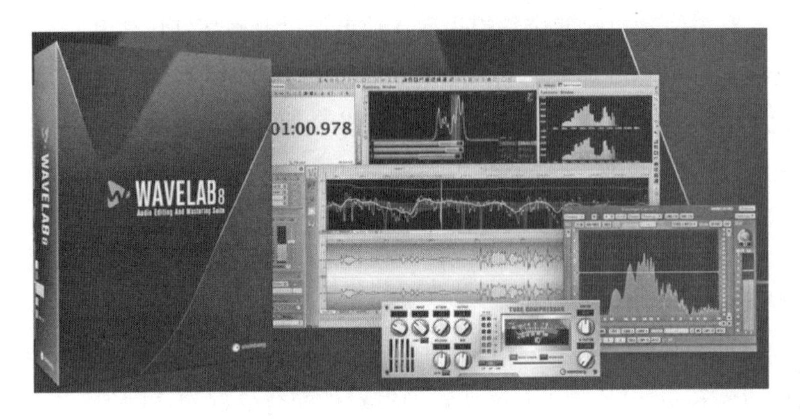

图 6.28　Wavelab 8 的主界面

（四）soundBlade

soundBlade 是美国 Sonic Studio 公司研制的专业母带处理软件。它的前身是 Sonic Solutions 公司于 20 世纪 90 年代研制的 Sonic Studio HD 数字音频工作站系统。该系统是世界上第一个支持24bit/192kHz音频文件的工作站系统，需要通过DSP卡运行相应的主程序。2002 年，Sonic Solutions 公司将数字音频工作站业务从自身剥离，并成立了接替这一业务的 Sonic Studio 公司。

2007 年，Sonic Studio 公司开发了 Sonic Studio HD 系统的替代版本 soundBlade，该软件直接通过 CPU 运行，而且只能支持 OS X 操作系统。soundBlade 软件按照功能从低到高分为 LE、SE 和 HD 三个版本，目前的最高版本为 2.1，如图 6.29 所示。其中，soundBlade HD 最多可支持 16 轨音频录音和编辑，最高支持的采样频率达到 384kHz。它拥有世界顶级的降噪软件组合 NoNOISE Ⅱ（包括 Manual DeClick Ⅱ、BroadBand DeNOISE Ⅱ 和 reNOVAtor 三个插件），也支持各种 VST 和 AU 格式的插件。

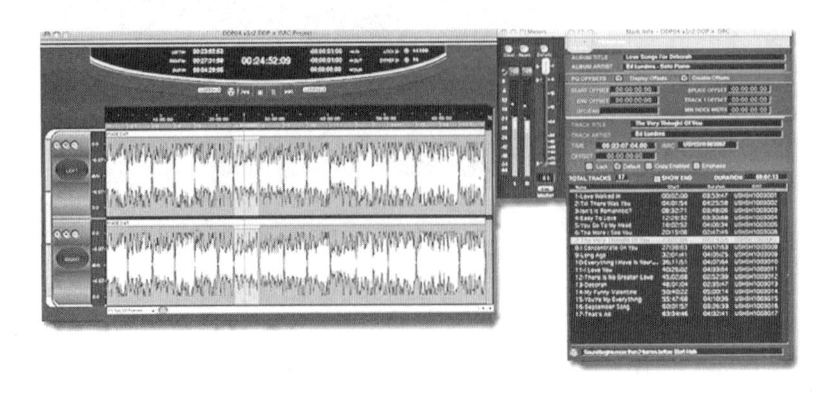

图 6.29　soundBlade HD 2.1 的主界面

（五）Pyramix

Pyramix是瑞士Merging公司研制的音频编辑软件，只能支持Windows操作系统。目前，Pyramix分为纯软件的Pyramix Native和需要特殊硬件支持的Pyramix MassCore两个版本，前者可以通过任何的专业声卡和ASIO驱动来运行，而后者必须使用Merging公司的硬件产品，通过MassCore驱动来运行（同时也支持ASIO驱动）。

Pyramix软件的最大特点在于，除了支持普通的PCM格式以外，它还可以支持DSD格式数字音频信号的记录和编辑。因此，它是目前为数不多的可制作SACD母带信号的工作站主程序。此外，Pyramix软件还拥有非常灵活的音频编辑功能和高质量的效果器插件，非常适合古典音乐录音及影视声音后期制作。但是，由于操作方法上的一些设计，Pyramix不太适合用于流行音乐录音。目前，Pyramix软件的最高版本是8，如图6.30所示。关于Pyramix系统的介绍请参考本书第八章的相关内容。

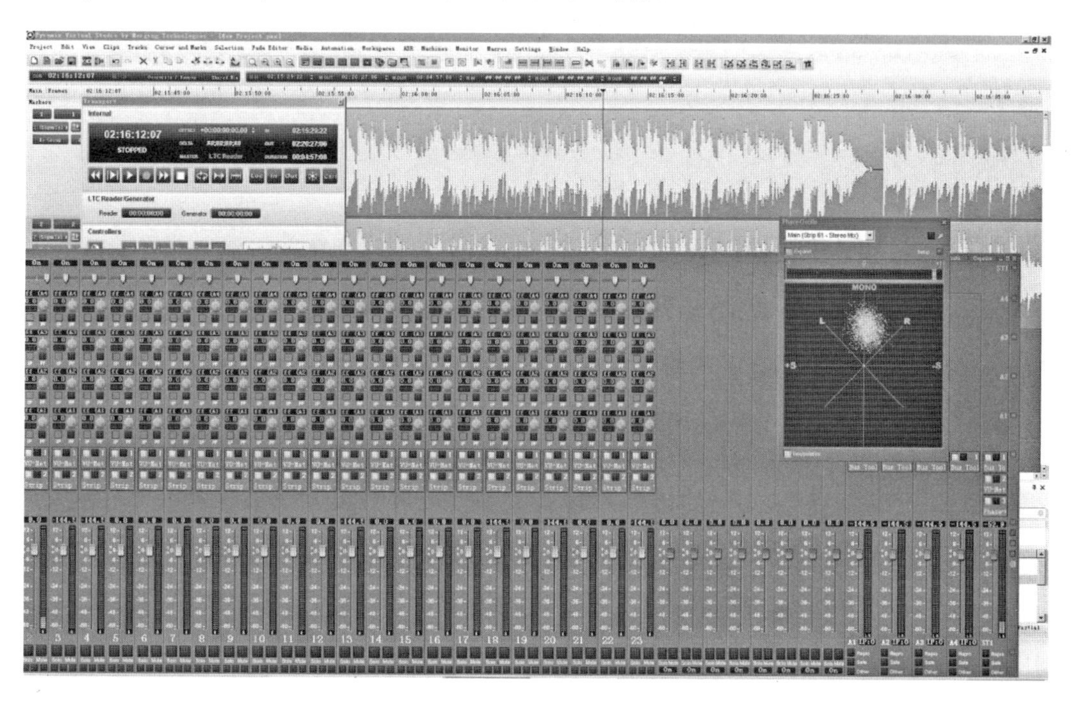

图6.30　Pyramix 8的主界面

（六）SADiE

SADiE是英国Prism Sound公司研制的音频编辑软件，只能运行在Windows系统下，目前最新版本为6。SADiE 6软件既可以通过CPU运行在任何支持ASIO驱动的专业声卡上，也可以通过DSP运行在专用的SADiE硬件系统上。它非常适合于广播/电视节目的音频编辑、古典音乐录音和母带处理，但很少用于流行音乐录音（见图6.31）。关于SADiE系统的介绍请参考本书第八章的相关内容。

图 6.31　SADiE 6 的主界面

三、电子舞曲和 DJ 软件

电子舞曲和 DJ 软件是近些年兴起的工作站主程序类型。这类软件的主要功能不是用来进行大规模的录音及影视声音制作，而是用来进行电子舞曲风格的编曲，以及 DJ 式的电子音乐现场演出，因此它们的用户也主要是独立编曲人或乐手。

电子舞曲和 DJ 软件有时也被人们称为“电音软件”，但这并不是说像 Logic 和 Cubase 之类的音频音序器软件就不能进行电子音乐制作（事实上有不少人就是用这种传统的主程序来进行电子音乐制作的），而是说由于其操作上的特殊设计，电子舞曲和 DJ 软件非常适合用来进行电子音乐（特别是电子舞曲）的制作和演出。这类软件按照具体的功能主要分为用于编曲的电子舞曲软件（也称音乐工作站软件），如 FL Studio 和 Reason；以及主要用于演出的 DJ 软件，如 Scratch Live、Traktor Pro 等。此外，还有一些电音软件是兼具电子舞曲制作和 DJ 演出功能的，如 Live。

（一）FL Studio

FL Studio [俗称“水果”或“水果环”（Fruityloops）] 是比利时 Image-Line 公司出品的电子舞曲软件，也是主流工作站主程序当中唯一一款终身免费更新的产品。尽管对于普通计算机来说，它目前只支持 Windows 系统，不正式支持 OS X 系统（官方尚未提供正式的 OS X 版本），但是它却提供了运行在 iPad 和 iPhone 下的版本，能够很好地支持移动式音乐制作，这使得 FL Studio 在全球范围内都拥有极高的人气。根据 digitalmusicdoctor（数字音乐博士）网站 2013 年第三季度的统计，FL Studio 已经正式超越 Pro Tools，成为全球受关注度最高的工作站主程序。FL Studio 目前的最高版本为 11，如图 6.32 所示。

图 6.32　FL Studio 11 的主界面

就像前文所谈到的那样，FL Studio 除了可以按照传统的音频音序器软件的方式进行 MIDI 记录和编辑以外，还能够使用基于 Pattern（样式）、Step（拍）、Sample（采样）和 Loop（音频循环文件）为核心的拼接方式进行制作，因此特别适合制作以节奏为主体，音量较大、动态较小，通过循环往复达到不间断地持续推进的电子音乐，比如 Hip-Hop、Techno、House、Dubstep 等。同时，它整合了大量的虚拟乐器和软件效果器，基本上不需要第三方插件就可以开始编曲，这也是这类软件被人称为“音乐工作站”的原因。

实际上，传统的音频音序器软件和以 FL Studio 为代表的电子舞曲软件早就出现了相互学习和融合的趋势。比如，Sonar 7.0 加入了与 FL Studio 类似的 Step Sequencer（步进音序器），而 Logic Pro 所提供的大量音色和 Apple Loops 几乎都是针对电子音乐制作的。相比而言，FL Studio 这类电子舞曲软件之所以受欢迎，主要原因在于它们的针对性更强，上手更容易，界面更华丽，对硬件平台的要求也更低。

（二）Reason

Reason 是由瑞典 Propellerheads 公司出品的电子舞曲软件，支持 Windows 和 OS X 操作系统。Reason 堪称同类软件中最为独特的一个，它的独特性主要表现为两点：第一，Reason 是所有工作站主程序当中唯一一个“封闭式”的软件，它不支持任何的插件，而且在 6.0 版本之前甚至不支持音频录音，在 7.0 版本之前不支持 MIDI 输出。这样做的原因在于 Reason 本身就是一个非常完美的音乐制作系统，它几乎提供了编曲当中需要的所有东西，用户完全可以用它来完成全部的音乐创作，而不是忙于学习各种复杂的第三方插件。第二，Reason 的界面非常独特，是仿照一个硬件机架设计的，所有的“设备”可以自由加载，还可以翻转到背面进行虚拟连线，甚至使用了 CV（压控）等硬件控制方式，这就要求用户在使用时具有一定的硬件思维（见图 6.32）。Reason 目前的最高版本是 7，用户可以通过 Rack Extension（机架扩展）的方式在网上购买各种 Reason 专用的虚拟设备。

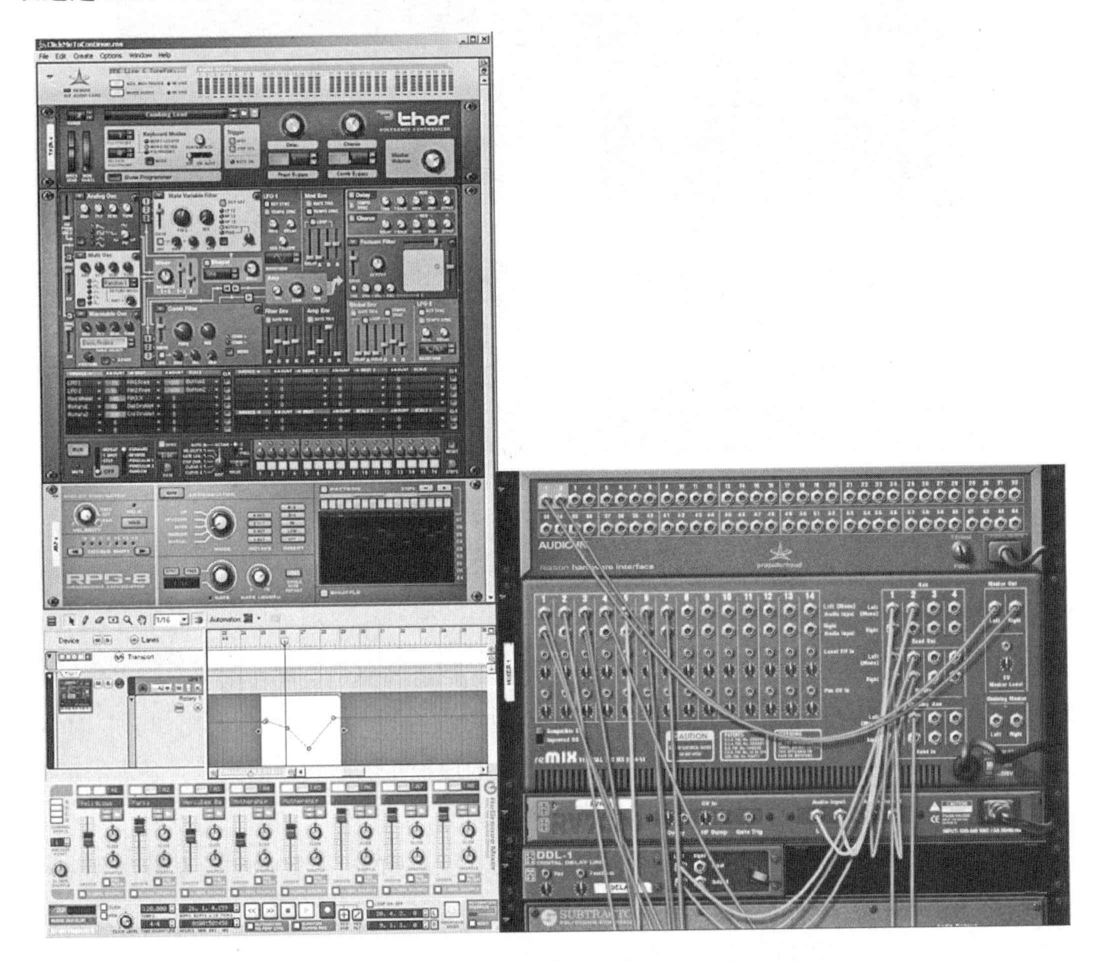

图 6.32 Reason 的局部界面和虚拟设备的背部虚拟连线

（三）Live

Live 是美国 Ableton 公司开发的电子舞曲和 DJ 演出软件，也是目前最受欢迎的电音软件之一，能够支持 Windows 和 OS X 操作系统。Live 的最大特点在于，它在整合了传统音频音序器软件功能（主要是编曲功能）的基础上，开发出了一套特别适合于拼接式作曲和现场演出的操作模式。它有两个主界面：Arrangement 窗和 Session 窗，前者类似于传统软件中的音轨窗；后者类似于调音台窗，不过却融入了 Pattern 切换和拼接式播放功能，能够通过横竖两个方向控制 Pattern 的播放，如图 6.33 所示。此外，Live 目前的最高版本 Live 9 Suite 还整合了由 Cycling 74 公司开发的 Max 软件（即 Max for Live），将所有控制与编程功能开放给了用户，使得用户可以自己设计虚拟乐器、软件效果器，并实现对 Live 的自由控制。总之，Live 代表着当前个人音乐制作的先进思维，值得加以学习。

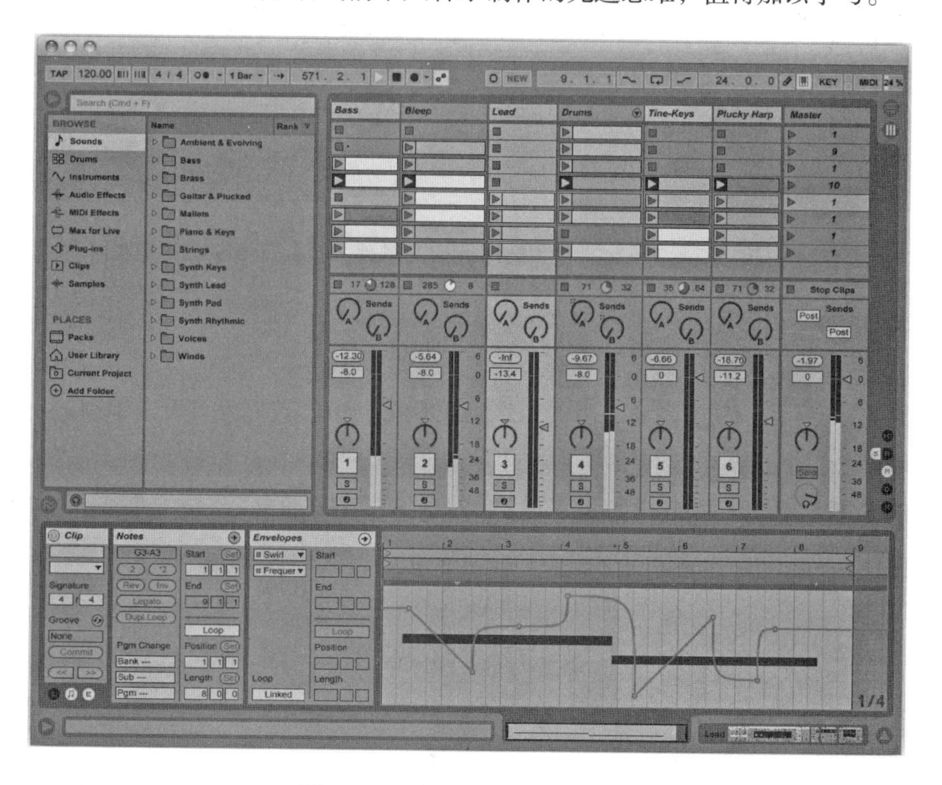

图 6.33　Live 9 的 Session 界面

（四）Maschine

Maschine 是德国 Native Instruments 公司在 2009 年推出的一套软硬件结合（MIDI 控制器 + 对应软件）的鼓机系统，也称“节奏工作站”。它的软件部分，即 Maschine 软件，主要由 MIDI 音序器和采样器（主要提供打击乐器音色）两部分构成，可以作为鼓机、采样器和步进音序器来使用。2013 年，Native Instruments 又推出了 Maschine 系统的升级版本 Maschine Studio 系统，由称为 Maschine Studio 的 MIDI 控制器和 Maschine 2 软件组成。其中，Maschine 2 软件在 Maschine 软件的基础上，加入了调音台界面、编组、插入效果器等功能，基本上已经变成了一个全功能的电音软件。该软件的特点在于，它不但能够作为主程序使用 VST 和 AU 插件，还能够作为插件被其他主程序加载。Maschine 2 本身可以在 Windows 或 OS X 操作系统上单独运行，如果配合 Maschine Studio 控制器的话，还可以进行现场演出。目前在电音制作领域，Maschine 及 Maschine 2 软件已经成为与 FL Studio、Live 和 Reason 流行程度相当的工作站主程序，如图 6.34 所示。

图 6.34　Maschine Studio 系统（Maschine 2 软件 +Maschine Studio 控制器）

（五）DJ 软件

DJ 软件是专门用来进行 DJ 演出的工作站主程序。虽然它们大多可以单独运行，但是在演出现场，通常还需要结合专门的 MIDI 控制器（DJ 控制器）来完成操作。目前，比较著名的 DJ 软件包括 Serato 公司的 Scratch Live、Native Instrument 公司的 Traktor Pro（如图 6.35 所示）、Image-Line 公司的 Deckadance 和 M-Audio 公司的 Torq，等等。

图 6.35　Traktor Pro 2 软件及其控制器 Traktor Kontrol S2

四、音频拼接软件

音频拼接软件是主要通过对现成的音频循环片段（Loop）和 MIDI 片段进行拼接，来完成音乐制作的工作站主程序。实际上，它们可以被看作是音频音序器或电音软件的简化版本（上述两种软件大多能够实现音频拼接）。音频拼接软件设置了许多“傻瓜式”的作曲模式，操作方法非常容易掌握，特别适合非专业用户进行音乐创作。当前，比较著名的音频拼接软件是 Sony 公司的 ACID Pro（Windows 操作系统）和 Apple 公司的 GarageBand（OS X 操作系统）。其中 GarageBand 的最新版本 GarageBand X 能够支持 32 轨录音，其功能已经超出了音频拼接的领域，可以被看作一个免费的、简化版的 Logic Pro X，如图 6.36 所示。

图 6.36　GarageBand X 的主界面

五、乐谱制作软件

乐谱制作软件是专门用来完成各种乐谱制作及其相关功能的程序。从严格意义上来讲，乐谱制作软件不能算是数字音频工作站的主程序，因为一台计算机即使没有声卡，也完全可以利用这些软件完成乐谱的输入和编辑。但是，当前大部分的乐谱制作软件都能够加载虚拟乐器，使用户能够实时地听到音符的声音，有些功能强大的乐谱制作软件还内置了调音台界面，能够加载效果器插件进行混音，甚至可以进行音频录音。因此，它们几乎已经可以被看作是一种突出了乐谱制作功能的音频音序器软件了。实际上，几乎所有的音频音序器软件也都有比较完善的乐谱制作功能，只不过它们的乐谱制作功能相较于这些专门的乐谱制作软件来说，还有一定的差距。

常见的乐谱包括五线谱、简谱和吉他谱等，与此对应，乐谱制作软件也分为五线谱软件、简谱软件和吉他谱软件。简谱软件都是国内制作的，功能通常比较简单；吉他谱软件的典型代表是 Guitar Pro，有一些五线谱软件同时也支持吉他谱编写；五线谱软件的种类最多，其中体积比较小、功能简单实用的有 Encore 和 Overture 等，而体积较大、功能完善的当属 Finale 和 Sibelius。例如，由 Avid 公司出品的 Sibelius 可以方便地与 Pro Tools 进行文件交互，在好莱坞电影音乐制作领域有着较高的使用率，如图 6.37 所示。

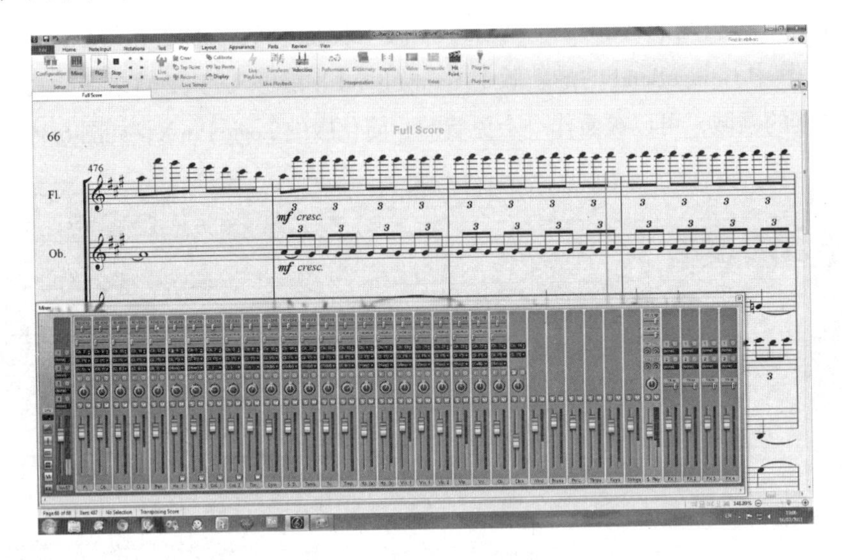

图 6.37　Sibelius 7 的主界面

六、基于智能手机和平板电脑的工作站主程序

基于智能手机和平板电脑的工作站系统是数字音频工作站发展的新趋势。当前，运行在智能手机和平板电脑上的工作站主程序正在变得越来越丰富，它们有的以和 Windows/OS X 平台下的对应软件进行交互为优势，比如 FL Studio Mobile for iPhone/iPad/Android、Garage Band for iPhone/iPad、Cubasis for iPad 等；有些则以强大的功能为优势，比如 Wave Machine Labs 公司的 Auria for iPad（可以进行 48 轨音频录音和细致的音频编辑），如图 6.38 所示。预计在未来不长的时间内，智能手机和平板电脑将成为个人音乐制作与移动式录音的主流平台。

图 6.38　Auria for iPad 的音轨窗和调音台窗

思考与研讨题

1. 工作站主程序可以使用哪两种运算核心？
2. 工作站主程序为什么要使用较高的内部运算精度？目前常用的内部运算精度是什么？
3. 工作站主程序是以什么样的信号流程完成录音、播放和监听的？
4. 什么是缓冲？如何进行缓冲设置？
5. 自动延时补偿的作用是什么？
6. 工作站主程序常用的文件结构是怎样的？什么是工程文件？
8. 工作站主程序之间可以使用哪些方法进行文件交互？
9. 常用的交互式文件格式有哪些？
10. 工作站主程序当中常见的窗口有哪些？
11. 工作站主程序在执行导出命令的时候，可以使用哪两种方式？
12. 工作站主程序有哪些常见的种类？它们各自的主要功能是什么？

延伸阅读

1. 胡泽、雷伟：《计算机数字音频工作站》，中国广播电视出版社，2005。
2. 〔英〕Roey Izhaki 著，雷伟译：《混音指南》，人民邮电出版社，2010。

chapter 7

第七章　软件效果器与虚拟乐器

本章要点

1. 软件效果器与虚拟乐器的运算核心
2. 软件效果器与虚拟乐器的运行方式
3. 插件的信号处理方式
4. 插件的主要格式
5. 插件的安装方法
6. 软件效果器的主要类型
7. 声音合成方法的种类
8. 虚拟乐器的主要类型

在数字音频工作站当中，软件效果器与虚拟乐器是除主程序以外最为重要的软件。实际上，几乎所有的主程序自身都会携带一定的软件效果器和虚拟乐器。除此以外，我们还可以使用第三方的软件效果器和虚拟乐器来扩展主程序的功能。

第一节　软件效果器与虚拟乐器的运算核心和运行方式

一、运算核心

与主程序一样，软件效果器与虚拟乐器也可以通过CPU或DSP两种方式完成运算（此外，还有一种非常少见的FPGA运算方式）。使用CPU进行运算的软件效果器与虚拟乐器通常被称为“Native（本机）型”，而使用DSP进行运算的软件效果器与虚拟乐器则被称为“DSP型”。

实际上，除了必须用DSP卡来运行主程序以外（如Pro Tools HD/HDX系统），我们在配置工作站系统时采用DSP卡或全功能声卡的主要目的，就是为了运行软件效果器与虚拟乐器。当然，随着CPU性能的不断提升，Native型的软件效果器与虚拟乐器已经成为音频处理与声音合成的主流工具。但是，由于商业原因或开发难度上的差异，DSP型软件效果器与虚拟乐器的某些特定产品是CPU型所不具备的，因此我们为了能够使用这些特定的产品，就必须购买DSP卡或者全功能声卡，比如UAD-2 DSP卡。

二、运行方式

在计算机上，软件效果器与虚拟乐器的运行方式有三种：独立式（Standalone）、插件式（Plug-in）和模块式（Module）。

与常见的软件一样，独立式的软件效果器与虚拟乐器是一个独立的软件，可以通过独立的运行程序打开相应的界面。此时，软件效果器与虚拟乐器需要通过一定的音频驱动格式与声卡进行相互间的信号传输，而我们也可以将运行着独立式软件效果器与虚拟乐器的工作站系统，当作一台硬件数字效果器或硬件数字合成器来使用。此外，独立式的软件效果器与虚拟乐器有时还可以在计算机上与主程序同时打开，并通过某种协议（如ReWire）或某种辅助程序（如虚拟MIDI接口）实现相互间的信号传输。

软件效果器与虚拟乐器最为常见的运行方式是按照插件来运行。所谓插件（Plug-in），就是不能单独运行，只能依附于工作站主程序而存在的软件。这种软件在安装后没有独立的运行程序，只存在用来引导主程序进行插件搜索的引导程序，以及相关的数据文件（有时这些文件会合并在引导程序当中)。插件的界面无法单独打开，只有在主程序当中进行加载以后，才能打开。根据插件的类型，它可以被分为效果器插件与乐器插件两种。与插件的概念相对应，我们通常将能够加载插件的主程序称为“宿主”。

模块式的软件效果器与虚拟乐器目前仅存在于 Reason 软件当中。前文我们曾经提到，这个软件中的各个虚拟设备是以模块的形式存在的，可以自由选择并加载在 Reason 的虚拟机架当中，而设备之间的连接也是通过虚拟连线的方式完成的。Reason 当中的这些设备不能作为单独的程序来运行，也不能按照插件的方式被别的主程序加载，但是却可以通过 ReWire 协议，对别的主程序送过来的信号进行处理，并将处理后的信号返回该主程序。

第二节　插件的格式和安装方法

插件格式是插件在运算核心、处理方式、操作系统以及宿主平台等技术环节上所遵循的标准，也是保证一个插件能够在宿主中正确运行的关键。

目前，插件对信号的处理方式通常有两种：实时处理（Real-Time），也称在线处理（Online）及非实时处理（Non Real-Time），也称离线处理（Offline）。实时处理插件在被加载以后，能够随着播放的进行，以近乎实时的处理速度产生处理结果，这与使用硬件效果器或合成器的感觉非常类似。非实时处理则是一种软件特有的处理方式，而且通常只能用于效果器插件。在宿主加载非实时插件后，用户需要使用插件界面上的“Preview”（预览）按钮，预听一下被选中的音频块的处理效果，并调整对应的参数，然后点击“Process”（处理）或“OK”等类似按钮，如图 7.1 所示。此时，主程序会在硬盘上生成一个新的音频文件，并将被处理后的音频块指向该音频文件。在宿主当中，实时插件通常都是被加载在音频轨和辅助轨等音轨上的插入插槽当中的，而非实时插件则只能通过菜单（主菜单或右键菜单）命令进行调用。

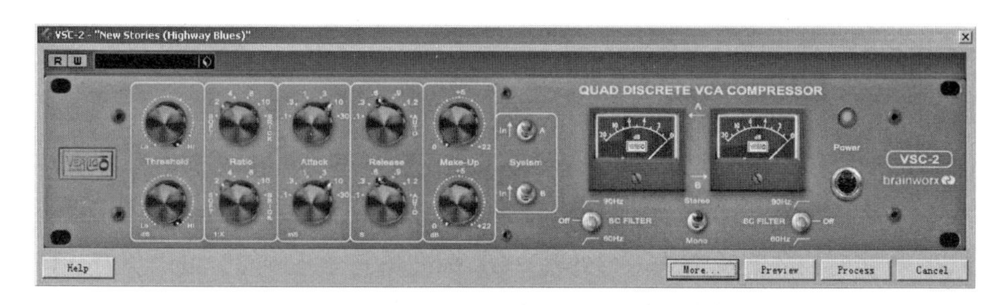

图 7.1　以非实时插件方式运行的 VSC-2 压缩器插件

在非实时插件的处理过程中，计算机的 CPU 是全力以赴投入运算的，其运算性能只会决定处理的速度，但不会像运行实时插件那样，由于运算能力不足而导致停机或出现爆音。此时，用户不能再进行任何的操作，也无法听到被处理的音频块与其他音频块一同播放的效果。由于非实时处理会生成新的音频文件，因此当处理完毕以后，用户无法再改变效果器的参数值，只能通过“撤销”（Undo）命令返回到处理之前的状态。

与非实时插件相反，在实时插件的运行过程（也就是播放或者录音）当中，用户可以随时改变插件中的任何一个参数，甚至可以加载新的插件或去掉原有的插件（通常这会导致短暂的停机或无声状态）。但是，工作站可同时运行的实时插件数量与计算机 CPU 或 DSP 卡的计算能力是直接相关的。为了能够让工作站运行更多的实时插件，有些主程序设计了一种称为“冻结”（Freeze）的功能。该功能可以像使用非实时插件一样，将实时插件的处理结果生成一个临时的音频文件。此时，该实时插件在播放过程中就不再会消耗运算资源，但也不可再进行参数调整。如果需要调整的话，必须“解除冻结”，并在调整之后再次冻结（见图 7.2）。冻结功能对于某些非常消耗运算资源的实时插件（特别是乐器插件）来说，往往能够起到良好的作用。

图 7.2　Cubase 中音频轨的效果器插件冻结按钮和 VST 乐器加载窗口的冻结按钮

一、插件的格式

插件的格式通常是由工作站主程序的设计厂商制定的。插件厂商只要按照某种格式对插件进行设计，就可以保证该插件能够被支持该插件格式的主程序所加载。目前常见的插件格式可以分为通用型插件格式和专用型插件格式两种。通用型插件格式可以被很多主程序支持，而专用型插件格式只会被某一个主程序支持。

（一）通用型插件格式

1. DX

DX 即 DirectX，它是微软公司在其 DirectX 接口技术的基础上开发的插件格式，种类涵盖声音、图形、影像、3D 以及动画等多种媒体，只能运行在 Windows 操作系统下，可以通过 CPU 以实时或非实时方式进行处理。DX 标准是完全开放的，可以免费让任何厂商开发相关的插件，同时也不需要经过授权和认证。但是，这种插件在处理过程中所产生的延时相对较大。

DX 插件一度是 Windows 操作系统下最为通行的插件格式，在相当长的时期内，运行在 Windows 系统下的大部分主程序都能够支持该插件格式。但是，由于 DX 插件的性能相对落后，因此目前有一些主程序，如 Cubase 和 Nuendo，已经不再支持 DX 格式的插件。

除 DX 以外，历史上还曾经出现过一种称为 DXi 的乐器插件格式。DXi 即 DX Instrument，它是 Cakewalk 公司为对抗 VSTi，在 DirectX 基础上单独开发的乐器插件格式，并用于 Sonar 软件。但是，DXi 在与 VSTi 的竞争中失败，而且 Sonar 也从 5.2 版本开始支持 VST 和 VSTi（后来干脆不再支持 DXi）。目前，尽管仍有少数宿主支持 DXi，但是这种插件格式本身已经停止开发了。

2. VST/VSTi

VST 即 Virtual Studio Technology（虚拟工作室技术），是 Steinberg 公司为 Cubase VST 开发的插件格式，进而成为 Cubase、Nuendo 和 Wavelab 唯一支持的插件格式，可以运行在 Windows 和 OS X 操作系统下，并通过 CPU 以实时或非实时方式进行处理。由于 VST 插件格式是一种开放性标准，而且性能比较出色，因此在 Windows 系统下，VST 在事实上已经取代 DX，成为通用的插件标准。除 Pro Tools 以外，几乎所有 Windows 系统下的工作站主程序都支持 VST 插件。而在 OS X 系统下，VST 插件的性能与 AU 插件相似，只是支持该格式的主程序相对较少。

Steinberg 公司曾经于 1996 年、1999 年和 2008 年推出过 VST 格式的三个标准，即 VST 1、VST 2 和 VST 3，目前被广泛使用的是 VST 2.x（主要是 VST 2.3 和 VST 2.4）和 VST 3。与 VST 2.x 相比，VST 3 格式的插件对 CPU 的占用率更小，支持 side-chain（侧链）功能，而且能够支持 64bit 的操作系统，并完全使用 64bit 浮点的内部运算精度。

另外，人们在习惯上将 VST 格式的效果器插件称为 VST 插件，而将 VST 格式的乐器插件称为 VSTi（VST Instrument）插件。实际上，其他的插件格式也存在这样的划分，比如 AU 和 AUi、MAS 和 MASi 等，但是对于这些 VST 以外的插件格式来说，人们一般不会通过后缀加"i"的方法来区别效果器插件和乐器插件。

3. AU

AU 是 Audio Units（音频单元）的简称，它是 Apple 公司于 2002 年制定的插件格式，只能运行在 OS X 操作系统下，可以通过 CPU 以实时或非实时的方式完成处理。目前，AU 格式已经成为 OS X 操作系统下的通用插件格式，除 Pro Tools 以外，几乎所有运行在 OS X 操作系统下的主程序都支持 AU 插件。此外，AU 也是 Logic Pro 唯一支持的插件格式。

（二）专用型插件格式

1. AS/RTAS/TDM/HTDM/AAX

AS/RTAS/TDM/HTDM/AAX 是 Digidesign 和 Avid 公司为 Pro Tools 软件研制的专用插件格式，可运行在 Windows 和 OS X 操作系统下。这些插件格式不能被其他工作站主程序所支持（Digital Performer 曾一度在使用 Pro Tools HD 系统的硬件和 DAE 驱动的情况下支持 TDM 和 RTAS 插件），而且 Pro Tools 软件也不支持除这些格式以外的插件。此外，Pro Tools 软件的不同版本对这些插件的支持情况也有所不同。

AS 是 Audio Suite（音频组件）的简写，它是一种非实时插件格式，只能通过 CPU 完成运算。目前，任何版本的 Pro Tools 软件都支持 AU 格式，并设有一个称为“Audio Suite”的菜单，用于调用 AS 格式的插件。

RTAS 是 Real-Time Audio Suite（实时 AS）的简写，它是一种实时插件格式，只能通过 CPU 完成运算。目前，除 Pro Tools HDX 系统外，软件版本号为 10 及其以下的任何一种 Pro Tools 系统，都支持 RTAS 格式。

TDM 是 Time Division Multiplexing（时分复用）的简写，它是一种实时插件格式，必须通过 Pro Tools HD 系统专用的 DSP 卡完成运算。因此，TDM 也是 Pro Tools HD 系统专用的插件格式，可以使用在 Pro Tools HD 10 及其以下的 Pro Tools HD 软件当中。

HTDM 是 Host TDM（主机 TDM）的简写，它是一种实时插件格式，能够将原本使用 DSP 卡进行运算的 TDM 插件转换为使用 CPU 进行运算。尽管如此，HTDM 却没有 RTAS 那样的适用性，它只能使用在 Pro Tools HD 系统当中，而且主要用于一些乐器插件，很少用于效果器插件。

AAX 是 Avid 公司为 Pro Tools 10 软件和 Pro Tools HDX 系统新推出的实时插件格式。它分为 AAX Native 和 AAX DSP 两种，分别使用 CPU 和 DSP 卡进行运算，并分别用来替代 RTAS 和 TDM 插件。版本号为 10 及其以上的 Pro Tools 系统全部支持 AAX Native 插件，Pro Tools HD/HDX 10 系统则可以在此基础上支持 AAX DSP 插件。而对于 Pro Tools 11 软件和 Pro Tools HDX 系统而言，AAX 则是它们唯一支持的实时插件格式。

需要说明的是，由于 Pro Tools 本身并不区分效果器插件和乐器插件，因此 RTAS/TDM/HTDM/AAX 格式当中也不存在加入后缀“i”的乐器插件，比如 RTASi。

2. MAS

MAS 是 MOTU Audio System 的简写，它是 MOTU 公司专门为 Digital Performer 软件开发的插件格式，可运行在 Windows 和 OS X 操作系统下，并通过 CPU 以实时或非实时的方式进行处理。但是，Digital Performer 软件本身却不只支持 MAS 插件，在 OS X 操作系统下，它还可以支持 AU 和 VST 插件；而在 Windows 系统下，它可以支持 VST 插件。

3. VS3

VS3 是 Merging 公司为 Pyramix 软件开发的插件格式，只能运行在 Windows 系统下，可通过实时或非实时方式进行处理。VS3 插件一度需要通过 Pyramix 系统的 Mykerinos DSP 卡来进行运算，但目前已经改为使用 CPU 进行运算。除 Merging 公司以外，还有 Flux、Cedar、VB Audio 等公司为 Pyramix 软件研制 VS3 插件。

除了上述介绍到的插件格式以外，作为目前唯一坚持开发 DSP 产品的公司，Universal Audio（简称 UA）公司所研制的各种插件，也采用了 VST、AU、RTAS 和 AAX 等名称。但是在这里，这些插件格式的名称只表示插件与宿主之间的关系，并不代表插件的运算核心，因为所有的 UA 插件，必须通过该公司的 DSP 卡（如 UAD 2）或全功能声卡（如

Apollo）来运行。

作为对以上内容的总结，表 7.1 列举了常见插件格式的技术要点。关于不同插件格式与宿主之间的对应关系，请参考表 6.1。

表 7.1　常见插件格式的技术要点

插件格式类型	插件格式名称	格式开发公司	运算核心	操作系统	处理方式	专属宿主
通用型插件	DX	Microsoft	CPU	Windows	实时 / 非实时	\
	DXi	Cakewalk	CPU	Windows	实时	\
	VST/VSTi	Steinberg	CPU	Windows/OS X	实时 / 非实时	\
	AU	Apple	CPU	OS X	实时 / 非实时	\
	UA VST/VSTi	Steinberg	UA DSP Card	Windows/OS X	实时 / 非实时	\
	UA AU	Apple	UA DSP Card	OS X	实时 / 非实时	\
专用型插件	AS	Digidesign	CPU	Windows/OS X	非实时	Pro Tools
	RTAS	Digidesign	CPU	Windows/OS X	实时	Pro Tools
	TDM	Digidesign	HD Core Card/ HD Accel Card/	Windows/OS X	实时	Pro Tools
	HTDM	Digidesign	CPU	Windows/OS X	实时	Pro Tools
	AAX Native	Avid	CPU	Windows/OS X	实时	Pro Tools
	AAX DSP	Avid	HDX Card/ HD Core Card/ HD Accel Card/	Windows/OS X	实时	Pro Tools
	UA RTAS	Digidesign	UA DSP Card	Windows/OS X	实时	Pro Tools
	UA AAX Native	Avid	UA DSP Card	Windows/OS X	实时	Pro Tools
	MAS	MOTU	CPU	Windows/OS X	实时 / 非实时	Digital Performer
	VS3	Merging	CPU	Windows	实时 / 非实时	Pyramix

二、插件的安装方法

不同格式的插件对于安装方法有着不同的要求。下面以最常用的 DX、VST/VSTi、AU、AS/RTAS/TDM/HTDM/AAX 插件为例，对插件的安装方法做简单的介绍。

（一）DX 插件的安装

在 Windows 系统当中，DX 插件可以安装在计算机硬盘当中的任何位置。只要安装完毕以后，主程序就会找到相应的插件，并在插件列表中显示出来。不过，有些宿主程序（如 Audition）需要刷新一下插件列表，才能找到新安装的 DX 插件。

（二）VST/VSTi 插件的安装

1. Windows 系统下的安装

VST 2.x 和 VST 3 插件（包括对应版本的 VSTi 插件）的安装方法有所不同。VST3 插件的引导文件为“.vst3”文件，它会被自动安装在“C:\Program Files\Common Files\VST3”文件夹当中，该地址不可修改。安装完毕以后，只要打开主程序，就会找到对应的插件。

VST 2.x 插件的引导文件为“.dll”文件，它在安装时允许用户选择安装地址。如果用户只使用单一的主程序（如 Cubase），而不再使用其他主程序，可以将“.dll”文件直接安装在该主程序安装目录下的“……\VSTplugins”文件夹里。当主程序被打开以后，会自动找到新安装的插件。如果用户在计算机上需要使用到多个主程序，也可以将“.dll”文件安装在硬盘当中的任意一个文件夹当中，然后通过主程序中的插件地址设置窗口，在主程序当中添加该文件夹，并刷新插件列表。此时，主程序就可以找到新安装的插件了。如图 7.3 所示。

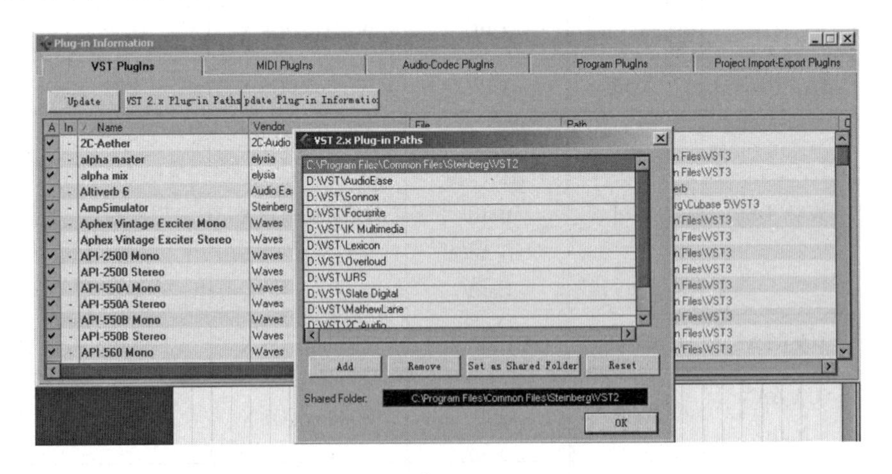

图 7.3　Windows XP 系统下的 Cubase 软件的 Plug-in Information 窗口和 VST 2.x Plug-in Paths 窗口

2. OS X 系统下的安装

VST 2.x 和 VST 3 插件在 OS X 操作系统下的安装方法与 Windows 系统类似。只不过，VST 3 插件的引导文件仍为“.vst3”，而 VST 2.x 插件的引导文件改名为“.vst”。在默认情况下，VST 2.x 和 VST 3 插件的安装地址分别为“/Library/Audio/Plug-Ins/VST”和“/Library/Audio/Plug-Ins/VST3”，如图 7.4 所示。但是，VST 2.x 插件的安装地址通常情况下可以进行修改，并可以在相关的主程序当中添加该地址，而 VST 3 插件的安装地址一般不可修改。

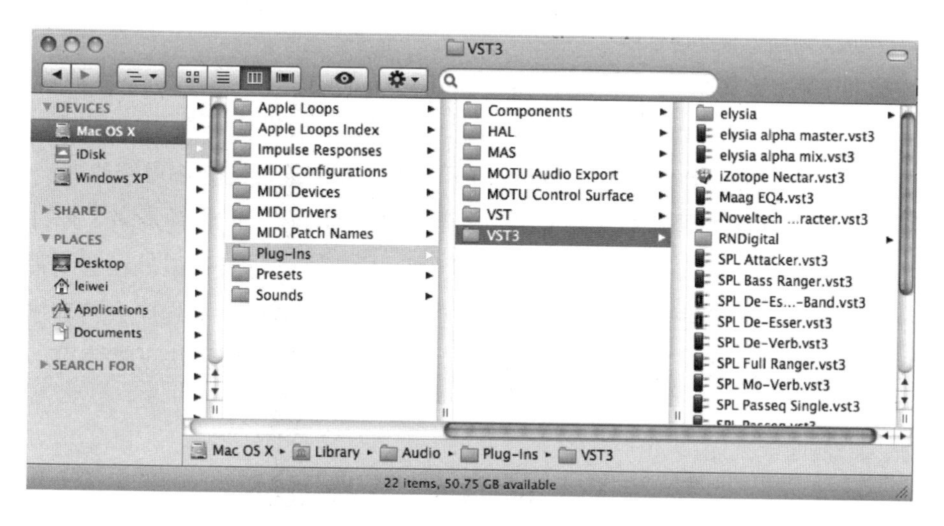

图 7.4 VST/VSTi 插件在 OS X 系统下的默认安装地址（VST 和 VST 3 文件夹）

（三）AU 插件的安装

AU 插件只能运行在 OS X 操作系统下，它的引导文件为“.component”文件，默认安装地址为“/Library/Audio/Plug-Ins/Components”，而且不可修改，如图 7.5 所示。当插件安装完毕以后，主程序会自动搜索到新安装的插件。

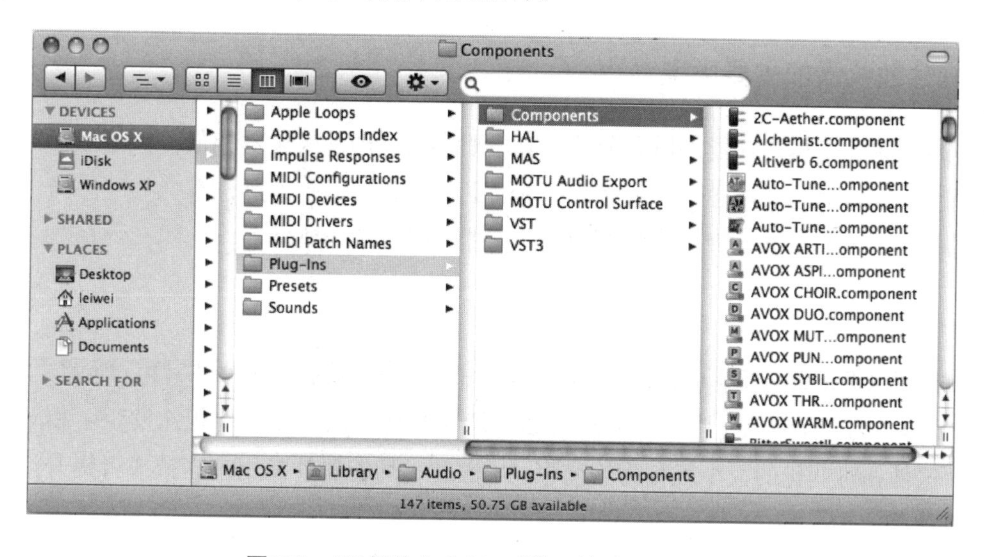

图 7.5 AU 插件在 OS X 系统下的默认安装地址

（四）AS/RTAS/TDM/HTDM/AAX 插件的安装

AS/RTAS/TDM/HTDM 插件在 Windows 系统和 OS X 系统下的引导文件都称为“.dpm”。在 Windows 系统下，“.dpm”文件的安装地址为“C:\Program Files\Common Files\Digidesign\DAE\Plug-Ins”；而在 OS X 操作系统下，“.dpm”文件的安装地址为“/Library/Application Support/Digidesign/Plug-Ins”。上述地址不可修改。当插件安装完毕以后，打开 Pro Tools 软件，就会自动找到新安装的插件。

AAX 插件的引导文件名为“.aaxplugin”。在 Windows 系统下，其安装地址为“C:\Program Files\Common Files\Avid\Audio\Plug-Ins”；而在 OS X 操作系统下，其安装地址为“\Library\Application Support\Avid\Audio\Plug-Ins”。上述安装地址同样不可修改。

此外，由于某些插件体积比较大（比如大部分的乐器插件），或者是多个插件共同使用一个引导文件（比如 Waves 公司的插件）的原因，它们在引导文件以外还会附带其他相关的文件。在用户安装完插件并第一次打开相应的主程序的时候，主程序会要求用户选择这些相关文件的文件夹地址。如果选择不正确，那么对应的插件将无法正常使用。

第三节　软件效果器概述

软件效果器（Software Audio Effects）是用于音频效果处理的软件程序。与硬件效果器类似，软件效果器也主要针对音频信号的振幅、频谱和时间特性进行处理，从而实现对声音的响度、音色、音调、音长和空间特性的控制。大部分软件效果器是通过插件方式加载在主程序当中的，其中有一些属于主程序自带的效果器插件，还有一些则属于第三方效果器插件。

一、软件效果器的主要类型

软件效果器是按照功能加以划分的，其主要类型与硬件效果器相似，包括均衡器、动态处理器、延时器、混响器、激励器、吉他 / 贝司效果器等，不过也有一些硬件当中比较少见的类型，比如瞬态处理器、线性相位均衡器、磁带机效果器等。

（一）软件均衡器

均衡器（Equalizer/EQ）是音频信号处理中使用频率最高的效果器。所谓“均衡”（Equalize），是指音频信号中某一频段上的声能与其他频段上的声能相比发生了相对的变化，而这种相对变化的大小就称为均衡量。[①] 因此，均衡器就是用来衰减或者提升信号中

① 参见朱伟:《录音技术》，中国广播电视出版社 2003 年版，第 182 页。

某一频率范围内的成分，从而改变信号音色的设备。

早期的均衡器只能对信号的频率进行衰减，后来出现的产品则同时具有提升功能。所有的均衡处理实际上都建立在一个称为“滤波”（Filtering）的概念上，因此“均衡器”和“滤波器”（Filter）这两个术语是可以相互替代的。不过，为了在表述上更为清晰和方便，我们通常将以一个特定频率作为参考来工作的设备称为滤波器，而将由几个滤波器所构成的设备称为均衡器。①

软件均衡器的分类方法与硬件均衡器类似。按照均衡曲线的形状划分，均衡器（滤波器）可以分为高/低通滤波器（High/Low Filter）、搁架式滤波器（Shelving Filter）、峰形滤波器（Peak Filter）和陷波器（Notch Filter）等几种；按照均衡参量的调整方法划分，均衡器可以分为参量均衡器（Parametric EQ）和图示均衡器（Graphic EQ）两种；按照对信号相位的影响划分，均衡器可以分为线性相位均衡器（Linear Phase EQ）和非线性相位均衡器两种；按照均衡处理的时间特性划分，均衡器还可以分为静态均衡器（Static EQ）和动态均衡器（Dynamic EQ）两种。

1. 软件参量均衡器

软件参量均衡器是最为多见的软件均衡器类型。与硬件参量均衡器一样，软件参量均衡器中每一个频段的可调参量通常也包括均衡量、均衡频率和 Q 值。但是，软件参量均衡器的频段数量通常都比较多，常见的有 3 段、4 段、5 段、6 段、7 段、10 段等。比如，图 7.6 所示的 Waves Q10 参量均衡器，就带有 10 个可调频段，每一个频段还可以选择均衡曲线的形状。

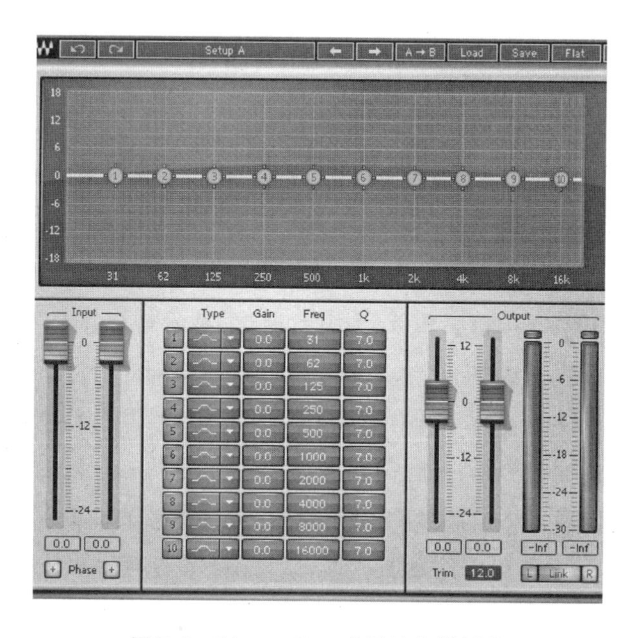

图 7.6　Waves Q10 参量均衡器插件

① 参见〔英〕Roey Izhaki 著，雷伟译：《混音指南》，人民邮电出版社 2010 年版，第 274 页。

需要注意的是，尽管软件参量均衡器所提供的频段数量较多，但这并不意味着我们在节目制作过程中就需要使用到这么多的频段。事实上，硬件参量均衡器很少提供 4 个以上的均衡频段，因为 4 个频段通常已经能够满足我们的要求了。软件参量均衡器具有更多频段的原因，只是为了给我们提供更为灵活的选择，我们并不一定需要将所有的频段都激活。

2. 软件图示均衡器

与软件参量均衡器相比，软件图示均衡器的数量要少很多。这是因为，图示均衡器对于均衡频率的调整不够准确，很难满足精确的混音和后期处理需求。但是，图示均衡器的调整方法非常简单，也非常直观。因此，大部分的主程序仍然自带图示均衡器插件，而且也有一些第三方公司提供图示均衡器插件。软件图示均衡器常采用 10 段、20 段、30 段等频段划分方案，如图 7.7 所示。

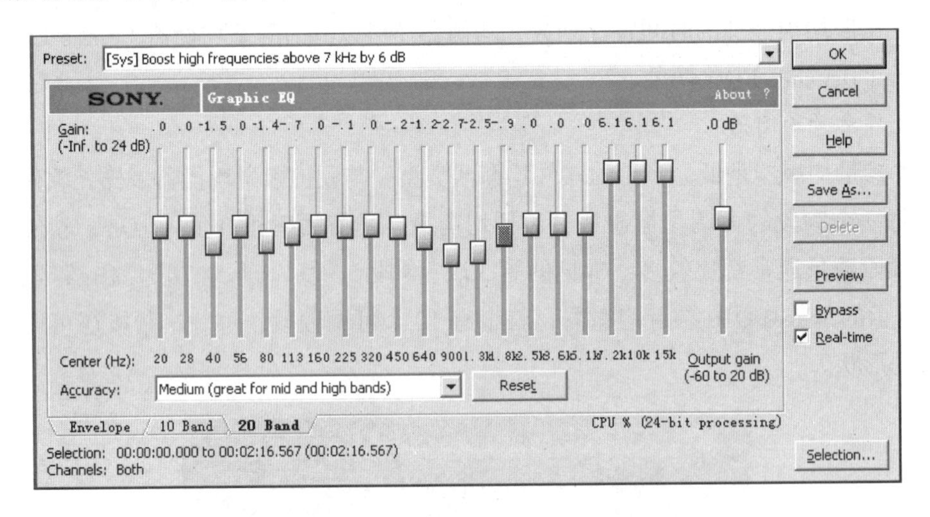

图 7.7　Sound Forge 提供的图示均衡器插件

3. 软件线性相位均衡器

普通的参量均衡器在对信号进行分频段处理时，由于不同频段的均衡量不同，会在不同频段上产生不同的相移。因此，当这些频段的信号被重新合并在一起进行输出的时候，实际上就产生了相位失真。从理论上说，这些相位失真会对声音产生染色，为了解决这一问题，数字均衡器（软件或硬件）当中出现了一种称为线性相位均衡器的设备。这种均衡器仍然是一个参量均衡器，但是它能够通过内部算法保证每一频段的处理在理论上不产生相移。不过，与普通的参量均衡器相比，线性相位均衡器要消耗更多的运算资源，还需要更多的缓冲，因此也会带来更大的延时。此外，经过普通均衡处理后的信号存在相位失真，并不意味着其主观听觉效果一定比不存在相位失真的信号更差。这是因为，听觉是一种十分微妙的感官功能，并不是完全由信号的某一个指标所控制的。因此，线性相位均衡器只是一种提供了更为精确的处理效果的均衡器，却并非是一种更为高级的均衡器。

相比于硬件同类产品来说，软件线性相位均衡器的数量更多，使用也更为广泛。不过，在大多数情况下，这些软件线性相位均衡器都是被插入软件调音台的总输出音轨，作为一种总体的音色控制设备来使用的，如图 7.8 所示。

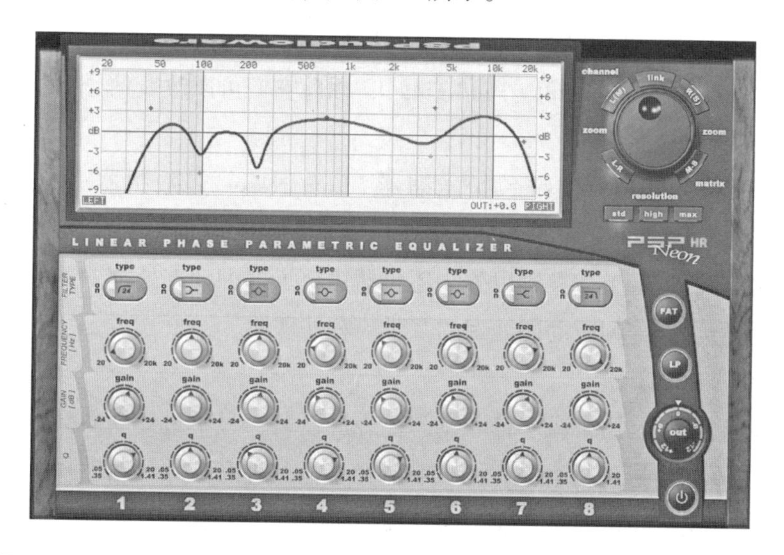

图 7.8　PSP Neon HR 8 段线性相位均衡器插件（可切换为普通均衡器状态）

4. 动态均衡器

动态均衡器是一种参量均衡器和动态处理器的结合体，能够让均衡量随着信号的幅度产生动态的变化，主要用于母带处理。实际上，由于均衡参量会与门限、压缩比等动态参量直接相关，因此这种设备更多地被归入多段动态处理器，而非均衡器当中（参见图 7.9）。

图 7.9　Voxengo GlissEQ 动态均衡器插件

（二）软件动态处理器

动态处理器是用来对音频信号的动态范围进行控制和处理的设备。不过，由于动态处理器的控制参数除了与电平相关的静态参数——门限（Threshold）、比率（Ratio）、增益变化范围（Range）以外，还包括与时间相关的动态参数——建立时间（Attack Time）、释放时间（Release Time）和保持时间（Hold Time），因此它们可以改变信号包络随时间变化的特性，从而影响声音的音色。

常见的硬件动态处理器主要包括压缩器（Compressor）、限制器（Limiter）、扩展器（Expander）、噪声门（Gate）、闪避处理器（Ducker）和嘶声消除器（De-Esser）等几种。软件动态范围处理器除了上述几种以外，还包括集合了多种动态处理功能的综合式动态处理器，以及对信号进行分频段动态处理的多段动态处理器。

1. 软件压缩器和限制器

压缩器和限制器都是用来减小信号动态范围的设备，只不过压缩器会按照一定的压缩比对高于门限电平的信号进行衰减，而限制器在进行这种衰减处理时的压缩比从理论上应该为∞∶1。这两种设备经常被结合在一起，称为压限器（压缩—限制器）。

按照增益衰减产生的原理，硬件压缩器（包括限制器）可以分为电子管型（Tube，也称可变放大率型，Variable-mu）、场效应管型（FET）、压控放大器型（VCA）、光学型（Optical）、数字型（Digital）等几种，每一种压缩器都有着与其他种类不同的声音特性。

电子管型压缩器的主要特征是没有固定的压缩比。在信号增加的过程中，压缩比会不断变大，直到信号达到某个电平值以上时，压缩比才会保持不变。此外，这种压缩器还具有相对较快的建立时间和释放时间。上述压缩特性比较适合用来处理打击乐器。历史上最著名的电子管压缩器之一，是20世纪50年代设计的Fairchild 660（单声道）和670（立体声）。

FET和基于晶体管的VCA是两种用来替代电子管产生增益衰减处理的元件。与电子管型压缩器不同，FET和VCA型的压缩器都提供了可调的压缩比，而且具有更快的建立时间和释放时间。不过相比而言，FET压缩器的压缩比实际上仍然是可变的，不完全受压缩比参数的控制；而VCA型压缩器则能够提供非常精确的压缩比控制，因此它也成为了大部分现代压缩器首选的设计方案。历史上最著名的FET压缩器之一，是Urei公司（现属于Universal Audio公司）的1176LN，而dbx公司旗下的压缩器则大部分属于VCA压缩器。

光学型压缩器是利用光电效应来对信号的增益进行衰减的。这种压缩器内部具有一种光阻材料，能够通过LED或者灯泡的照射，产生相应的阻抗，从而控制增益量值。由于LED或者灯泡的变亮和变暗都需要一定的时间，因此光学型压缩器的反应速度在所有压缩器当中是最慢的。此外，由于光阻材料特性的影响，光学型压缩器的建立和释放特性通常也不太精确。历史上非常著名的光学压缩器，是Teletronix公司（后来归入Urei公司，现属于Universal Audio公司）出品的LA系列（包括LA-2A、LA-3A和LA-4A等）。

上述这些压限器，都是通过模拟手段产生增益衰减的设备，因此都属于模拟压限器。

而在数字时代所产生的数字压限器，则可以利用完全的数字算法，实现对信号的压缩处理。从理论上说，所有的软件压限器都属于数字压限器的范畴。软件压限器的一种设计方式，是利用数字算法的优势，获得非常精确的压缩比以及建立、释放特性，从而实现对信号的精准控制。这类软件压限器的界面大多是全新设计的，并拥有清晰的压缩特性图示，如图 7.10 所示。

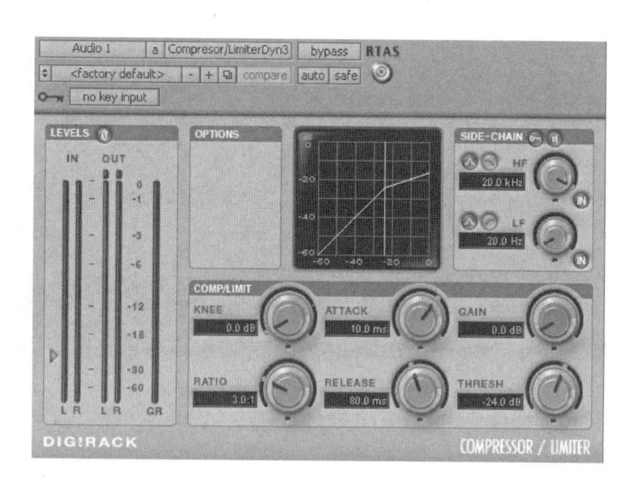

图 7.10　Pro Tools 自带的 DigiRack 插件包当中的 Compressor/Limiter 插件

软件压限器的另外一种设计方法，是通过物理建模的原理，利用数字算法对经典设备的压缩特性进行了仿真，使用户能够在数字音频工作站上获得这些经典设备的声音特性。这些压限器插件的界面大多与它们各自的仿真对象非常相似（也存在只模仿经典设备的声音特性，而不模仿其界面的插件）。比如，由 Bomb Factory 公司为 Pro Tools 提供的插件当中，就包括模仿 Fairchild 660 和 670 的插件、模仿 1176LN 的 BF76 插件、模仿 LA-2A 的 BF-2A 插件、模仿 LA-3A 的 BF-3A 插件、模仿 Purple Audio MC77（1176 的另一种版本）的插件，等等，如图 7.11 所示。

图 7.11　Bomb Factory 插件包中的压限器插件

（左上为 BF-2A，左下为 MC77，中间为 Fairchild 670，右上为 Fairchild 660，右下为 BF-3A）

压缩器的门限控制可以有两种方式：可变门限（Variable Threshold）与固定门限（Fixed Threshold）。可变门限的压缩器具有门限电平控制器，用来调整所需的门限电平；而固定门限的压缩器则不提供这样的门限电平控制器，作为替代，它们会设置一个输入电平控制器。输入信号的电平越大，则超出门限的范围就越多，增益衰减量也就越大。为了补偿输入电平的提升，这类设备通常还提供一个输出电平控制器，如图 7.12 所示。

图 7.12　Bomb Factory 插件包中的 BF76 插件（模仿 1176LN，提供输入和输出电平控制）

压限器，特别是限制器，在音频处理当中的一个很大的作用，就是用来对信号进行响度提升。由于这种操作在很多时候都发生在信号输出前的最后一步，因此很多这类型的压限器本身，都带有抖动处理功能，可以直接为输出信号加入抖动信号，如图 7.13 所示。

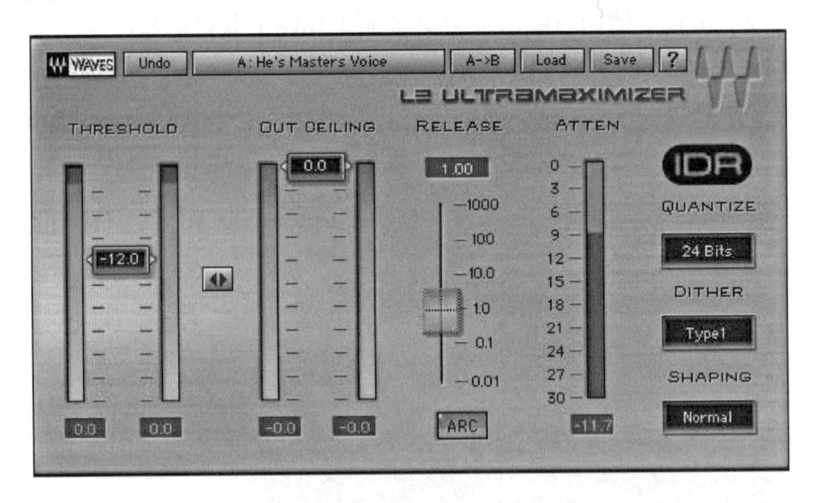

图 7.13　Waves L2 限制器（带有抖动处理功能）

2. 软件扩展器和噪声门

扩展器和噪声门都是用来扩大信号动态范围的设备，能够使低于门限的信号电平变得更低。只不过，扩展器是按照一定的扩展比对低电平信号进行衰减的，而噪声门在理论上的扩展比为 1∶∞。此外，当噪声门使信号的衰减量达到一定的增益变化范围的时候，它通常就不会再对信号进行衰减了。相对而言，信号处理中使用更多的是噪声门，它可以用来降低有效信号之间的噪音，同时与压限器类似，也可以用来改变信号的音色。噪声门经常单独作为一个单独的软件效果器出现，或者与扩展器结合在一起，组成一体化的软件。软件噪声门通常带有前视（Look-ahead）功能，使得我们在处理过程中能够使用更长的建立时间和释放时间，从而避免由于快速建立和释放所带来的咔嗒声，如图 7.14 所示。

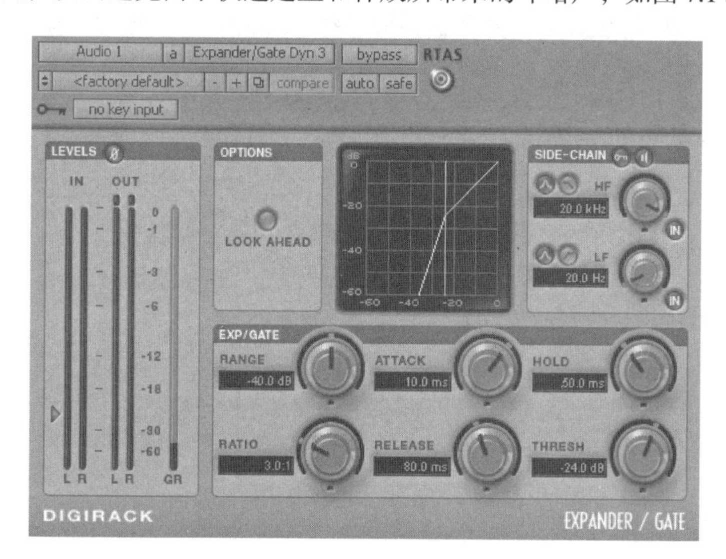

图 7.14　Pro Tools 自带的 DigiRack 插件包当中的 Expander/Gate 插件（带有前视功能）

3. 软件闪避处理器

闪避处理器是一种与噪声门处理方法类似的设备，但是它的处理对象是高于门限电平的信号。闪避处理器能够使所有高于门限电平的信号都按照一个固定的数值（增益变化范围）进行衰减，因此它会缩小信号的动态范围。不过，闪避处理器在对信号进行处理时，大多采用外部控制信号，也就是键控输入（Key Input）信号。这种效果器最为常见的用途，就是在广播节目中，当主持人说话的时候，能够自动减小音乐的声音。软件效果器当中的闪避处理器比较少见，如图 7.15 所示。

图 7.15　Sonalksis SV-719 插件（带有闪避、噪声门和扩展器三种模式）

4. 软件嘶声消除器

嘶声消除器是专门用来消除人声当中的“齿音（嘶声）”的设备。它的基本原理是在压缩器的控制通路中加入均衡器，并提升嘶声所对应的高频能量，从而使信号中产生嘶声的部分更容易受到压缩。目前，很多软件嘶声消除器都带有嘶声探测功能，并且操作非常简单，如图 7.16 所示。

图 7.16　Fabfilter Pro–DS 嘶声消除器插件

5. 综合式动态处理器

综合式动态处理器是在一个软件当中集成多种动态处理功能的软件。除了常见的压缩器、限制器、扩展器、噪声门以外，这种软件有时还会集成嘶声消除器等其他种类的动态处理器，从而形成多个门限电平，以及复杂的增益变化曲线，如图 7.17 所示。

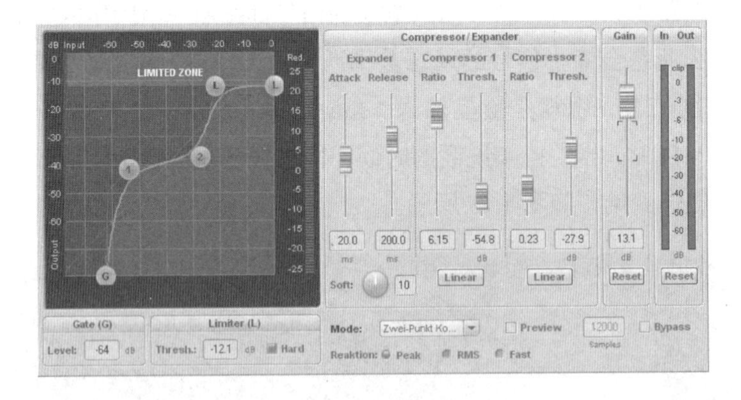

图 7.17　Samplitude 自带的 Advance Dynamics 综合式动态处理器插件

6. 多段动态处理器

多段动态处理器（Multiband Dynamics）是参量均衡器与多个动态处理器的结合体，也可以被理解为是一种动态参量均衡器。它们能够将信号划分为几个频段，并分别进行动态处理，然后再重新合成。有时，这种设备会被称为多段压缩器（Multiband Compressor），但实际上，它们对每一个频段的动态处理方法并不仅限于压缩，而是包括限制、扩展、向下压缩、向上扩展、嘶声消除等多种功能。我们可以利用多段动态处理器对信号中某一频率范围内的部分进行精确的处理，从而避免对其他频段产生误操作，如图 7.18 所示。

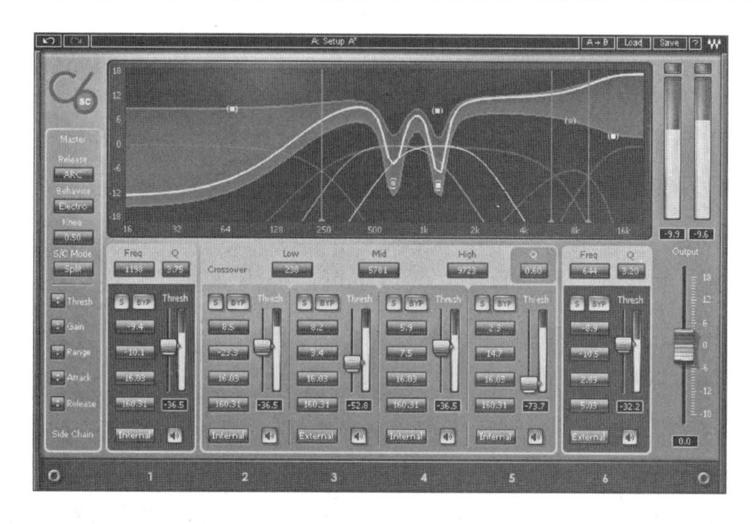

图 7.18　Waves C6 六段动态处理器（每一段都带有侧链输入功能）

（三）软件瞬态处理器

瞬态处理器（Transient Designer），或称瞬态增强器（Transient Enhancer）是硬件效果器当中比较少见的产品，多见于软件效果器当中。它们是专门用来对信号的瞬态变化部分（常见于音头部分）进行处理的设备，可以强化或者弱化声音的打击感和冲击力。这种设备最常见的用途，是用来处理鼓和贝司。瞬态处理器通常也具有与动态范围处理器类似的门限、比率、释放时间等控制参数，但是往往还会提供一两个与时间相关的参数，从而对信号中所谓“瞬态”部分的时间范围做出设定，如图 7.19 所示。

图 7.19　Sonnox Oxford TransMod 瞬态处理器插件

（四）软件混响器

混响器（Reverberator，简称 Reverb）是用来产生混响信号的设备，能够使被处理信号带有一定音尾，从而显得更丰满、更有弹性。模拟时代获得混响信号的方法主要包括：在房间中设置混响话筒来拾取真实的混响声；使用专门的混响室（Reverb Chamber），通过扬声器播放干信号，用话筒来拾取混响声；使用弹簧混响器（Spring Reverb）；使用板混响器（Plate Reverb）。到了数字时代，人们开始采用数字算法来实现混响效果，从而出现了数字混响器（Digital Reverb）。软件混响器是数字混响器中的一种（与之对应的是硬件数字混响器），按照产生混响信号的算法，大体上可以分为算法混响器（Algorithmic Reverb）和卷积混响器（Convolution Reverb）两种。

1. 软件算法混响器

软件算法混响器，也称合成数字混响器，是按照一定的数学算法，通过 CPU 或 DSP 的运算产生混响信号的软件。由于不存在物理方面的限制，软件算法混响器通常具有数量众多的控制器，能够实现对混响效果的精确控制。通常，这种混响器会提供一些对混响室、弹簧混响、板混响等经典混响效果的仿真算法，还会提供大厅（Hall）、房间（Room）等模仿其他空间效果的算法，如图 7.20 所示；也有一些软件算法混响器是直接通过物理建模方法对经典的硬件混响器进行仿真而得到的，如图 7.21 所示。

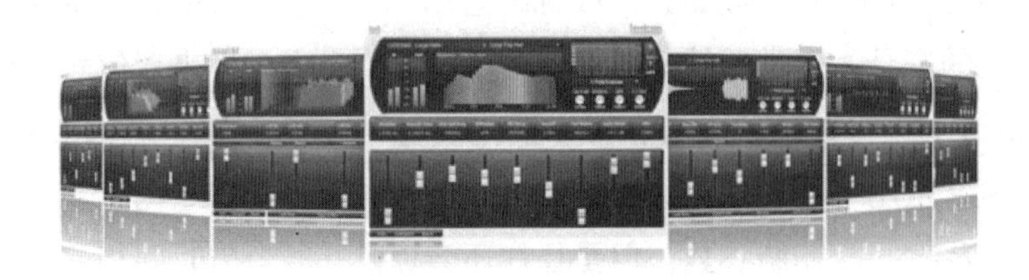

图 7.20　Lexicon PCM Native 算法混响器插件（带有 7 种不同的算法类型）

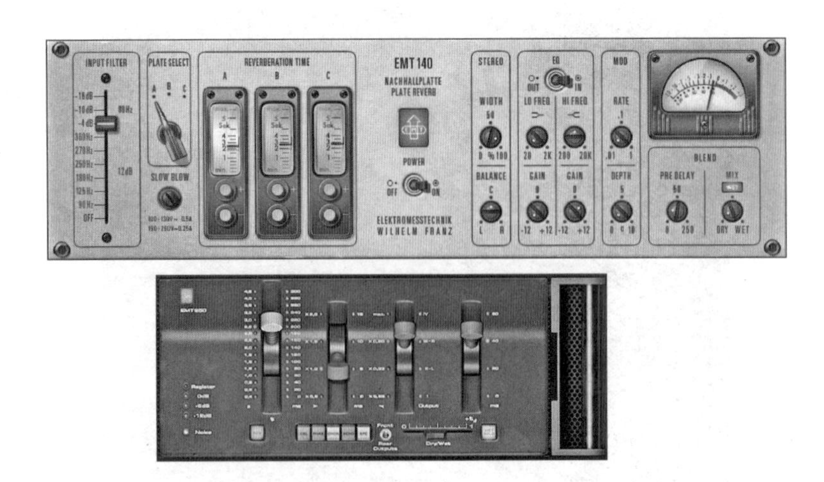

图 7.21　Universal Audio EMT 140 和 EMT 250 算法混响器插件
（分别对世界上第一台板混响器 EMT 140 和第一台数字混响器 EMT 250 进行仿真）

2. 软件卷积混响器

卷积混响器几乎是一种软件专属的数字混响器，它采用了一种与普通算法混响器完全不同的混响计算方式。如果我们使用扬声器在一个房间内播放一个脉冲信号，那么该脉冲信号在房间中的反射和衰减情况的总和，就被称为“脉冲响应”（Impulse Response，简称IR）。从数学上可以证明，任何一个声音（干信号）在房间中产生的混响效果（干信号+湿信号），等于这个干信号与该房间的IR的卷积（Convolution）①运算。因此，只要我们能够采集到某个房间的IR，就可以将它与任意干信号做卷积运算，从而得到该干信号在这个房间内所形成的混响效果。

卷积混响器就是利用上述原理实现混响处理的。通常，卷积混响器会由两部分构成：一部分是软件的运行程序，另一部分则是符合该混响器要求的IR样本集合。这些IR样本有些来自于真实的房间（通过真实的录音得到），有些则来自于对经典硬件（或软件）混响器的脉冲响应采集（让脉冲信号通过这些混响器，并记录所产生的IR）。正因为卷积混响器在构成上与软件采样器非常类似（采样器界面+采样音色），因此它们也经常被称为“采样混响器”。如图7.22所示的Audio Ease Altiverb，就是卷积混响器当中非常著名的一个。

图7.22　Audio Ease Altiverb 卷积混响器插件

通常，卷积混响器不会像算法混响器那样提供各种厅堂算法，而是直接通过预制（Preset）为用户提供各种来自于真实房间和真实混响器的混响效果，因此它们对真实房间的混响效果的模拟是最为出色的。大部分卷积混响器还允许用户自己制作IR，并导入到软件当中来使用，因此它们在影视声音设计，特别是对空间环境的塑造上，具有特别的优势。

（五）软件延时器及调制效果器

延时器（Delay）是用来对音频信号在时间上进行向后延迟的设备，有时也被称为延时线（Delay Line）。早期的延时处理是通过磁带录音机的播放延时而产生的，后来则出

① “卷积”是数学中的一种运算方法。关于卷积的理论，请查阅高等数学或信号系统的相关书籍。

现了使用数字算法产生延时效果的数字延时器。需要注意的是，延时信号必须以未延时信号作为参考，才能获得所谓的延时效果。因此在使用延时器的时候，我们通常都会将延时信号与未延时信号叠加在一起。此外，在对延时器的延时时间（Delay Time）和反馈（Feedback）等参量进行调制以后，我们还会得到加倍、合唱、镶边等效果，因此这些效果器也经常被称为调制效果器。

1. 软件延时器

软件延时器中最关键的参量就是延时时间，它的长度会直接决定延时器所产生的处理效果。延时时间大体上可以分为长延时（50ms 以上）、中等延时（20—50ms）和短延时（20ms 以下）三种。50—100ms 的长延时将产生所谓的“击掌（Slapback）反射”效果，而 100ms 以上的长延时则能够产生“回声”（Echo）效果；中等延时通常能够产生“加倍”（Doubling）效果；短延时会产生“梳妆滤波器效应”（Comb Filtering），在此基础上如果加入适当的调制处理，就会产生“镶边”（Flanging）效果。大部分延时器的延时时间都可以在很大范围内进行调整，也有一些延时器会按照延时时间的可调范围，分为多个版本，如图 7.23 所示。

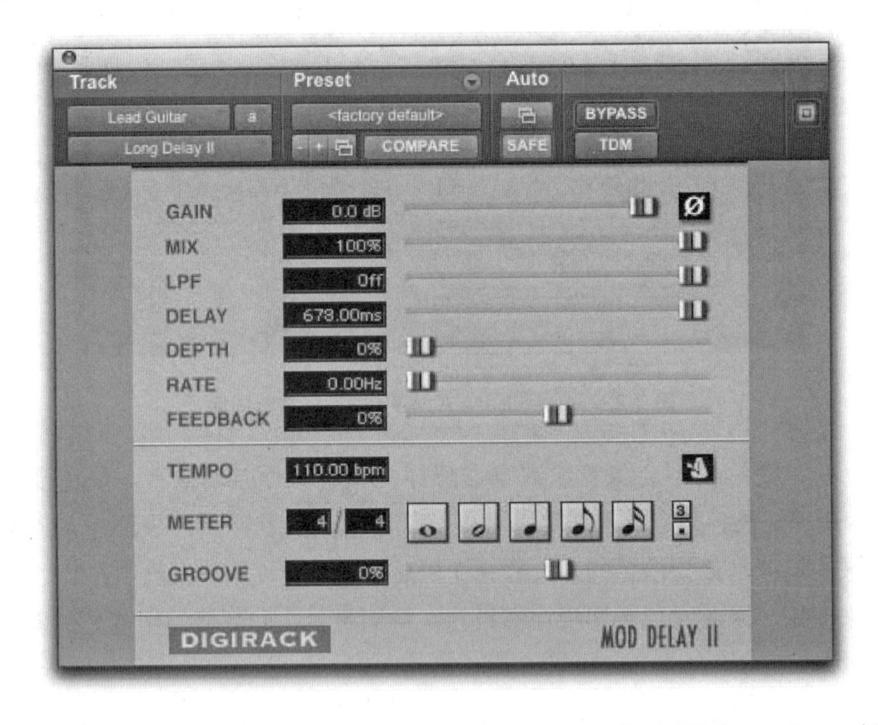

图 7.23　Pro Tools 自带的 DigiRack 插件包当中的 Mod Delay Ⅱ 延时器（Long Delay 版本）
（该延时器分为 Extra Long、Long、Medium、Slap 和 Short 五个版本）

软件延时器当中还有一种被称为多抽头延时器（Multitap Delay）的类型，它们能够对信号进行多次延时，并调整每一次的延时时间和声像位置。有时，它们还能对不同的延时信号进行滤波等其他处理，从而让每一次延时形成音色上的变化，如图 7.24 所示。

图 7.24 PSP 608 MultiDelay 多抽头延时器插件

2. 软件调制效果器

软件调制效果器是在延时器的基础上对相关参数进行调制而得到的效果器，能够使信号的音色产生奇特的变化。常见的调制效果器类型包括加倍效果器（Doubler）、合唱效果器（Chorus）、镶边效果器（Flanger）等。此外，还有一些利用调制方法产生特殊处理效果的软件，并不属于延时器类型，但通常也被归入到调制效果器当中，比如颤音（Vibrato）效果器——对信号的音调进行调制，震音（Tremolo）效果器——对信号的振幅进行调制，以及移相（Phasing）效果器——对信号的相位进行调制，等等。这些效果器大多用来对电吉他等电声乐器以及各种电子音色进行处理，偶尔也会被用在人声等其他声部的处理上。

（六）软件失真效果器

失真（Distortion）是与信号相关联的一种特殊形式的噪声。当信号产生失真效果以后，声音会失去原有的真实感，从而具有一种特殊的魅力。电吉他、电贝司等电声乐器和很多电子音色，都需要进行失真处理，才能产生它们所特有的韵味。而现代音乐中，对人声和声学乐器进行失真处理，也变得越来越普遍。

从理论上讲，所有的失真效果都是基于信号的频谱变化而产生的，比如谐波失真（Harmonic Distortion）和互调失真（Inter-Modulation），还有 A/D 转换当中的混叠失真、量化失真，等等。此外，有些失真在频谱变化之外，还会伴随有振幅包络的变化，比如动态处理器在使用短的建立时间和释放时间时所引起的失真，以及削波失真，等等。

因此，产生失真的方法大体可以分为：模拟设备中的增益提升产生过载（Overload）、数字设备中的数字削波（Clip）、A/D 转换中的失真、数字信号降比特和降采样率失真、动态处理器处理产生失真，以及频谱塑造产生失真，等等。其中，有一种被称为波形整形器（Wave Shaper，又称波形塑形器）的软件，就是利用对信号的振幅包络形状进行控制，来达到失真效果的，如图 7.25 所示。

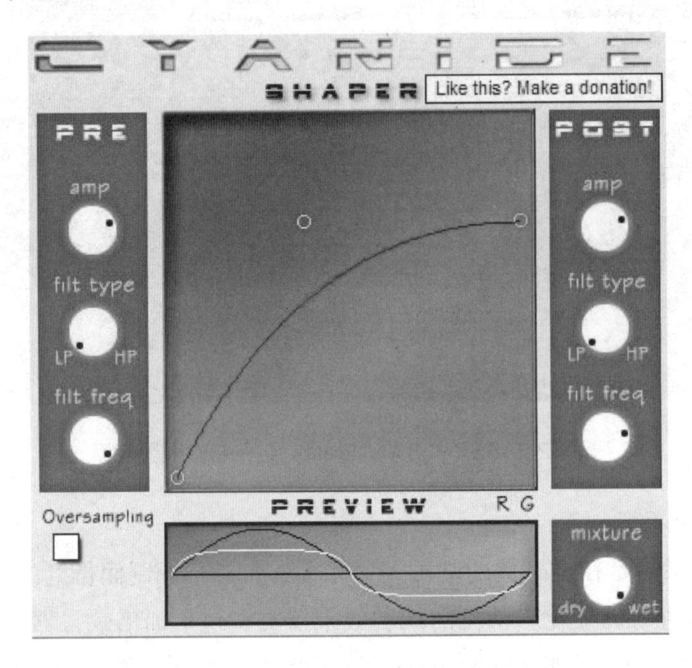

图 7.25　Smart Electronix Cyanide 波形整形器插件

此外，不同的模拟设备由于内部使用的元件不同，往往会产生独特的失真效果。目前，数字设备当中出现了大量使用数学算法对经典模拟设备进行仿真的软件，都能够在一定程度上实现对这些失真效果的模拟。此外，还有一些软件失真效果器并不专门针对某种经典设备进行仿真，而是能够模拟磁带录音机、吉他放大器等多种设备的饱和失真效果，因此它们也被称为饱和效果器（Saturatior），如图 7.26 所示。

图 7.26　Fabfilter Saturn 多段饱和效果器插件

（七）软件激励器

听觉激励器（Aural Exciter，简称激励器），有时又被称为增强器（Enhancer），是一种能够增强声音中谐波成分的信号处理设备，从而使声音变得清晰、突出、有力。除了增加谐波成分以外，激励器有时还会进行响度提升、动态均衡、相移调整和立体声增强等处理，从而全方位提高声音的听觉感受。不过，激励器对声音的具体处理方法大多是生产厂商的专利，而且仅从界面上的控制参数很难分析出激励器到底对声音进行了哪些处理。因此，我们很难精确掌控激励器的处理效果，这使得它们在混音中使用得通常比较少，而更多地被运用在扩声领域。世界上第一台激励器是由Aphex公司在1975年发明的，如图7.27所示的Waves公司的Vintage Aural Exciter就是对这台激励器的软件仿真产品。

图7.27　Waves Vintage Aural Exciter激励器插件

（八）软件吉他 / 贝司效果器

软件吉他 / 贝司效果器是专门用来处理电吉他和电贝司信号的软件，有时也会被使用在其他乐器信号的处理当中。从严格意义上来说，软件吉他 / 贝司效果器并不是一个效果器，而是一类效果器的综合体。这种效果器当中通常包括硬件吉他 / 贝司单块效果器的模拟器、放大器（箱头）模拟器、吉他 / 贝司音箱（箱体）模拟器、话筒组合及拾音效果模拟组件、软件调音器，等等。在软件吉他 / 贝司效果器当中，这些模块有时是相互独立的，可以通过在音轨中的加载顺序来调整它们的前后位置；有时则被包含在一个统一的效果器当中，可以进行灵活的链路设置（见图7.28）。目前，很多工作站主程序都自带吉他 / 贝司效果器插件。

图7.28　Overloud TH2吉他效果器插件

（九）软件变速和变调效果器

变速（Time Stretch，时间伸缩）和变调（Pitch Shift）是数字音频常见的处理方式。软件效果器当中既有独立的变速效果器和变调效果器，又有统一为一体的变速/变调效果器，而后者的处理方式又可以分为只变速不变调、只变调不变速、既变速又变调（又称为“重采样”，Resample）三种。这种一体的效果器通常都是以非实时插件的形式存在的，如图7.29所示。

图7.29　Digidesign X-Form插件（AS格式，提供变速/变调/瞬态处理三种功能）

上述所谓的变调效果器，实际上应该被称为“移调效果器”，也就是对被处理信号的音调进行统一提升或降低的效果器。而变调效果器当中还有一种，被称为“音调修正效果器”（Pitch Corrector），是专门用来对人声及乐器信号当中音调不准确的部分进行修正的。这类效果器中非常著名的一个，就是Antares公司的Auto-Tune，如图7.30所示。它具有自动（Auto）和图示（Graphic）两个界面，既能够对信号的音调进行自动修正，又允许用户通过手动方式仔细调整每一个音符的音调、音长和共振峰等特性，还可以为信号加入颤音等其他效果。欧美流行音乐中有不少所谓的“电子人声”效果，就是利用Auto-Tune的自动修调功能实现的。

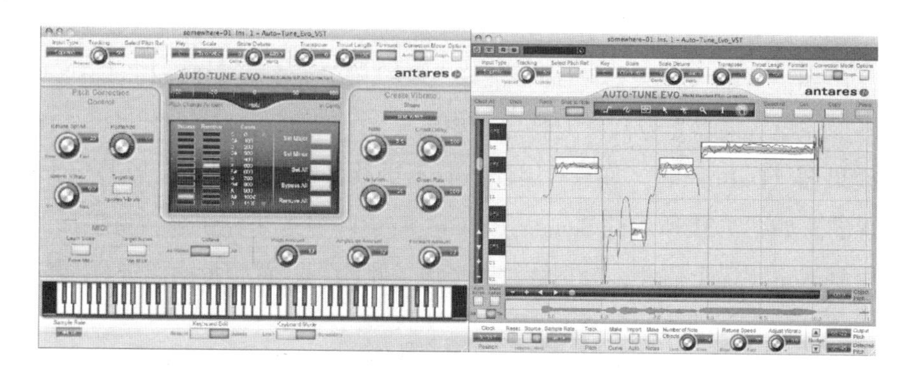

图 7.30 Antares Auto-Tune 7 音调修正软件（Auto 和 Graphic 两个界面）

实际上，当前主流的音频音序器软件，大部分都加入了音调修正功能。相比于第三方的音调修正插件，这些主程序当中的音调修正功能与主程序本身结合得更好，使用上也更为方便。其中比较有代表性的，就是 Cubase 5 以上版本的 VariAudio 功能，以及 Logic Pro X 的 Flex Pitch 功能。

（十）软件降噪器

音频信号中经常带有我们所不需要的噪声成分。这些噪声可以分为两种：脉冲性噪声（impulsive noise，即间歇性的或周期性的噪声）和连续性噪声（continuous noise）。脉冲性噪声又可以分为噼啪声（crackle）、咔嗒声（click）、抽搐声（tic，持续时间很短的咔嗒声），以及爆破声（pops，主要集中在低频）等。而连续性噪声也可以进一步分为两种类型：宽频带噪声（broadband）与特定频率噪声（tonal）。前者与后者的区别在于，尽管宽频带噪声也可能有频响特征和色彩感觉，但是它没有明显的、可以辨认出来的单一频率成分。宽频带噪声还可以进一步划分为白噪声（white noise，全频带，频响曲线逐渐上升）、粉红噪声（pink noise，全频带，频响曲线平直）、隆隆声（rumble，窄带，有着明显的低音特性），以及嘶声（hiss，窄带，能量集中在 2kHz—10kHz）等。与之相比，特定频率噪声只含有单独一个（或者多个）频率成分，比如反馈声（feedback）、嗡嗡声（buzz）、哼声（hum），等等。其中，哼声是由按照线性能量分布的低频成分构成的（在欧洲和亚洲，它的基频为 50Hz；在美国，它的基频为 60Hz）；而嗡嗡声则是由按照线性能量分布的高次谐波构成的，这一系列的高次谐波可能包括 240Hz、360Hz 直到 2400Hz，甚至更高的谐波成分。①

实际上，之前提到的很多效果器都可以实现降噪处理，比如均衡器、噪声门、嘶声消除器及多段动态处理器，但是它们只能针对特定种类或者特定时间内出现的噪声进行降

① See Bob Katz，*Mastering Audio*，second edition，2007，p.139。

噪。与之相比，专用的降噪效果器能够实现更为复杂的降噪处理。通常，这类效果器分为针对宽频带噪声的降噪器，以及针对脉冲性噪声的降噪器，而后者往往会被划分为更细致的类型，比如去劈啪声效果器（DeCrackler）、去咔嗒声效果器（DeClicker），等等。此外，也有不少降噪效果器是专门针对特定频率噪声的，比如去嗡嗡声效果器（DeBuzzer）、去呼吸声效果器（DeBreath），等等。因此，有不少软件降噪效果器是以若干个软件的组合形式出现的。如图 7.31 所示的 Sonnox Restore Suite 降噪效果器组合，就包括 DeClicker、DeBuzzer 和 DeNoiser 三个插件，分别针对咔嗒声、嗡嗡声和宽频带噪声进行降噪。

图 7.31　Sonnox Restore Suite 降噪插件组合

类似于图 7.31 中的 DeNoiser 这样的宽频带降噪器，在原理上通常为复杂的多段向下扩展器，它们能够自动计算出每一个频段大致的扩展门限电平，然后再由用户进行精细的调整。但是，这种设备在工作时往往需要噪声印迹（fingerprint），也就是一段不带有信号的、纯粹的噪声样本（长度在 1 秒左右就够了）。因此，它们也被称为“采样降噪器”。不过，也有一些宽频带降噪器并不一定需要纯粹的噪声样本，比如图 7.32 所示的 Waves Z-Noise，就具有一种“Extract”（抽取）模式，能够在一段噪声与节目信息的混合信号中将噪声样本“抽取”出来。

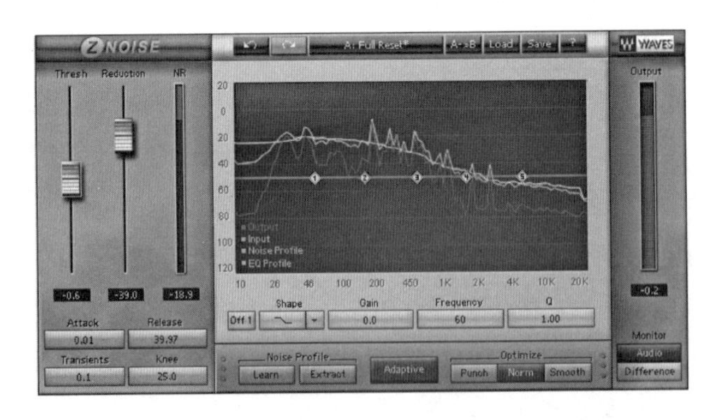

图 7.32　Waves Z-Noise 宽频带降噪器插件

除上述降噪器类型以外，还有一些母带级的降噪器软件具有光谱显示功能，允许用户直接从信号光谱中将噪声“挖掉”。这种光谱降噪器的功能异常强大，除了能够处理脉冲性噪声或宽频带特定频率噪声以外，还能够去除一些非常复杂的噪声信号，比如叠加在音乐当中的谈话声，或者座椅的咯吱声。光谱降噪器中最为著名的产品，当属 Cedar 公司的 Retouch 和 Algorithmix 公司的 Renovator，如图 7.33 所示。目前，也有一些工作站主程序自带光谱降噪功能，比如 Sequoia 和 Audition。

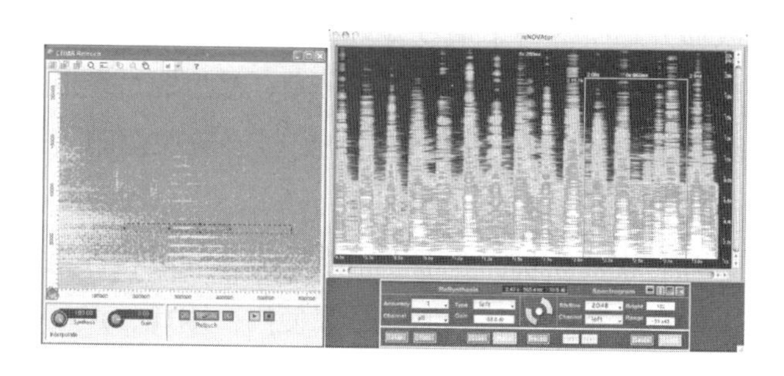

图 7.33 Cedar Retouch 和 Sonic Studio Renovator 光谱降噪器插件

由于降噪器能够通过去除噪声的方法使声音变得更为动听，因此它们也经常被称之为声音修复（Restoration）效果器，比如图 7.31 所示的 Sonnox Restore Suite。有一些全功能的声音修复效果器，除了具备多种降噪功能以外，还提供其他一些周边功能。比如图 7.34 所示的 iZotope RX3 Advanced，就在降噪的基础上，提供了去除混响的功能。此外，还有一些声音修复效果器，具有特殊的处理能力，能够用来修复某一类声音记录载体。比如 Celemony 公司的 Capstan 软件，就能够处理老旧磁带的跑音和速度不均匀问题，从而帮助人们完成历史性录音资料的抢救工作。

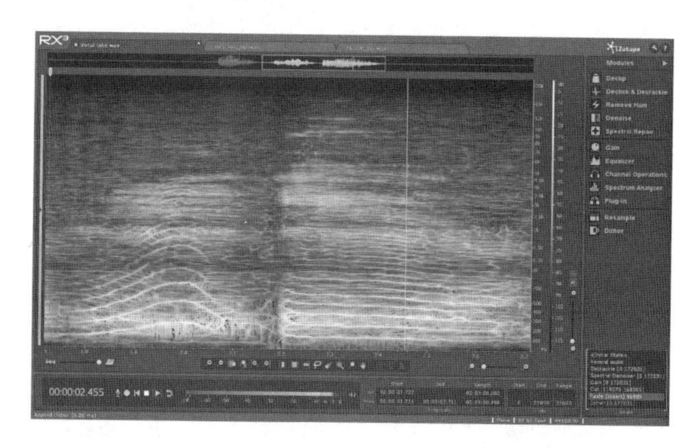

图 7.34 iZotope RX3 Advanced 声音修复软件

需要说明的一点是，绝大部分的降噪处理，从理论上都会影响有效信号的质量。因此，除了能够通过滤波或噪声门等简单方法去除的噪声以外，对于复杂的噪声最有效的处理方式就是不进行任何的处理。即使需要处理，处理的幅度也不能过大。

（十一）软件声码器

声码器（Vocoder）是 Voice Coder（语音编码器）的简称，是一种基于声音合成原理的音频效果器。声码器可以被看作一个多段的带通滤波器，每一个带通滤波器都具有独立的中央频率和独立的振幅包络跟踪器。除此以外，声码器要工作，还必须有两个输入信号：一个是调制信号（人声信号），另一个是被调制信号。当这两个信号输入声码器以后，它先利用多段带通滤波器分别将这两个信号分为多个分量，再用振幅包络跟踪器跟踪调制信号的各个分量，确定各个分量之间的相对振幅关系，最后通过调制的方法将这两个信号重新进行“结合”。最终输出的结果，使得被调制信号会按照调制信号的包络特征进行动态变化。

声码器内部通常带有合成器模块，能够产生某些特殊的音色，比如正弦波、风声、噪声、和弦乐音，等等，能够直接作为被调制信号来使用。因此，声码器最典型的用途，就是用来塑造特殊的人声效果，比如机器人说话、会说话的风声，等等。在硬件当中，不少合成器本身都带有声码器功能，而很多工作站主程序也自带声码器插件，或者可以使用第三方的声码器插件，如图 7.35 所示。

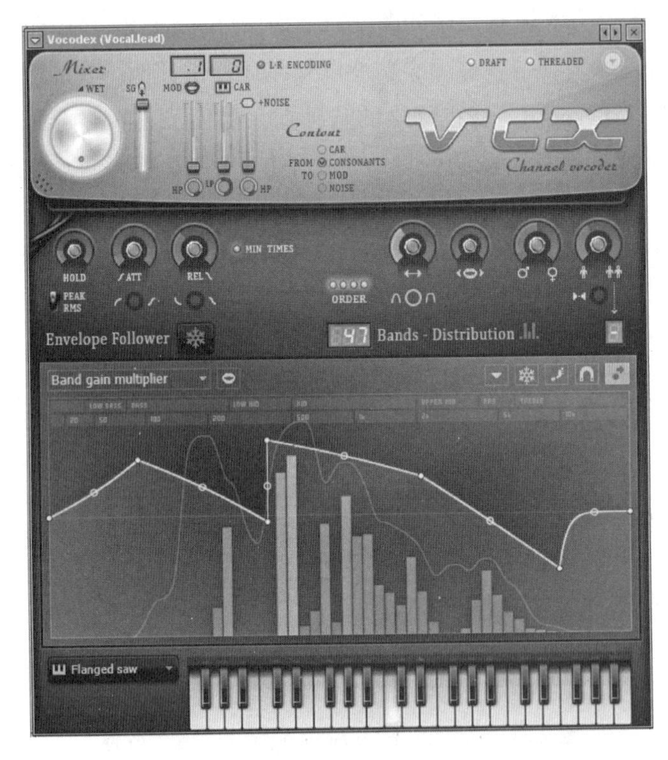

图 7.35　Image-Line Vocodex 声码器插件

（十二）软件声场处理器

声场处理器是专门用来处理信号声场特性的设备。这种设备基本上可以分为两类：一类被称为声场扩展器，它利用声像、延时、混响、距离建模、多普勒效应等多种控制方法，调整信号在声场中的定位，以及整个声场的宽度、深度感觉，如图 7.36 所示。

图 7.36　Wave Arts Panorama 声场扩展器插件

另一种声场处理软件是通过声道转换完成声场效果处理的，因此也被称为声道转换处理器。这种设备分为上变换和下变换两种，前者是由少数声道转换为多数声道，比如单声道转立体声处理器（如图 7.37 所示）、立体声转多声道处理器；后者则是由多数声道转换为少数声道，比如多声道转立体声处理器。声道转换处理器的效果，完全取决于软件的内部算法设计。

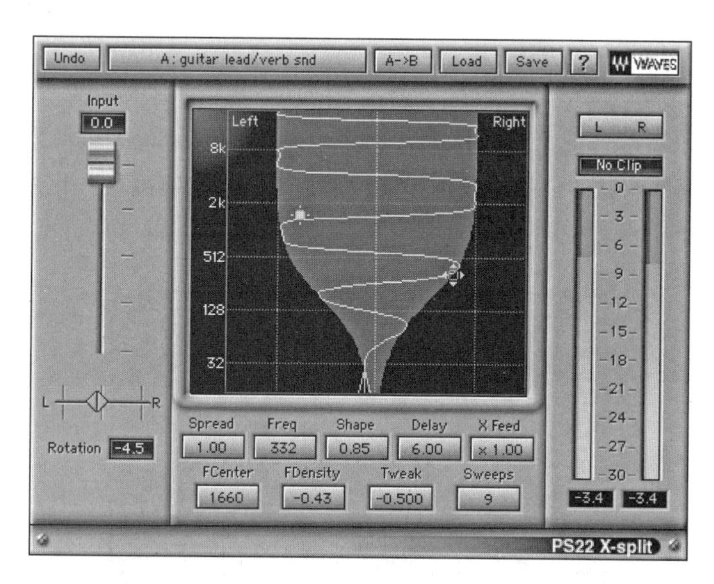

图 7.37　Waves PS22 StereoMaker 单声道转立体声处理器

（十三）软件仪表 / 显示器工具

尽管录音作品的质量最终需要通过耳朵加以判断，但在实际操作当中，由于需要针对不同的标准制作节目，我们却无法离开各种专业的仪表和显示器。音频处理中的常见仪表包括 VU 表、PPM 表、响度表、相位表等，而常见的显示器工具则包括频谱显示、光谱显示、瀑布图显示等。专业的母带处理软件大多带有完善的软件仪表和显示器，而用于录音、混音和音乐制作的主程序则往往缺乏这类功能。不过，我们却可以通过大量的第三方插件，来补充主程序在仪表和显示器方面的缺失，如图 7.38 所示。

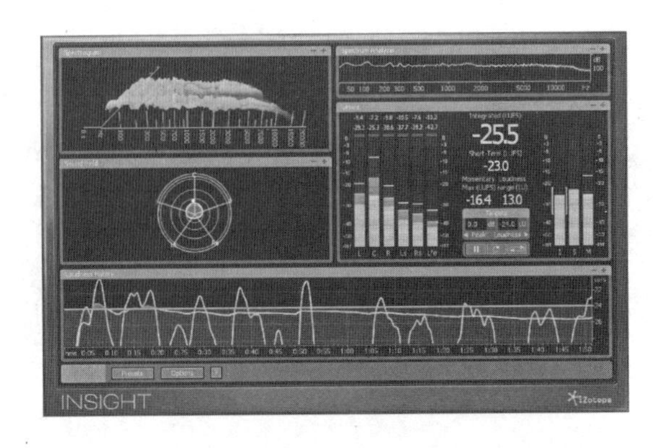

图 7.38　iZotope Insight 综合式仪表 / 显示器工具

（十四）软件母带处理器

母带处理器并不是一种特殊的效果器，而是一系列相关效果器的集合。虽然这种效果器也可以被用于普通的混音或信号处理，但是由于它们的运算精度较高，比较耗费 CPU 或 DSP 的资源，因此被更多地运用在母带处理环节当中。母带处理器中最为常见的工具是均衡器、动态处理器和各种仪表 / 显示器，有时还会包括激励器、饱和处理器、混响器、声场处理器、编码器等其他工具。比如，图 7.39 所示的 iZotope Ozone 5 Advanced 母带处理器，就包含均衡器、立体声声场处理、多段动态处理器、响度最大化处理器、混响器和激励器 6 个模块。

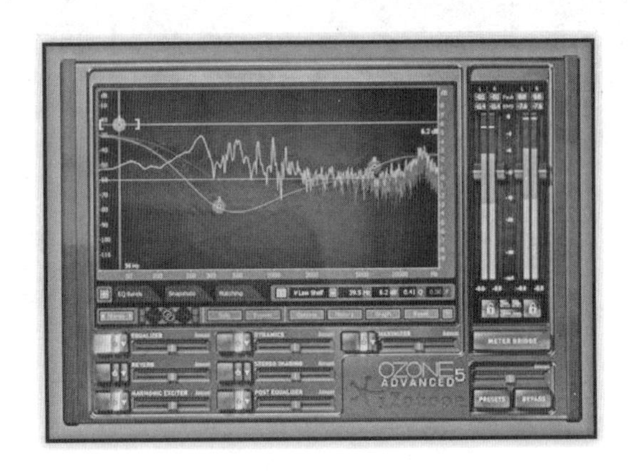

图 7.39　iZotope Ozone 5 Advanced 母带处理器

（十五）综合式效果器软件

综合式效果器软件并非是一种特定的软件类型，而只是若干种不同功能的效果器软件的结合体。事实上，我们之前介绍的综合型动态处理器、吉他 / 贝司效果器，以及母带处理器软件都可以被称为综合式效果器软件。但是目前，软件效果器的结合有两种比较常见的情况，一种是软件通道条，另一种则是针对某种乐器的综合式处理软件。

1. 软件通道条

通道条（Channel Strip）是调音台特有的一个术语，指的是调音台（特别是模拟调音台）上的一个输入通道模块，这一模块通常包括输入接头、增益控制、高通滤波器、插接点、均衡器、辅助发送、声像电位器、电平推子、独听按钮、哑音按钮、母线分配按钮等多个部分。所谓的通道条效果器（简称通道条），就是将大型调音台上一个通道条的效果处理部分集合在一起形成的效果器。通常，这种效果器主要包括均衡器和动态处理器，有时还带有输入 / 输出电平调整和仪表显示等其他功能。通道条效果器的最大优点，就是集合了针对单一信号最为常用的效果处理方法——均衡和动态处理，从而能够用一个设备代替两个或者更多的效果器，简化了系统的构成。

对于数字音频工作站而言，软件通道条的优点也是如此——我们只需要占用音轨上的一个插入插槽，就可以完成均衡和动态处理。同时，软件通道条还允许我们对其中的效果处理模块进行不同顺序的组合，甚至可以使用均衡器作为动态处理器的侧链控制模块。

软件通道条的设计与软件均衡器及软件动态处理器类似，也有针对经典硬件产品的仿真设计（尤其是对硬件界面的仿真），以及全新的数字化界面设计两种方案。硬件仿真设计的原型基本上来自于经典的调音台通道条，非常符合老一代录音师的操作习惯，如图 7.40 所示。与之相比，数字化界面的通道条则更具现代气息，可显示的信息也更为丰富，如图 7.41 所示。

图 7.40 Waves SSL E-Channel 通道条插件（模仿 SSL4000 E 系列调音台的通道条）
及 Universal Audio Neve 88RS 通道条插件（模仿 Neve 88R 调音台的通道条）

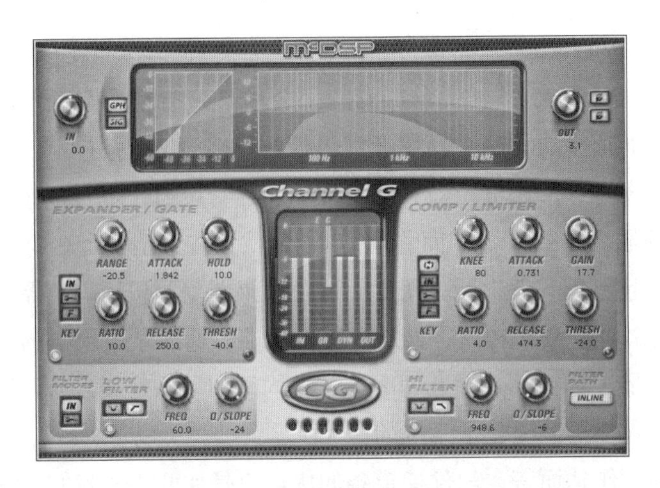

图 7.41　McDSP Channel G 通道条插件（集扩展器 / 噪声门、压缩器 / 限制器、均衡器为一体）

2. 针对某种乐器的综合式处理软件

如今，市场出现了不少专门针对某一种乐器的综合式处理软件。这种软件将对该乐器处理所需的常用功能全部集成在一起，使用起来非常方便。比如，Waves 公司的艺术家系列插件包中的 Tony Maserati Collection、CLA Artist Signature Collection、JJP Artist Signature Collection，都包含有针对鼓组、贝司、吉他、人声等乐器的综合式处理插件，如图 7.42 所示。

图 7.42　Waves CLA Artist Signature Collection 插件包中的 Bass 综合处理器插件

（十六）其他软件效果器

上述各种软件效果器的类型，是相对比较多见的。但是，软件效果器当中还有其他一些类型，尽管比较少见，但却极富个性，以下仅举几个例子加以说明。

1. 鼓采样替代软件

鼓采样替代（drum triggering，鼓触发）是当代流行音乐制作当中常见的处理手法。具体来说，这种方法就是用鼓采样来替代真实录制的鼓声，或者与真实的鼓信号并列在一起使用。鼓采样替代软件是专门用来进行这一处理的软件，它们可以自动探测真实鼓声部的音符，并将它替换为预先设置好的鼓采样，如图 7.43 所示。

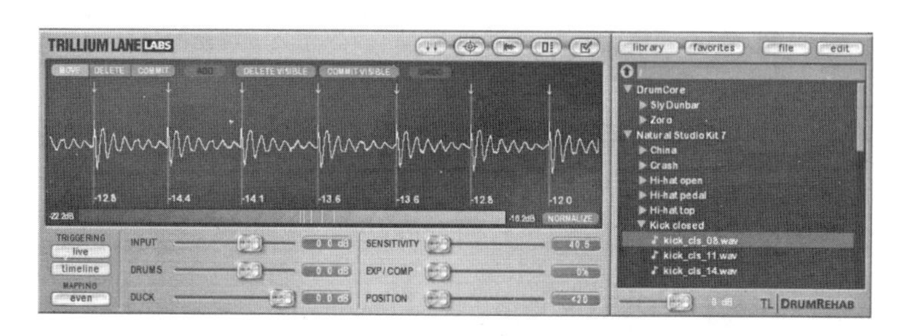

图 7.43　用于 Pro Tools 的 Trillium Lane Labs Drum Rehab 鼓采样替代插件（RTAS 格式）

2. 去混响软件

目前，市场上已经出现了可以去除信号当中所携带的混响效果的软件，比如前文提到的 iZotope RX3 Advanced。这类软件的效果，完全由其内部算法决定。相对来说，去混响软件性能比较好的一个，是 Zynaptiq 的 UNVEIL，它使用了一套基于人耳听觉的全新算法，能够去除或者提升被处理信号中的混响效果，如图 7.44 所示。

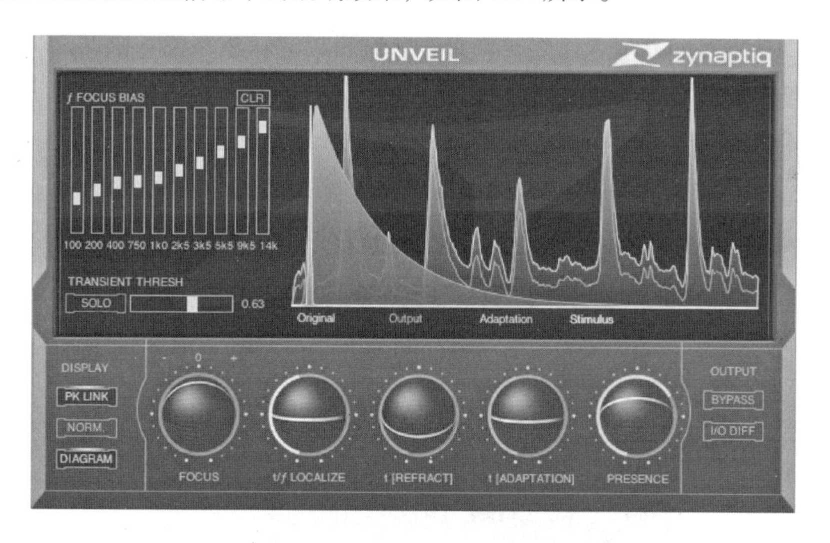

图 7.44　Zynaptiq UNVEIL 去混响插件

3. 电平自动化工具

在没有控制台或者带有软件控制功能的调音台时，我们必须使用鼠标上下推动软件推子，或者是用画线的方式，来完成电平自动化操作。对于某些非常细致的电平自动化调整而言，鼠标不但不方便，而且很难进行准确的控制。因此，市场上出现了一种电平自动化软件，它能够按照我们的设定，在一定程度上自动完成对音轨的电平自动化操作，并将自动化数据写入音轨当中，如图 7.45 所示。

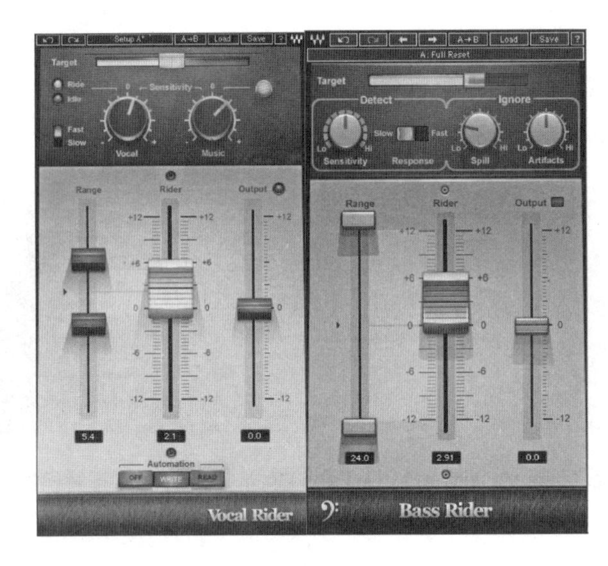

图 7.45 Waves Vocal Rider 和 Bass Rider 插件（分别针对人声和贝司进行电平自动化处理）

4. Summing 插件

在第四章介绍数字音频工作站系统的构成时，我们曾经介绍过 Summing Mixer 和 Summing Box。尽管与大型模拟调音台相比，Summing Mixer/Summing Box 的价格已经相当便宜了，但对于大部分个人工作室而言，其价格仍然难以接受。因此，软件效果器中出现了一种对模拟调音台的 Summing 特性进行仿真的设备，它们可以在一定程度上替代 Summing Mixer/Summing Box。这种 Summing 插件的本质，就是为混合信号加入模拟调音台特有的声染色，使数字声音变得更为温暖、更有弹性。如图 7.46 所示的 Waves NLS Non-Linear Summing 插件，就提供了对 3 种模拟调音台特性的仿真。

图 7.46 Waves NLS Non-Linear Summing 插件

5. 磁带机软件

所谓磁带机软件，就是对传统的模拟磁带录音机的仿真软件。这种软件实际上是一种综合式效果器软件，通常具有延时、变速、哇哇音、饱和处理等功能。由于能够提供磁带录音机特有的声染色特性，因此磁带机软件在某种程度上也能够实现 Summing 插件的功能。如图 7.47 所示的 Universal Audio Magnetic Tape 插件包，就分别模拟了 Studer A800 多轨磁带录音机和 Ampex ATR-102 母带磁带录音机的特性。

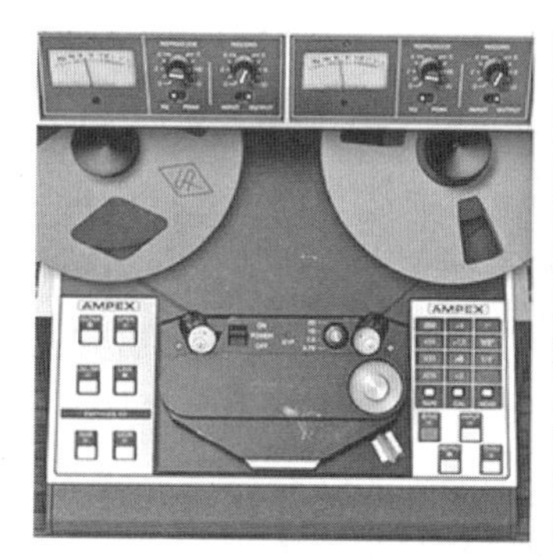

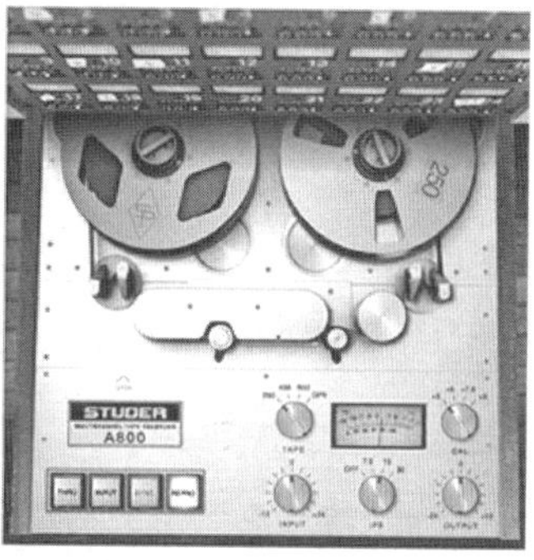

图 7.47　Universal Audio Magnetic Tape 磁带机插件包

二、软件效果器的发展趋势

最近几年，软件效果器的发展呈现出了几个明显的趋势，例如：

（一）综合化程度越来越高

当前的软件效果器设计，越来越倾向于在同一个软件当中加入效果处理所需要的全部模块，也就是向着综合式效果器的方向发展。这样做的好处显而易见——我们只需要使用一个效果器，就能获得所需的全部功能，不必再费心选择若干种效果器。此外，这种包含为一体的综合式效果器，其内部模块之间的搭配往往也是经过了优化的。目前，综合性最强的一款相关软件，应该算是 iZotope 公司的人声处理软件 Nectar 2。这款软件集合了音调修正、呼吸控制、压缩器、嘶声消除器，加倍效果器、饱和处理器、均衡器、噪声门、限制器、延时器、混响器和电平表，支持使用 MIDI 键盘为人声创造和声效果，并带有大量的预制程序，可以提供不同风格的人声处理效果，如图 7.48 所示。

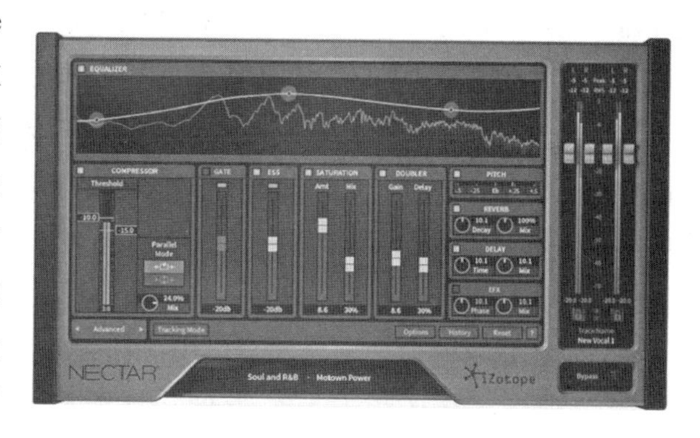

图 7.48　iZotope Nectar 2 人声处理软件

（二）操作简单化程度越来越高

当前，软件效果器越来越倾向于向着操作简单化，甚至“傻瓜化”的方向发展。一般而言，我们必须熟悉效果器的原理和各个参数功能，才能正常使用这些设备。但是最近新出现的一些软件效果器正在努力淡化这些参数，而是将这些参数直观地表现为与声音相关的特性，比如音调、高音比例、低音比例、压缩量、混响量、失真量，等等。前文提到的 Waves 艺术家系列的插件，有很多就是这样设计的。而 Waves 公司设计的 Oneknob 插件包，更是将这种操作简单化的设计思路发展到了极致。该插件包共 7 个插件，每一个插件专门负责一种处理效果，而且插件的面板上都只有一个旋钮。与之相比，Toontrack 公司的 EZMix 软件则开创了一种全新的“傻瓜式”混音方法。这个软件内部带有众多的效果器模块，但是用户几乎不需要掌握这些效果器的原理和参数功能，只需要根据所处理的乐器选择对应的处理风格（预制），EZMix 就会自动选择所需的模块，并进行合理的路由设置（见图 7.49）。

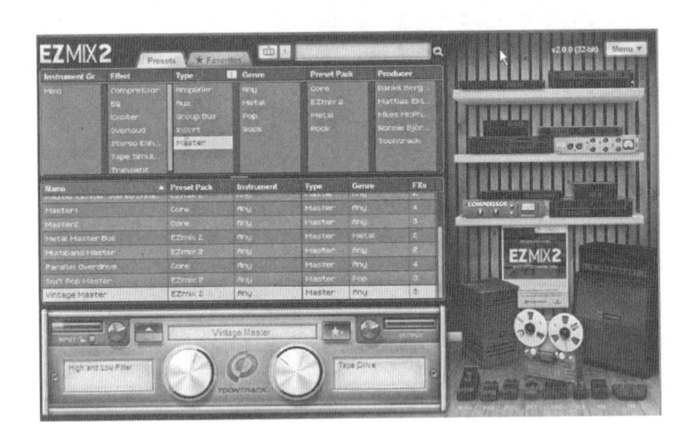

图 7.49　Toontrack EZMix 2 混音软件

（三）硬件仿真产品大行其道

前文中，我们已经谈到了很多基于硬件仿真设计的软件效果器，比如磁带机、动态处理器、通道条，等等。实际上，在近几年的软件效果器设计当中，硬件仿真思路确实非常流行。这些仿真软件不但在界面上与它们的模仿对象几乎相同，而且根据物理建模原理所设计的内部算法，也能让它们在声音特性上做到几分“神似”。人们之所以如此喜爱这种硬件仿真设计，一方面在于普通的工作站使用者可以通过它们，获得一些大型录音棚所独有的、经典的硬件效果器声音；另一方面则在于，很多老一代的音频工程师更喜欢这种与原始硬件类似的软件界面及操作方法。

目前，很多经典的硬件产品纷纷成为软件效果器厂商的仿真对象。以著名的 LA-2A 光学压限器（电平放大器）为例，目前就有 Bomb Factory、McDSP、Universal Audio、Waves、IK Multimedia、Native Instruments、Cakewalk 等多个仿真的版本。而 McDSP 公司的 6030 Ultimate Compressor 插件，甚至模仿了 10 种著名的硬件压缩器，如图 7.50 所示。需要注意的是，由于每一个软件厂商都是根据自己的建模算法对硬件设备进行仿真的，因此这些软件效果器的声音质量，必须与原始硬件进行比对才能加以判断。

图 7.50　McDSP 6030 Ultimate Compressor 压缩器仿真插件

第四节　虚拟乐器概述

虚拟乐器（Virtual Instrument）是一种能够用数字算法产生数字音频信号的软件，它们可以被认为是硬件电子乐器的软件化，因此也被称为软件乐器。在数字音频工作站中，虚拟乐器的主要任务是在 MIDI 信号的控制下，生成对应的数字音频信号，而这种产生数字音频信号的方法，就是声音合成方法。

一、声音合成方法

人耳能够听到的声音可以分为“自然声”和“非自然声”两种，前者是自然界真实存在的声音，是由一定的声源通过振动产生的；而后者则是自然界中不存在的声音，并不依赖声源振动，而是通过一定的电子元件及电路，或者一定的数字算法产生的，这种产生声音的方法就是“合成”（Synthesize）。但是，声音合成并不限于产生非自然声，还能够产生自然声。这是因为，任何声音都具有响度、音调和音色这三个基本要素，只要这三个因素基本相同，声音听上去就是相似的。

在声音的三个基本要素当中，响度主要与声音的振幅相关，音调主要与声音的基频频率相关，它们两者是比较容易控制的。与之相比，音色的控制就要复杂得多。从根本上来说，音色完全是由声音的频谱决定的，但是频谱本身却会随着音量包络、演奏力度、音调变化等多种因素而发生变化。因此，我们可以将声音的频谱分为静态频谱和动态频谱，前者是一个瞬间内的固定频谱，而后者则是声音随着时间推移而产生的变化性频谱。

声音合成的基本思路，就是先通过合成方法产生一个静态频谱；然后通过动态修饰，将静态频谱变成动态频谱，从而得到动态的音色；最后再通过演奏控制和效果处理等方法，控制音调和响度，从而得到我们所需要的声音。因此，声音合成的主要目标就是音色合成，而音色合成的核心，是生成静态频谱。我们也正是按照静态频谱的生成方法，对声音合成方法进行分类的。

目前，常用的声音合成的方法主要包括加法合成、减法合成、FM 合成、波表合成，等等。

（一）加法合成

加法合成（Additive Synthesis）是最为古老的声音合成方法。根据“傅里叶（Fourier）定理”，任何一个周期波都可以分解为无数正弦波的叠加。因此，我们可以将一些比较简单的声音信号叠加在一起，合成出所需要的声音，这种方法就是加法合成。不过，加法合成看似简单，在模拟时代却很难实现，因为它需要很多产生简单波形的设备（振荡器），还需要很多辅助模块加以控制。

（二）减法合成

与加法合成一样，减法合成（Subtractive Synthesis）也是最基本的声音合成方法，它的原理就是加法合成的逆运算：我们首先需要通过某种设备（振荡器）产生一个频谱成分非常复杂的信号，然后将其中的一部分频率滤除掉，就可以得到相对简单的静态频谱。由于减法合成只需要一个产生复杂频谱的模块，以及一些用于滤波处理的滤波器，就能够产生所需的频谱，因此它成为了大部分早期合成器的理论基础。

（三）FM 合成

FM 合成即频率调制（Frequency Modulation）合成。该技术是上世纪六七十年代美国斯坦福大学 John Chowning 等人将无线电调频技术应用于声音合成领域的创举，其大致的原理是利用调制信号的振幅，对被调制信号的频率进行控制，使之发生变化或者失真。我们在进行 FM 合成时，将产生调制信号的振荡器称为调制振荡器（Modulator，简称调制器），而将被调制的振荡器称为载波振荡器（Carrier，简称载波器）。具体的做法，就是将调制器的输出信号与载波器的频率参数相加，使调制器能够对载波器的频率进行调制。

从理论上说，加法合成、减法合成及 FM 合成都可以产生自然声和非自然声。但是，想要通过这些合成方法产生一个与自然声几乎相同的人造频谱，是相对困难的。因此，在大部分情况下，这些合成方法主要被用来产生非自然声。这其中，FM 合成的变化最为复杂，也最适合产生各种音色奇特的非自然声。

（四）波表合成

波表（Wave Table）合成在原理上与上述声音合成方法相比，有着非常大的区别。它的声源样本是通过脉冲编码调制（PCM）技术对模拟声源进行采样而获得的。然后，对采样波形进行减法合成处理，再把波形样本和相应的合成系数写入合成器的存储器当中，这就是所谓的“波表”。当需要合成某种声音的时候，可以将波表中的波形样本调入合成器的合成芯片当中，再根据合成系数进行一定的处理，就能够发出声音了。

由于波表合成的声源样本来自于真实的自然声响，因此这种合成方法在生成自然声的时候会显得特别真实。如果我们在波表合成阶段调整相应的算法，或者是使用经由非自然声采样所形成的波表，那么也可以通过波表合成生成非自然声。

（五）其他声音合成方法

除了上述这些主流的声音合成方法以外，其他常见的合成方法还包括 AM 合成、环行调制合成、波形整形合成、粒子合成、物理模型合成，等等。

AM 合成即振幅调制（Amplitude Modulation）合成，其原理与频率调制相似，都是用调制信号的振幅去调制被调制信号。但是在频率调制当中，受到调制的是被调制信号的频率，而在振幅调制当中，受到调制的是被调制信号的振幅。

环行调制（Ring Modulation）是振幅调制的一个特例。在振幅调制中，调制信号有直流偏移，因此是单极（Unipolar）信号；而环行调制中的调制信号没有直流偏移，因此是双极（Bipolar）信号。由于二者的调制信号的极性不同，所以环行调制对声音频谱的影响也与振幅调制有所不同。相对于振幅调制来说，环行调制对被调制信号中基频能量的衰减要严重得多，而将能量更多地集中在边带信号上。

波形整形（Wave Shaping）又称波形塑形，它的原理与失真效果器中的波形整形方法相同，即通过一个称为“波形整形器”（Wave Shaper）的特殊声音合成模块，直接对简单的声源信号进行修改，从而产生需要的波形。

粒子合成（Granular Synthesis）又称为颗粒合成。它将声音分解成无数的“颗粒”（Grains），每一个颗粒包含频率和时间两种属性，再按照一定的规则，控制这些颗粒的排列方式，从而产生新的声音。这种合成方法早在上世纪 40 年代就已经被提出，但是真正流行起来却还是最近几年的事情。因为按照粒子合成的原理，不仅需要改变那些颗粒的物理参数，而且还需要将它们按照不同的顺序重新排列组合，这项工作对计算机信号处理能力的要求是非常高的。如今，计算机信号处理能力已经完全能够满足粒子合成的要求了。

物理模型（Physical Modeling）合成也是近些年比较流行的一种声音合成方法。它通过物理建模的方式对不同的发声对象进行仿真，得出物理模型的动力学和声学特性，再根据这些物理特性得到一系列的数学函数。最后，根据得到的数学函数直接用计算机生成对应的声音信号。因此，这种声音合成方法，只能够产生具有真实声源的自然声，而它的声音质量，完全取决于物理建模的方式和精确度。

二、虚拟乐器的主要类型

与硬件电子乐器一样，虚拟乐器也是按照该软件所使用的声音合成方法进行分类的。通常，它们可以被分为软件合成器、软件音源和软件采样器三类。

（一）软件合成器

合成器（Synthesizer）是利用合成方法产生声音的电子乐器。世界上第一台合成器是美国RCA公司在1955年研制的MK I，使用的合成方法为加法合成。由于需要使用大量的振荡器来产生加法合成所需的音频信号分量，因此它的体积非常大，占满了整个一个房间。也正因为如此，在合成器发展的早期，使用的主要合成方法并不是加法合成，而是减法合成。

早期的合成器主要采用各种电子元件，如振荡器、滤波器、放大器作为发声和控制单元，并通过电压进行控制，因此被称为“模拟合成器”。后来，出现了所谓的“数字合成器”，它们内部的主要部件是大规模集成电路，能够直接产生用于发声和控制的数字信号，最后再将这些数字信号通过数/模转换变成可闻的模拟信号。数字合成器可以使用自己独有的合成方法，如波表合成及物理模型合成，也可以使用模拟合成器所使用的合成方法，如加法合成与减法合成。

需要指出的是，由于合成器的发展历史比MIDI标准久远得多，因此早期的合成器与MIDI毫无关系，而且也不一定带有钢琴式的键盘。只是因为在MIDI诞生以后，它成为了电子乐器之间的统一通信标准，因此现在的合成器都支持在MIDI信号的控制下，生成对应的音频信号。

与硬件合成器相对应，所谓的软件合成器，就是利用数字算法，通过计算机CPU或者声卡DSP的运算来完成声音合成的软件。软件合成器从归属上应该属于数字合成器的一种，理论上，它可以使用任何的声音合成方法。因此，无论是什么样的虚拟乐器，从根本上都算是软件合成器。只不过，在习惯上，人们更喜欢将带有大量控制器，能够允许用户自由创造声音的虚拟乐器称为软件合成器，而将带有大量预制程序，主要通过调用这些预制而获得声音的虚拟乐器称为软件音源。

从软件合成器所使用的声音合成方法上划分，它们可以被分为两种：一种是使用单一合成方法的软件合成器，比如加法合成器、减法合成器、FM合成器、波表合成器、物理模型合成器、粒子合成器，等等；另一种是使用多种合成方法的软件合成器，也被称为混合合成器。而从设计方式来划分，软件合成器又可以被分为硬件仿真式和全新设计式两种。尽管基于相同的合成方法，但这两种合成器的界面风格可能完全不同，如图7.51所示。

图7.51　使用减法合成的软件合成器

Arturia Minimoog V（硬件仿真式）和Native Instruments Massive（全新设计式）

（二）软件音源

音源（Sound Module）是在 MIDI 标准诞生之后出现的、专门利用 MIDI 信号的控制生成音频信号的数字化电子乐器。从原理上，音源可以被看作是一种控制器数量大为简化的数字合成器。它并不强调与合成器类似的对新音色的创造能力，而是利用大量的预制程序及声音合成引擎产生有限的音色。或者说，在使用音源的时候，用户并不需要了解声音合成的具体方法，只需要在预制程序中进行选择，找到自己需要的声音就可以了。在声音合成方法上，大部分的音源都使用波表合成作为主要的合成方法，也有少部分音源会使用其他合成方法。

与硬件音源相对应，软件音源可以被看作是简化的软件合成器。不过，目前有些软件音源在提供大量的预制程序以外，还具备不少用于音色修饰的控制器，甚至允许用户直接对声音合成的过程进行控制，因此这类软件音源也被称为“合成音源”。与此同时，大部分的软件合成器也为用户提供了数量众多的预制程序。因此，软件合成器与软件音源之间的差别，在当前已经变得越来越模糊了。

数字音频工作站系统中所使用的软件音源主要分为综合型音源和单乐器音源两种。综合型音源包含乐队当中的各个乐器或者某一个乐器组中的所有乐器音色，比如 GM 音源（符合 GM 音色排列标准的音源）、管弦乐音源，等等。宿主软件一般只需要调用一两个这样的软件音源，基本上就可以满足声音重放的需要。而单乐器音源通常只含有某一种乐器的音色，但是它会提供这种乐器当中各种具体类型的音色，甚至包括各种演奏方式的控制，比如钢琴音源、风琴音源、萨克斯音源、电吉他音源、贝司音源、鼓音源（鼓机），等等。

为了追求声音的真实性，很多软件音源已经不再使用波表文件来提供音色样本，而是直接使用采样音色，这使得它们实际上变成了一个失去了音色编辑能力的软件采样器与固定的采样音色（可以在一定程度上进行扩展）的组合，因此也被称为“采样音源”。通常，这种软音源的体积会非常大，其数据量往往达到几十 GB，甚至几百 GB，如图 7.52 所示。

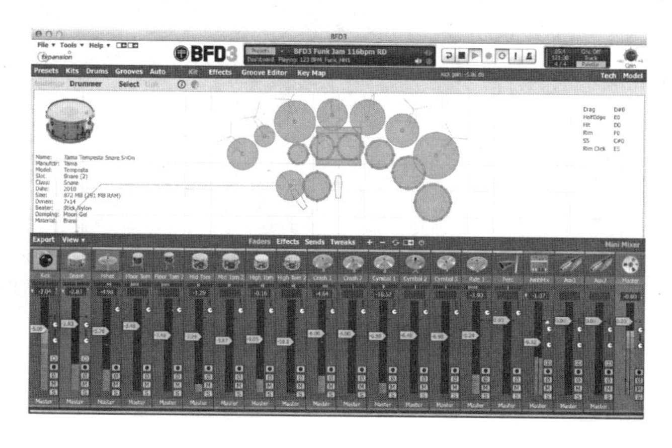

图 7.52　FXpansion BFD3 采样鼓音源（世界上体积最大的鼓音源之一）

（三）软件采样器

采样器（Sampler）是一种用来读取和编辑采样音色文件，并完成声音合成的数字化电子乐器。采样器所使用的声音合成方法称为采样合成，也就是一种简化的波表合成。采样音色与波表音色的区别在于，在音色采样过程中，音频信号的采样不再使用减法合成方式进行处理，而是直接按照一定的格式被记录在光盘上。采样器本身并不像音源那样含有音色文件，但它却可以通过光驱读取能够识别的音色光盘，并重放出对应的声音。

因此，采样器与音源相比，最大的特点就在于，它的音色是可以无限扩展的，用户只需要购买对应的音色光盘就可以了。同时，采样器还具有音色编辑能力，允许用户使用已有的采样音色文件，通过修改、拼接和组合等方法，生成自己所需的音色。此外，用户还可以通过数字录音制作自己的采样音色，并输入采样器进行编辑。而与合成器相比，采样器尽管也具有无限的音色创造能力，但是它却只能根据采样音色文件来创造新的音色，无法像合成器那样完全独立地进行音色设计。

与硬件采样器相对应，软件采样器是一种基于计算机运行的、具备采样器功能的软件。这种软件可以通过计算机的光驱读取采样音色光盘，也可以直接读取硬盘上的采样音色文件。在软件采样器出现以后，硬件采样器很快就被完全淘汰了。当前，在数字音频工作站当中，软件采样器主要是作为一种读取采样音色文件的工具来使用的，大部分的用户并不会使用软件采样器对采样音色进行很大的调整。也就是说，软件采样器能够支持的音色文件格式种类，以及用户所拥有的采样音色文件数量，是影响采样器使用效果的关键因素。

世界上第一款实用的软件采样器是Tascam公司的GigaSampler（后来发展为GigaStudio，现已停产），目前，大部分的音频音序器软件以及电音软件都内置有采样器插件，比如Logic Pro的EXS24、Cubase的Halion One、Pro Tools的Structure Free、Live的Sampler，等等。除了Wave格式的音色文件以外，这些软件采样器大部分只能读取自身所定义的音色格式。与之相比，由Native Instruments公司推出的Kontakt采样器，则可以支持多种音色格式。Kontakt采样器不但能够以VST、AU、RTAS、AAX等常见插件格式被各种宿主程序加载，还可以独立运行，因此它成为了目前使用最为广泛的软件采样器，而它所定义的Kontakt音色格式也成为了目前最为通行的音色格式，如图7.53所示。

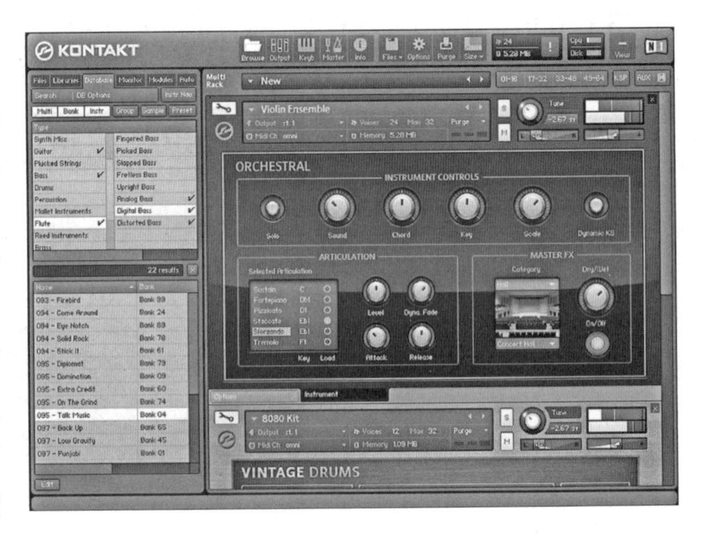

图7.53　Native Instruments Kontakt 5软件采样器

思考与研讨题

1. 软件效果器和虚拟乐器的运算核心是什么？
2. 软件效果器和虚拟乐器的运行方式分为哪两种？
3. 插件的信号处理方式分为哪两种，它们有什么区别？
4. 常见的插件格式有哪些？
5.VST、AU、AS/RTAS/TDM/HTDM/AAX 插件在安装上有什么要求？
6. 常见的软件效果器类型有哪些？
7. 当前，软件效果器在发展上呈现出哪些趋势？
8. 常见的声音合成方法有哪些？
9. 虚拟乐器可以分为哪三类？它们有什么区别？

延伸阅读

1. 胡泽、雷伟：《计算机数字音频工作站》，中国广播电视出版社，2005。
2. 〔英〕罗伊·伊扎奇（Roey Izhaki）著，雷伟译：《混音指南》，人民邮电出版社，2010。
3. 〔美〕亚历山大·U·凯斯（Alexander U. Case）著，雷伟译：《灵活的混音——针对多轨混音的专业音频技巧》，人民邮电出版社，2010。
4. Mike Collins：*A Professional Guide to Audio Plug-ins and Virtual Instruments*，Focal Press，2003。
5. 程伊兵：《自己动手做声音——声音合成与制作基础》，中央音乐学院出版社，2004。
6. 〔美〕米勒·普克特（Miller Puckette）著，夏田译：《电子音乐技术》，人民邮电出版社，2011。
7. 〔美〕马丁·鲁斯（Martin Russ）著，夏田译：《声音合成与采样技术》（第三版），人民邮电出版社，2011。

chapter 8

第八章　数字音频工作站系统示例

本章要点

1．Pro Tools系统的类型和构成

2．Pyramix系统的类型和构成

3．SADiE系统的类型和构成

4．Fairlight系统的类型和构成

通过前面章节的学习，我们已经了解到了数字音频工作站系统的软硬件构成及其工作原理。作为对全书内容的总结，本章将介绍一些具有固定软硬件构成的数字音频工作站系统，它们也是目前全球范围内高端工作站系统的代表。

第一节　Pro Tools 系统

作为目前全球影视录音和流行音乐录音最常使用的工作站系统，Pro Tools 系统也是所有工作站系统当中变化最多、构成最为复杂的一个。到目前为止，Pro Tools 系统在发展过程中出现的主要类型包括：Pro Tools（1991 年）、Pro Tools Ⅲ（1994 年）、Pro Tools 24（1997 年）、Pro Tools Mix（1998 年）、Pro Tools LE（1999 年）、Pro Tools HD（2002 年）、Pro Tools M-Powered（2004 年）、Pro Tools HD Native（2010 年）、Pro Tools 9（2010 年）、Pro Tools HDX（2011 年）。其中，除了 Pro Tools 9 及其之后的纯软件版本以外，其余所有的系统都需要固定的软硬件搭配。

目前，仍然在大量使用的 Pro Tools 系统，主要有 Pro Tools LE、Pro ToolsM-Powered、Pro Tools HD Native、Pro Tools 9 及其以上的纯软件版本，以及 Pro Tools HDX。这些不同的 Pro Tools 系统的工程文件可以相互通用，也就是说，由任何一个 Pro Tools 系统所生成的工程文件都可以在其他 Pro Tools 系统中打开并保存，这使得我们可以很方便地完成系统之间的文件交互。不过，不同版本的 Pro Tools 软件的工程文件名称并不相同，比如，Pro Tools 6 的工程文件为“.pts”；Pro Tools 7—9 的工程文件为“.ptf”；而 Pro Tools 10—11 的工程文件为“.ptx”。高版本的 Pro Tools 软件可以打开低版本的工程文件，但是低版本的 Pro Tools 软件却不能打开高版本的工程文件。

还需要注意的是，Pro Tools 系统不但对于硬件有着严格的限定，而且对于与之配套的软件以及操作系统的版本也有着十分明确的要求。

一、Pro Tools LE 系统

Pro Tools LE 系统是 Digidesign 公司面向个人工作室领域开发的 Pro Tools 系统，也是所有 Pro Tools 系统当中第一个不需要 DSP 运算，而完全使用 CPU 运算的系统。除计算机（Windows 或 OS X 操作系统）以外，Pro Tools LE 系统还包括若干种固定型号的声卡以及与之搭配的 Pro Tools LE 软件。这些固定型号的声卡包括：

- Mbox 声卡（最高支持 Pro Tools LE 8.0.1）；
- Mbox 2 系列声卡，包括：Mbox 2、Mbox 2 Pro、Mbox 2 Mini 和 Mbox 2 Micro；
- Avid Mbox 系列声卡，包括：Pro Tools Mbox、Pro Tools Mbox Pro 和 Pro Tools Mbox Mini；

- Digi 001 声卡（最高支持 Pro Tools LE 6.4）；
- Digi 002 系列声卡，包括：Digi 002 和 Digi 002 Rack；
- Digi 003 系列声卡，包括：Digi 003、Digi 003 Rack、Digi 003 Rack Factory 和 Digi 003 Rack+Factory；
- Eleven Rack 声卡。

上述这些声卡所使用的计算机总线接口各不相同，具体的性能差别也比较大。比如，Digi 001 是 Pro Tools LE 系统的第一款声卡，具体的形式为带有外置接口盒的 PCI 卡；Mbox 是 Pro Tools LE 系统的第一款外置声卡，总线接口为 USB1.1；Digi 002 是一款火线 400 声卡 + 控制台的产品（只能控制 Pro Tools LE），还能够脱离电脑作为数字调音台使用；Digi 003 是 Digi 002 的替代产品，同样为火线 400 声卡 + 控制台的设计（除 Pro Tools LE 以外，在控制协议的支持下，还可以控制其他工作站主程序），但却不能单独当作调音台使用（如图 8.1 所示）；Eleven Rack 则是一款带有 DSP 的火线 400 声卡，可以通过 DSP 运行 Pro Tools LE 中的 Eleven 吉他效果器插件。

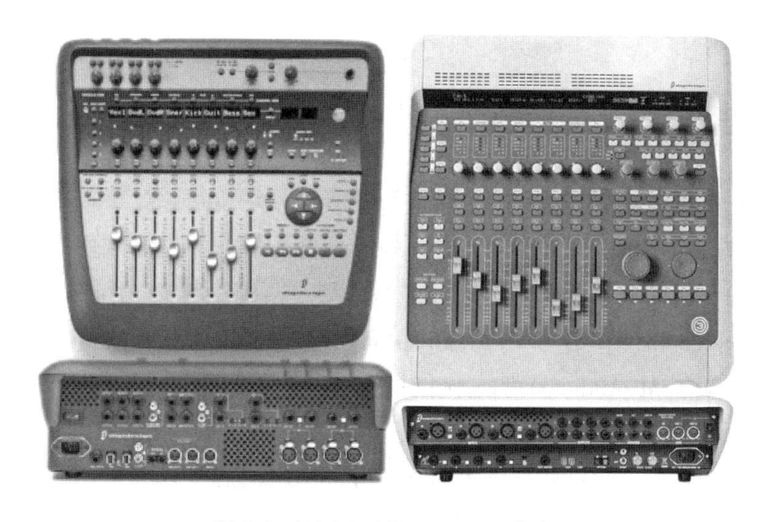

图 8.1　Digi 002 和 Digi 003 声卡

Pro Tools LE 系统的主程序称为 Pro Tools LE 软件。该软件并不单独销售，而是与上述声卡产品绑定在一起销售。Pro Tools LE 软件只能使用上述声卡来运行，这是因为只有这些声卡能够提供 Pro Tools LE 所能够识别的 DAE 驱动。但是，由于这些声卡本身还支持 ASIO 及 Core Audio 驱动，因此，它们除了可以运行 Pro Tools LE 软件以外，也可以运行任何常见的工作站主程序，如 Logic Pro 和 Sonar。

Pro Tools LE 软件的性能与它所搭配的声卡直接相关。在使用任意一款上述声卡的时候，Pro Tools LE 都可以支持 16bit 或者 24bit 录音，但是在使用某些声卡的时候（如 Digi 001、Mbox、Mbox 2、Pro Tools Mbox Mini 等），它只能支持使用 44.1kHz 和 48kHz 的采样频率。而在使用另外一些声卡的时候（如 Digi 002、Digi 003、Pro Tools Mbox、Eleven 等），它却可以最高支持96kHz的采样频率。

此外，Pro Tools LE软件的不同版本的性能也不尽相同。它的软件版本号为5.0—8.0.5。在使用7.x版本时，最多只能使用32条音频轨，并可以通过软件扩展包（Music Production Toolkit）扩展到48条；而在使用8.0.x版本时，最多则可以使用48条音频轨，还可通过软件扩展包扩展到64条。Pro Tools LE软件的最大特点是完全通过CPU进行运算，它的内部运算精度为32bit浮点，同时也只能使用AS和RTAS这两种通过CPU进行运算的插件格式。此外，Pro Tools LE软件还缺乏一些工作站主程序的常见功能，如自动延时补偿，因此，它很难称得上是一款功能完善的工作站主程序。

不过，Pro Tools LE系统的最大优点，是它和高端的Pro Tools系统（如Pro Tools HD）具有几乎完全相同的软件界面和操作方法。熟悉这些高端Pro Tools系统的用户，可以使用Pro Tools LE系统在家庭或者个人工作室当中完成一些简单的录音、编辑和编曲工作，然后再将工程拿到专业录音棚当中的高端Pro Tools系统内进行进一步的处理。此外，对于某些比较简单的制作来说，Pro Tools LE系统的性能也足以满足要求。

在Pro Tools 9纯软件版本推出以后，Pro Tools LE系统已经停止开发。

二、Pro Tools M–Powered系统

Pro Tools M–Powered系统是Avid公司在收购了M–Audio公司以后推出的一种Pro Tools系统。它的基本构成与Pro Tools LE系统非常相似，只不过必须使用M–Audio品牌的声卡，并且使用专门的Pro Tools M–Powered软件与之搭配。与Pro Tools LE系统不同的是，Pro Tools M–Powered软件并不与M–Audio品牌的声卡捆绑销售，而是单独进行销售。也就是说，用户在购买了M–Audio品牌的声卡之后，还要额外购买Pro Tools M–Powered软件，才能构成Pro Tools M–Powered系统。

Pro Tools M–Powered软件的界面及性能与Pro Tools LE软件几乎相同，其具体性能跟用户所使用的M–Audio品牌声卡的性能直接相关。Pro Tools M–Powered软件不能使用在除M–Audio品牌以外的声卡上，也不能使用在Pro Tools LE系统的声卡上。但是，作为单独的声卡产品，M–Audio品牌的声卡却可以运行几乎所有的工作站主程序。

Pro Tools M–Powered软件的版本号为6.8—9.0.5。随着Avid公司在2012年将M–Audio品牌出售给inMusic集团，Pro Tools M–Powered系统也停止了发展。

三、Pro Tools HD系统

自Pro Tools HD系统诞生以来，它一直以来都是Pro Tools高端系统的代表。Pro Tools HD是一套基于DSP运算的工作站系统，它的基本组成部分除了计算机（Windows或OS X操作系统）以外，还需要一定数量的DSP卡、专用的I/O接口，以及与之配套的Pro Tools

HD 软件。此外，还可以在此基础上加入同步器、MIDI 接口、话筒放大器、控制台等其他扩展设备。

（一）DSP 卡

Pro Tools HD 系统必须使用插在机箱内部的专用 DSP 卡。这种 DSP 卡有两种型号，分别称为 HD Core Card（核心卡）和 HD Accel Card（加速卡）。早期的核心卡和加速卡使用的都是 PCI 接口，后来替换为 PCI-E 接口。这也就是说，Pro Tools HD 系统的构建必须使用台式计算机。

根据机箱内部插入的 DSP 卡数量，Pro Tools HD 系统可以分为 HD1、HD2 和 HD3 三种版本。HD 1 系统必须使用一块核心卡；HD 2 系统必须使用一块核心卡和一块加速卡；HD 3 系统必须使用一块核心卡和两块加速卡。由于 HD 2 和 HD 3 系统使用了加速卡，因此它们又被称为 Pro Tools HD Accel 系统，如图 8.2 所示。此外，通过专用的扩展机箱，Pro Tools HD 系统可以升级为 HD 6，但实际上，Pro Tools HD 3 的性能就已经足够应对绝大部分的工作了。

图 8.2　Pro Tools HD 1、HD 2 和 HD 3 系统的 DSP 卡构成情况

Pro Tools HD 的核心卡和加速卡上有两个用于级联的端口：Port A 和 PortB。当计算机机箱内部插入的 DSP 数量超过一块时，比如 Pro Tools HD 2 系统，我们需要使用一条专用的 TDM Flex Cable 数据线，将第一块 DSP 卡（核心卡）的 Port B 与第二块 DSP 卡（加速卡）的 Port A 连接起来，如图 8.3 所示。如果是 Pro Tools HD 3 系统，我们还需要将第二块 DSP 卡（加速卡）的 Port B 与第三块 DSP 卡（加速卡）的 Port A 连接起来，以此类推。

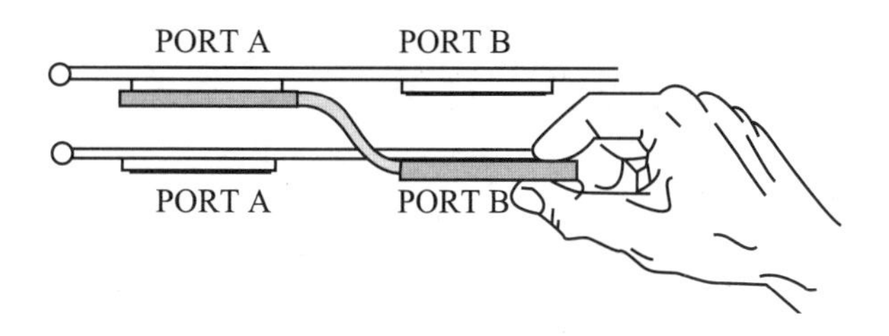

图 8.3　Pro Tools HD 系统的 DSP 卡级联方法

（二）I/O 接口

Pro Tools HD 系统必须包含至少一台 Digidesign 或者 Avid 品牌的 I/O 接口。所谓的 I/O 接口，实际上是一种负责信号输入 / 输出的模块，我们可以将它们看作是普通声卡当中的 I/O 部分（I/O 控制 +A/D、D/A 转换）。这些 I/O 接口必须通过一种称为 DigiLink 的数字连接方式，与核心卡及加速卡连接在一起，它们共同组成了 Pro Tools HD 系统的全功能声卡。I/O 接口的种类包括：

Digidesign 品牌：

- 192 系列：192 I/O（数字 / 模拟混合接口）、192 Digital I/O（只提供数字接口）；
- 96 系列：96 I/O（数字 / 模拟混合接口）、96i I/O（只提供模拟接口）。

Avid 品牌：

- Pro Tools HD I/O 系列：HD I/O 8×8×8（数字 / 模拟混合接口）、HD I/O 16×16 Analog（数字 / 模拟混合接口）、HD I/O 16×16 Digital（只提供数字接口）；
- Pro Tools HD Omni I/O（带双话放的数字 / 模拟混合接口）；
- Pro Tools HD MADI I/O（MADI 格式的数字接口）。

上述这些 I/O 接口的性能各不相同。例如，在录音精度上，192 系列的 I/O 接口和所有 Avid 品牌的 I/O 接口都可以支持最高 24bit/192kHz 的精度，而 96 系列的 I/O 接口最高只能支持 24bit/96kHz 的精度；在输入 / 输出接头的数量上，不同的 I/O 接口也有很大差别：192 I/O 提供 8 通道模拟输入（有 +4 dBu 和 –10 dBV 两种规格）、8 个通道模拟输出和 8 通道的数字输入 / 输出（有 ADAT、AES/EBU 和 TDIF 三种格式可供选择，也可选择 2 通道 S/PDIF 格式）。另外，它还提供一个扩展卡插槽，能够使用 192 A/D（8 通道模拟输入）、192 D/A（8 通道模拟输出）和 192 Digital（8 通道数字输入 / 输出）三种扩展卡，从而将接头种类扩展为 16 通道模拟输入，或者 16 通道模拟输出，或者 16 通道数字输入 / 输出。但是，无论使用哪一种扩展卡进行数字与模拟接头的搭配，每一台 192 I/O 最多只能同时使用 16 通道输入和 16 通道输出，如图 8.4 所示。

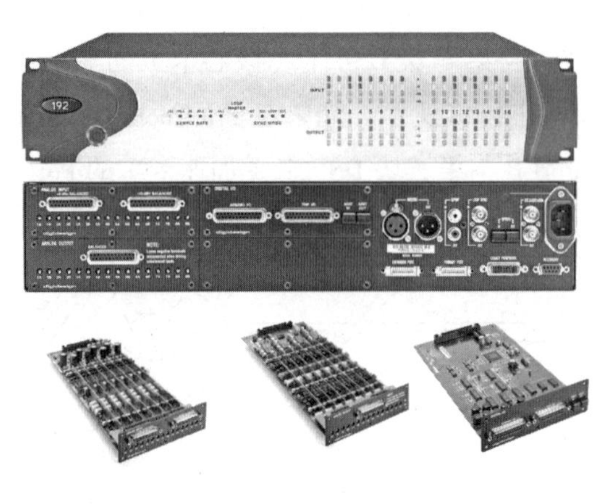

图 8.4　192 I/O 和它的三种扩展卡

与 192 I/O 相比，192 Digital I/O 是一款纯粹的数字接口，可提供 16 通道的数字输入 / 输出；96I/O 能够提供 8 通道模拟输入 / 输出，以及 2 通道 AES/EBU 或 S/PDIF 输入 / 输出；96i I/O 能够提供 16 通道的模拟输入、2 通道模拟输出，以及 2 通道 S/PDIF 输入 / 输出。其中，192 Digital I/O 和 96 I/O 都具有两个扩展卡插槽，而 96i I/O 不提供扩展卡插槽，如图 8.5 所示。

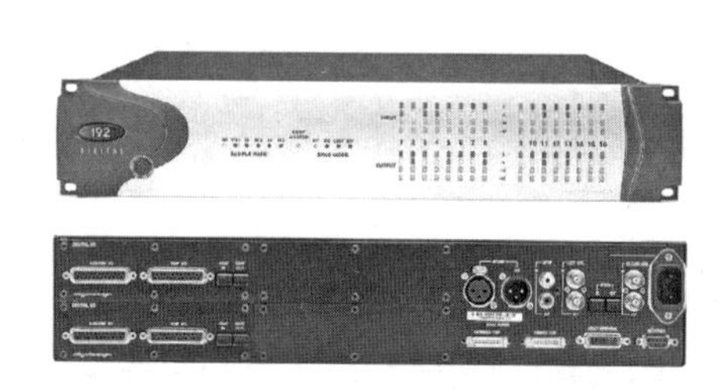

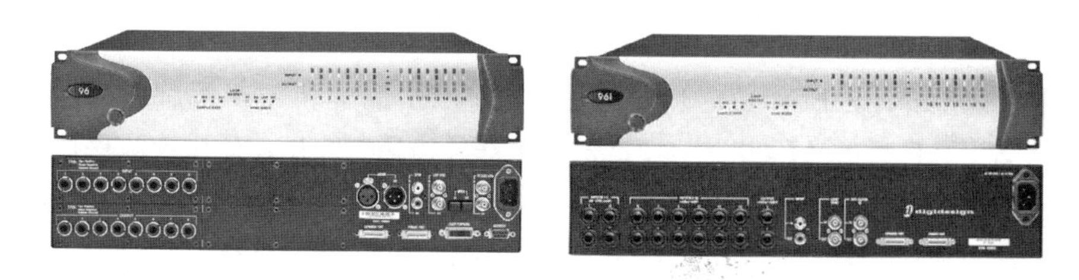

图 8.5　192 Digital I/O、96 I/O 和 96i I/O

作为 Digidesign 品牌 I/O 接口的替代品，Avid 公司在 2010 年推出了新一代的 Pro Tools HD I/O 接口。其中，HD I/O 系列的三种产品当中，HD I/O 8×8×8 的接头规格与 192 I/O 基本相同；HD I/O 16×16 Digital 的接头规格与 192 Digital I/O 基本相同；而 HD I/O 16×16 Analog 的接头规格基本相当于 192 I/O+192 A/D 扩展卡 +192 D/A 扩展卡。不过，与 192 I/O 相同，HD I/O 系列不管使用哪一种接头形式的组合，也最多只能同时使用 16 通道输入和 16 通道输出，如图 8.6 所示。

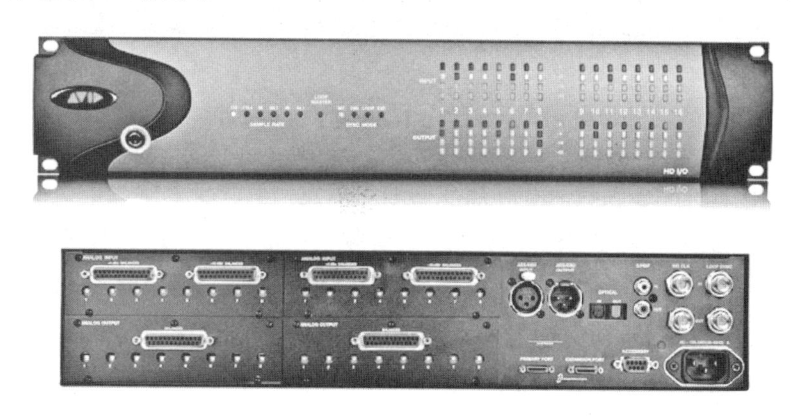

图 8.6　Avid Pro Tools HD I/O 16×16 Analog

Avid Pro Tools HD MADI I/O 接口是 Pro Tools HD 系统的第一款 MADI 接口，它使 Pro Tools HD 系统第一次具有了通过 MADI 格式传输数字音频信号的能力。HD MADI I/O 是一款纯粹的数字接口，它带有两组 MADI 接头（分别提供光纤与同轴的输入 / 输出接头），总共具有 64 通道 MADI 信号的输入 / 输出能力，最高可支持 24bit/192kHz 的数字音频信号，如图 8.7 所示。

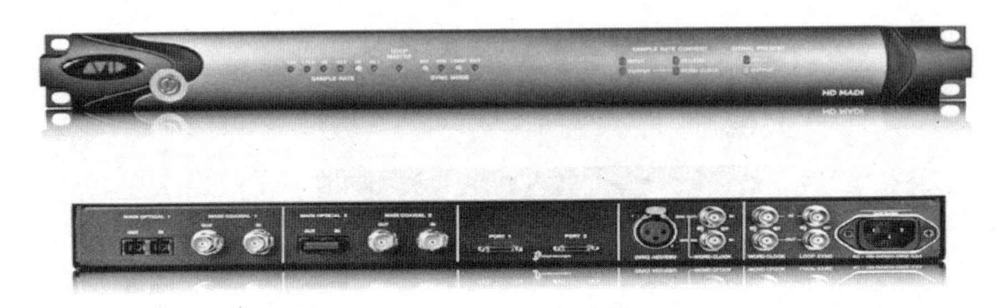

图 8.7　Avid Pro Tools HD MADI I/O

实际上，以上介绍的所有 I/O 接口（包括 Digidesign 品牌和 Avid 品牌）都是针对大型录音棚的产品，其最显著的特点之一就是不提供话放模块。我们在使用这些接口时，必须在它们的前端连接独立的话筒放大器或者调音台，才能进行话筒录音。此外，这些接口上也没有提供耳机接口。与之相比，Avid Pro Tools HD Omni I/O 则是第一款面向个人工作室的 Pro Tools HD 接口，它提供了两个话放通路和一个耳机接口，而且还可以脱离 Pro Tools HD 系统（电脑不必开机）作为一台独立的监听控制器来使用，也可以在打开 Pro Tools HD 软件后，实现硬件监听。

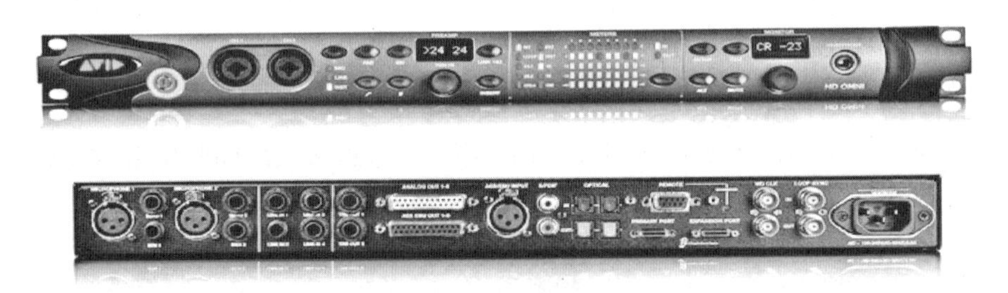

图 8.8　Avid Pro Tools HD Omni I/O

Pro Tools HD 系统能够同时录音和播放的通道数量，取决于系统当中所使用的所有 I/O 接口的通道数量（此外，还受 DSP 卡所支持的音频轨数量的影响）。任何的 Pro Tools HD 系统都可以连接一台以上的 I/O 接口，而且接口的具体型号可以混搭，但是此时需要进行一种所谓的“Loop Sync”（环形同步）连接，才能保证所有的 I/O 接口被 Pro Tools HD 软件识别为一套整体的外部接口系统。图 8.9 和图 8.10 分别显示了在 HD 1 系统当中连接两台 96 I/O 时的 Loop Sync 连接方法，以及在 HD 2 系统当中连接三台 96 I/O 时的 Loop Sync 连接方法。

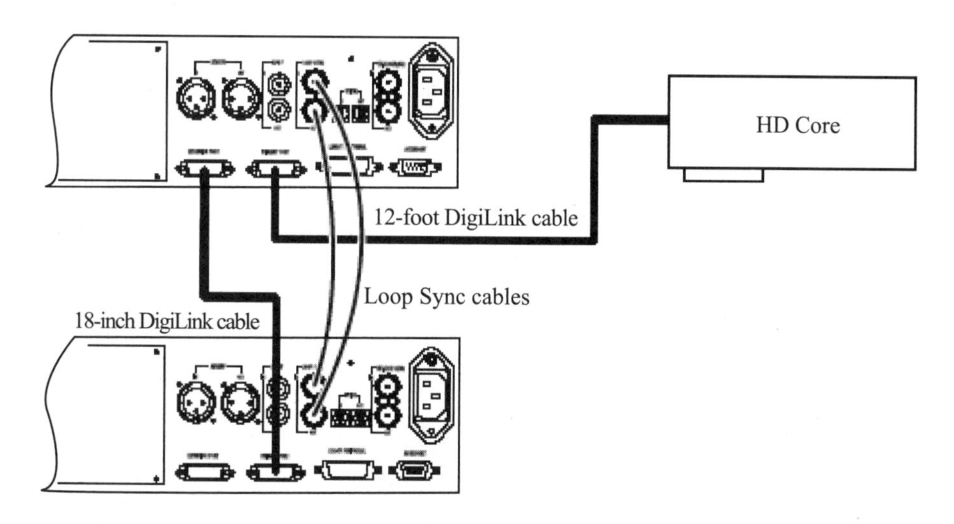

图 8.9　在 HD 1 系统当中连接两台 96 I/O 的 Loop Sync 连接方法

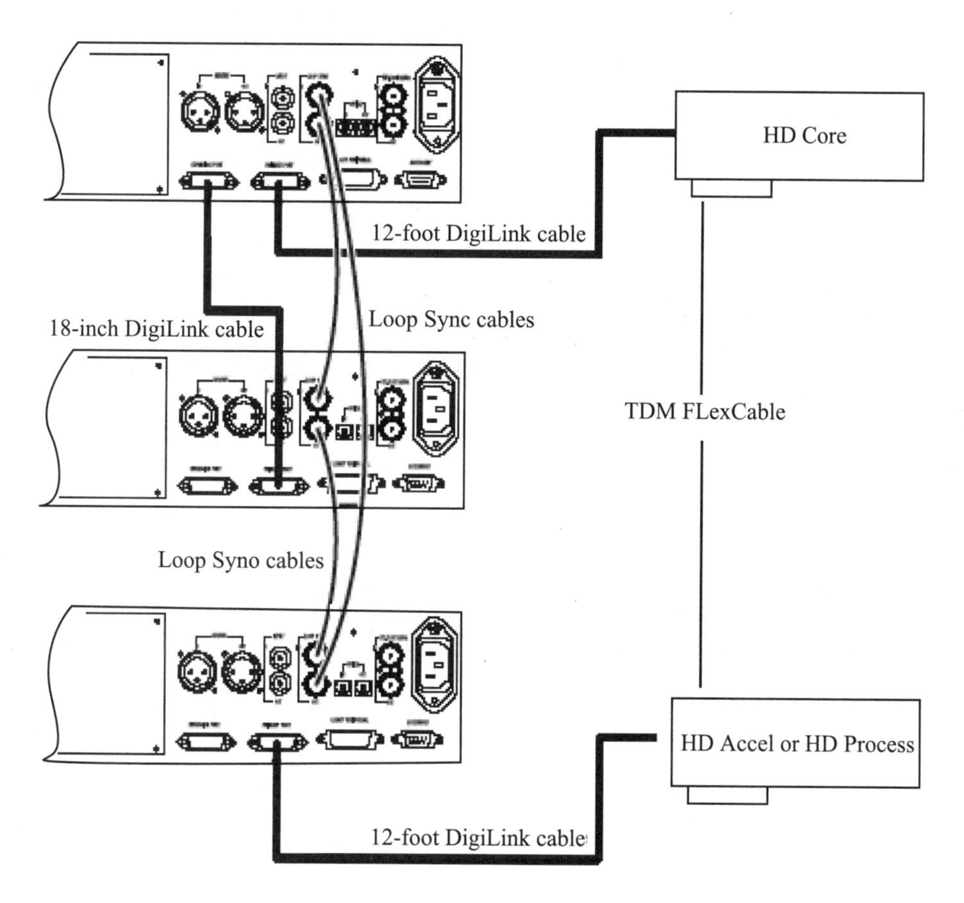

图 8.10　在 HD 2 系统当中连接三台 96 I/O 的 Loop Sync 连接方法

需要注意的是，Avid 品牌的 Pro Tools HD I/O 接口一律采用的是 Mini DigiLink 接头，而非 Digidesign 品牌的 I/O 接口所使用的 DigiLink 接头。因此在将这两种品牌的 I/O 接口进行混搭时，需要使用 Mini DigiLink 到 DigiLink 的转接线，如图 8.11 所示。

图 8.11　Mini DigiLink 到 DigiLink 转接线

我们可以发现，在上述这些 Pro Tools HD 系统的 I/O 接口当中，像 192 I/O 和 HD Omni 这样既提供模拟接头，又提供数字接头的 I/O 接口，几乎就是一台 AD/DA 转换器。它们和普通的 AD/DA 转换器的主要差别就在于具有 DigiLink 或 Mini DigiLink 接头，从而能够与核心卡及加速卡进行连接，并且能够被 Pro Tools HD 软件所识别。此外，除 HD Omni 以外，上述这些接口都不能脱离 Pro Tools HD 系统单独工作。因此，有一些普通的 AD/DA 转换器，如 Lynx、Apogee 等品牌的产品，在通过 Avid 公司认证以后，可以加入一块提供 DigiLink 或 Mini DigiLink 接头的扩展卡，从而替代这些 Digidesign 和 Avid 品牌的 I/O 接口，为 Pro Tools HD 系统提供输入 / 输出，如图 8.12 所示。

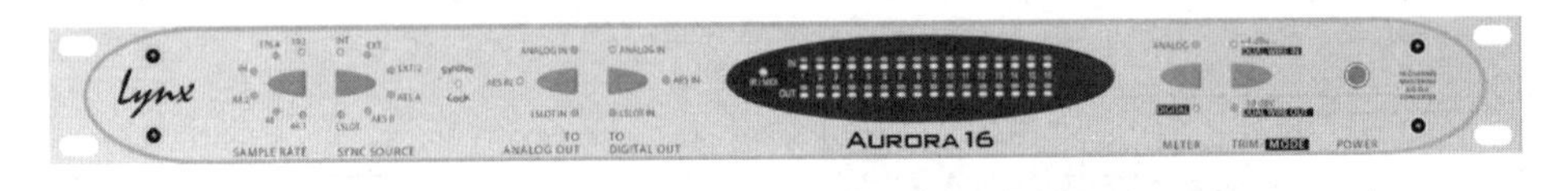

图 8.12　Lynx Aurora 16 AD/DA 转换器和它的 Pro Tools HD 扩展卡

（三）Pro Tools HD 软件

Pro Tools HD 系统的主程序称为 Pro Tools HD（又称 Pro Tools TDM）软件。该软件并不单独销售，而是与核心卡绑定在一起销售。它的版本号为 5.3 以上，如果需要使用 Avid 品牌的 I/O 接口，必须升级到 8.1 版本以上。Pro Tools HD 软件的最大特点，就是它必须使用核心卡及加速卡上的 DSP 来运行，并且内部运算精度为 48bit 固定点（效果处理的精度为 24bit 固定点）。这使得 Pro Tools HD 软件虽然在界面与操作方法上与 Pro Tools LE 及 Pro Tools M-Powered 极为相似，但它们在算法上却是完全不同的软件。从理论上说，在声音的细节上也有所差别。

Pro Tools HD 软件的另一大特点是它可以使用 TDM（11 以下）和 AAX DSP（10 以上）格式的插件，从而通过 DSP 完成效果处理。此外，它也可以使用 AS、RTAS（11 以下）和 AAX Native（10 以上）格式的插件，通过 CPU 完成效果处理。

由于不同的 Pro Tools HD 系统具有不同数量的 DSP 卡，因此 Pro Tools HD 软件的具体性能也会有所不同，如表 8.1 所示。

表 8.1　不同 Pro Tools HD 系统的软件性能对比

系统名称	采样频率（kHz）	发音数（能够同时播放的单声道音频轨数）	能够同时录音的单声道音频轨数
Pro Tools HD 1	44.1/48	96	96
	88.2/96	48	48
	192	12	12
Pro Tools HD Accel 2 Pro Tools HD Accel 3	44.1/48	192	192
	88.2/96	96	96
	192	36	36

（四）可选的扩展组件

上述软硬件（包括台式计算机）是 Pro Tools HD 系统的必备组件。但是，为了扩展其性能，我们还可以加入一些其他的组件。比如，Pro Tools HD 系统的 I/O 接口并不提供标准 MIDI 接头，因此如果需要使用标准 MIDI 接头连接其他设备的话，我们就需要加入 Digidesign MIDI I/O 接口。还有，大部分 Pro Tools HD 的 I/O 接口并不具有话放模块，因此如果我们需要进行话筒录音，就必须加入单独的话筒放大器或者调音台。Pro Tools HD 系统允许用户使用任意的话筒放大器和调音台，但是如果使用 Digidesign 或 Avid 品牌的 PRE 八通道话筒放大器，就可以通过 Pro Tools HD 软件实现对该话筒放大器的控制。这两种话放还提供一组标准 MIDI 接头，可以在一定程度上替代 MIDI I/O 接口。此外，如果用户需要 Pro Tools HD 系统与其他设备实现更好的同步，还可以选择一台同步器。不过与其他品牌的同步器相比，Digidesign 的 Sync I/O 或 Avid 的 Sync HD 同步器与 Pro Tools HD 系统的配合更好，还能实现更多的功能，如图 8.13 所示。

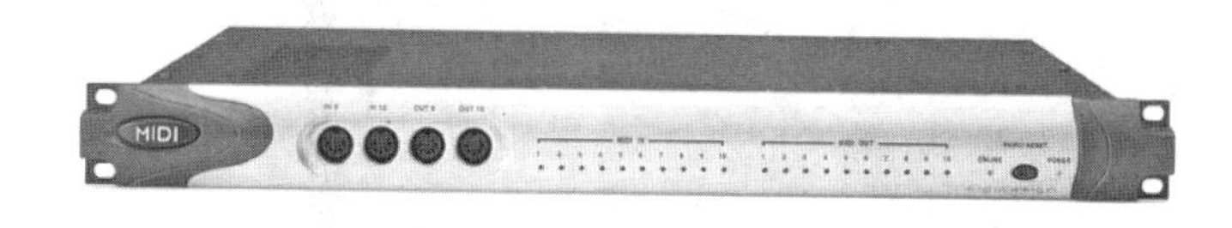

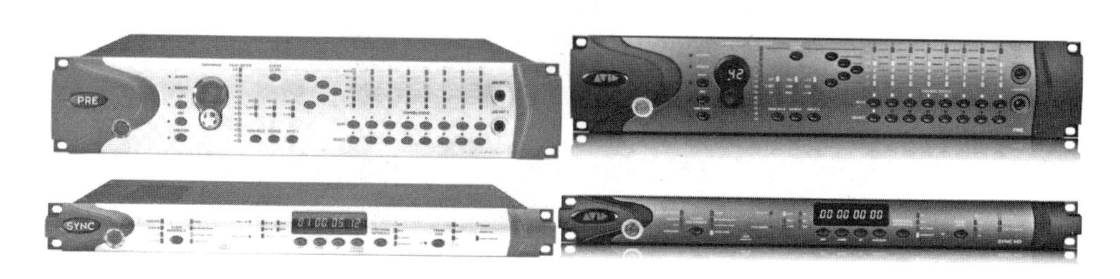

图 8.13　Digidesign 和 Avid 品牌的 MIDI 接口、话筒放大器及同步器

（五）可选的控制台

如果我们需要用 Pro Tools HD 系统进行复杂的混音工作，还可以考虑为系统加入一台控制台。Pro Tools HD 系统支持符合其控制协议的任何控制台，或者是具有软件控制功能的调音台。但是相比于其他品牌的控制台而言，Digidesign 或 Avid 品牌的控制台与 Pro Tools HD 软件的配合更为出色，而且界面的相似程度也更高。到目前为止，Digidesign 或 Avid 品牌所推出的控制台包括：

Digidesign 品牌（已停产）：

- Command 8（8 推子小型控制台）；
- Control 24（24 推子中型控制台，带 16 个话放模块）；
- Pro Control（模块化大型控制台）；
- Icon 系列：D-Command（模块化中型控制台）、D-Control（模块化大型控制台）。

Avid 品牌：

- Artist 系列（小型控制台，可进行不同模块的自由组合）：Artist Color、Artist Control、Artist Mix、Artist Transport；
- MC Control（音频、视频软件混合控制台）；
- C 24（24 推子中型控制台，带 16 个话放模块）；
- System 5-MC（使用 System 5 数字调音台界面的大型控制台）；
- S6（模块化控制台）。

其中 S6 是 Avid 公司在 2013 年新推出的控制台，能够在水平和垂直两个方向上进行模块化扩展，带有触摸屏，可垂直显示每一个音轨的波形，还能够控制任何支持 Eucon 协议的工作站主程序，如图 8.14 所示。

图 8.14　Avid S6 控制台及其各个模块

四、Pro Tools HD Native 系统

Pro Tools HD Native 系统是 Avid 公司推出的一种基于 CPU 运算的 Pro Tools 系统。它的基本构成与 Pro Tools HD 系统非常相似，除了计算机（Windows 或 OS X 操作系统）以外，还需要一块 HD Native 卡，以及 Avid 品牌的 I/O 接口。目前，HD Native 卡有 PCI-E 接口及 Thunderbolt 接口两种产品可供选择，前者用于台式机，后者则用于任何具有 Thunderbolt 接口的台式机或笔记本电脑，如图 8.15 所示。但是 HD Native 卡并不支持多卡级联，一台计算机上只能连接一张 HD Native 卡。

图 8.15　HD Native 卡（PCI-E 接口型和 Thunderbolt 接口型）

Pro Tools HD Native 系统与 Pro Tools HD 最大的区别在于，尽管也在机箱内插入（或在外连接）了一块 DSP 卡，但是这块 DSP 卡并不负责 Pro Tools HD Native 系统的主程序运行，也不能完成任何的效果处理。它唯一的作用，是以 64bit 浮点运算精度完成信号的混合。

Pro Tools HD Native 系统所使用的主程序也是 Pro Tools HD 软件，版本号为 8.5 以上。实际上，Pro Tools HD 系统与 Pro Tools HD Native 系统所使用的主程序本身并没有区别，只是当它被安装在不同的系统上时，会使用不同的内部运算精度，但二者的性能几乎一致。在 Pro Tools HD Native 系统当中，Pro Tools HD 软件的运算精度为 32bit 浮点运算，并且所有的信号处理全部由 CPU 完成（但信号混合由 HD Native 卡完成）。此外，Pro Tools HD Native 系统的 Pro Tools HD 软件并不支持 TDM 和 AAX DSP 插件，只支持 AS、RTAS（11 以下）和 AAX Native（10 以上）插件。

与 Pro Tools HD 系统一样，Pro Tools HD Native 系统也可以进行周边设备扩展，如话筒放大器、同步器、控制台等。

五、Pro Tools 系统（9 以上）

不管是 Pro Tools LE、M-Powered、HD 还是 HD Native 系统，都必须具备一定的硬件，并且必须使用 DAE 驱动完成软件和硬件之间的信号传输。但是，从 9.0 版本开始，Pro Tools 软件实现了全面的开放。该软件在 Windows 系统下开始支持 ASIO 驱动，而在 OS X 系统下开始支持 Core Audio 驱动，这使得它可以和任何的专业声卡配合使用，从而变成了

一个与 Cubase、Logic、Sonar 等主流音频音序器相似的工作站主程序。

Pro Tools 软件（9 以上）使用 32bit 浮点运算精度，完全通过 CPU 完成各种处理。相比于 Pro Tools LE 软件，Pro Tools 软件（9 以上）最大的提升在于提供了自动延时补偿功能，并且音频轨的数量增加到了 96 轨，还支持 MP3、OMF、AAF 和 MXF 文件的导入和导出。尽管它与 Pro Tools LE 一样只支持单声道和立体声母线，但是却可以通过 Complete Production Toolkit 2 软件扩展包，实现对 7.1 环绕声混音的支持，同时音频轨数量也会提升到与 Pro Tools HD/HD Native 系统相同的 192 条。

尽管可以运行在 64bit 的操作系统下，但 Pro Tools 9 和 Pro Tools 10 仍然是 32bit 的软件。不过从 Pro Tools 11 开始，它完全变成了一个 64bit 的软件，只能支持 AAX 插件（纯粹的 Pro Tools 11 软件只支持 AAX Native 插件），并且提供了离线导出功能（之前任意版本的 Pro Tools 软件只提供等时长导出）。

六、Pro Tools HDX 系统

尽管 Pro Tools 9 软件已经全面开放，但是 Avid 公司并没有停止 Pro Tools HD 这种基于 DSP 运算的系统研发，并且推出了 Pro Tools HD 系统的替代产品——Pro Tools HDX 系统。

Pro Tools HDX 系统的构成与 Pro Tools HD 系统非常类似，除了计算机（Windows 或 OS X 操作系统）以外，还需要至少一块 HDX 卡，以及 Avid 品牌的 I/O 接口。不同于 Pro Tools HD 系统将 DSP 分为核心卡和加速卡两种，Pro Tools HDX 系统的 DSP 卡只有 HDX 卡一种，并且支持多卡级联。目前，HDX 卡只有 PCI-E 接口一种形式，也就是说，Pro Tools HDX 系统也必须基于台式计算机进行构建，如图 8.16 所示。但实际上，我们可以通过带有 Thunderbolt 接口的接口盒（内部提供 PCI-E 接口），将 HDX 卡与任何提供 Thunderbolt 接口的计算机连接在一起。

图 8.16　HDX 卡

Pro Tools HDX 系统的主程序仍然为 Pro Tools HD 软件，版本号为 10.1 以上。当 Pro Tools HD 软件被安装在 Pro Tools HDX 系统当中时，它会使用 HDX 卡上的 DSP 进行混合处理，其内运算精度为 64bit 浮点。在进行效果处理时，Pro Tools HDX 系统当中的 Pro Tools

HD 软件只能支持 AAX 插件，在使用 AAX DSP 插件时，其运算核心为 HDX 卡；而在使用 AAX Native 插件时，其运算核心为 CPU。但不管使用哪一种运算核心，效果运算的内部精度都是 32bit 浮点。因此尽管运算核心不同，但是同一种效果器插件的 AAX DSP 版本和 AAX Native 版本的声音，却是完全一致的。

与 Pro Tools HD 系统一样，Pro Tools HDX 系统也可以进行周边设备扩展，如话筒放大器、同步器、控制台等。

由于 HDX 卡的 DSP 处理能力比 Pro Tools HD 系统的核心卡和加速卡要强大得多，因此 Pro Tools HDX 系统的性能也得到了显著的提升。表 8.2 显示了主流 Pro Tools 系统的性能对比。

表 8.2　主流 Pro Tools 系统的性能对比

	Pro Tools HDX	Pro Tools HD Accel	Pro Tools HD Native	Pro Tools（9 以上纯软件）+CPTK2 扩展包	Pro Tools（9 以上纯软件）	Pro Tools LE 8
发音数	256（最多 768）	96（最多 192）	256	192	96	48
音频轨（48/96/192kHz）	256/128/64（最多 768）	96/48/18（最多 512）	256/128/64	192	96	48
延迟（96kHz，64 个采样的缓冲）	0.7ms	0.96ms	1.7ms	取决于驱动格式和声卡性能	取决于驱动格式和声卡性能	取决于驱动格式和声卡性能
乐器轨	128	128	128	128	32	32
辅助轨	512	160	512	160	160	128
内部总线	256	256	256	256	32	32
I/O 通道	64（最多 192）	32（最多 96）	64	取决于声卡	取决于声卡	取决于声卡
自动延时补偿	16383 个采样	4096 个采样	16383 个采样	有	有	无
处理精度	32bit 浮点	24bit 固定点	32bit 浮点	32bit 浮点	32bit 浮点	32bit 浮点
调音台（混合）精度	64bit 浮点	48bit 固定点	64bit 浮点	32bit 浮点	32bit 浮点	32bit 浮点
DSP 运算能力	18 × 350 MHz 处理器（T1）	9 × 200 MHz 处理器（56k）	无（CPU 运算）	无（CPU 运算）	无（CPU运算）	无（CPU 运算）

第二节　Pyramix 系统

Pyramix 系统的全称为 Pyramix Virtual Studio，是瑞士 Merging 公司研发的数字音频工作站系统，只能运行在 Windows 系统下。在 Pyramix 系统的发展过程中，它也像 Pro Tools 系统一样，产生了几次重大的变化。早期的 Pyramix 系统必须运行在称为 Mykerinos 的 DSP 卡上，就像是 Pro Tools HD 系统必须运行在其核心卡和加速卡上一样。并且，在 Mykerinos 卡以外，Pyramix 系统还需要加入专用的 I/O 子卡，其功能就像是 Pro Tools HD 系统的 I/O 接口。但是，二者的不同点在于，Pyramix 系统的这些 I/O 子卡都是插在台式计算机的机箱内部的，而不像是 Pro Tools HD 系统的 I/O 接口位于机箱外部。

Mykerinos 卡分为 PCI 接口和 PCI–E 接口两种（后者称为 Mykerinos–X），同一台计算机中最多可插入 8 块，从而为 Pyramix 系统提供强大的 DSP 处理能力。而 I/O 子卡一共有 6 种，分别提供通道数量与类型不等的接头，如图 8.17 所示。

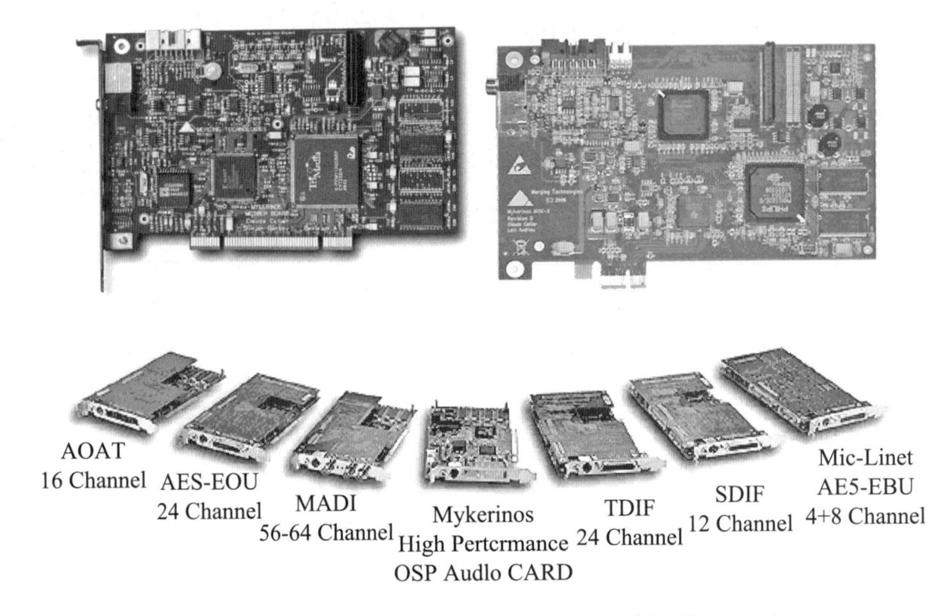

图 8.17　Mykerinos 卡（PCI 和 PCI–E 接口）及其 I/O 子卡

需要注意的是，Mykerinos DSP 卡的级联是通过 HDTDM 或 XDTDM 格式的母线完成的。HDTDM 母线支持 64 通道输入 / 输出，而 XDTDM 母线支持 128 通道输入 / 输出。不过，HDTDM 或 XDTDM 的接头位于 I/O 子卡上，因此如果需要进行 Mykerinos 卡的级联，那么就必须加入对应数量的子卡，尽管用户不一定需要使用这些子卡上的输入 / 输出接口，如图 8.18 所示。

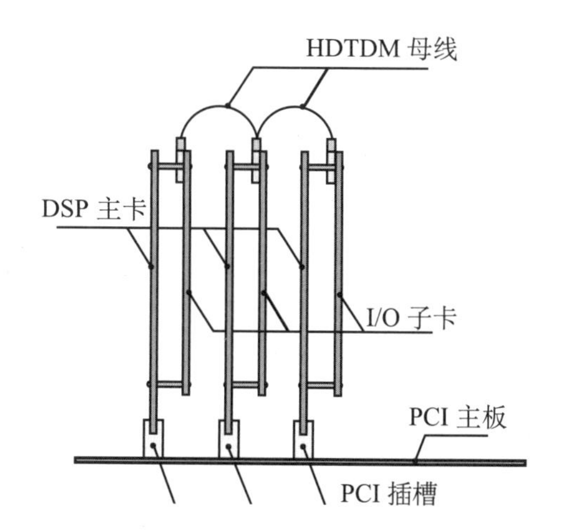

图 8.18　Mykerinos 卡的级联方法

实际上，Pyramix 系统当中也存在也可以脱离 Mykerinos 卡独立运行的版本，并可以使用任何支持 ASIO 驱动的声卡。但是相比于运行在 Mykerinos 卡上的 Pyramix 系统而言，这种独立运行的软件在性能上受到了很大的限制。另外，在 4.0 版本之前，Pyramix 软件只能使用 VS3 格式的插件，通过 Mykerinos 卡完成效果处理。但是从 4.0 版本开始，Pyramix 软件支持了 VST 和 DX 插件，从而可以通过 CPU 完成效果处理（后来的版本取消了对 DX 插件的支持）。

在 Pyramix 系统的发展过程中，Pyramix 6 是一个非常重要的软件版本。从这个版本开始，Merging 公司为 Pyramix 系统开发出了全新的 MassCore 驱动。从此，Pyramix 系统逐渐演变为目前 Pyramix 8 版本下的两种系统：Pyramix MassCore 和 Pyramix Native。

一、Pyramix MassCore 系统

Pyramix MassCore 是目前 Pyramix 系统中的高端系统，需要使用 Merging 公司出品的硬件。Merging 公司认为，数字音频工作站已经进入了全面使用 CPU 进行运算的时代，相比于目前主流的多核计算机，传统的 DSP 设备在运算能力上已经变得毫无优势。但是，如果主程序和插件完全使用 CPU 来运算，它们就得不断向操作系统申请处理“许可”，从而造成比较大的延迟，与之相比，DSP 运算方式在延时特性上依然具有优势。

因此，Merging 公司开发出了专门用于 Pyramix 系统的 MassCore 驱动，来解决上述问题。MassCore 驱动能够将多核计算机当中的某一个（或者某几个）核心拆分出来，使之专门用于 Pyramix 软件的运行和信号处理，而 Windows 操作系统只能识别和使用剩下的几个核心。这样，就等于让计算机中的一部分核心专门为 Pyramix 服务，从而形成了非常强大的处理能力。同时，MassCore 驱动还能够让这些核心直接与硬件设备进行沟通，从而避免了在信号传输过程中由于 Windows 操作系统的参与而导致的延时问题。也正因为如此，Pyramix MassCore

系统必须使用多核计算机来工作（Pyramix 8 软件要求计算机至少达到四核）。

在使用 MassCore 驱动时，Pyramix 软件可以提供 384 个输入 / 输出通道、256 条总线、1.33ms 的延时，并支持最高达到 384kHz 的 PCM 信号（DXD 信号）及 DSD 信号的记录和编辑。

（一）Pyramix MassCore 系统的配置方案

MassCore 驱动必须通过 Merging 公司的硬件设备才能够实现。目前，可选的硬件设备方案有两种：

1. MassCore 与 Mykerinos 卡结合的方案

这种方案并非是 Merging 公司主推的 Pyramix MassCore 系统方案，只是为了那些曾经购买了 Mykerinos 卡的用户能够使用 MassCore 驱动而设计的一个过渡方案。在安装 Pyramix 8 软件的时候，用户如果希望继续使用 Mykerinos 卡，就必须使用 Windows 7 32bit 操作系统，或者是 Windows XP SP3 操作系统。

此时，MassCore 驱动会将计算机 CPU 中的一部分核心作为 Pyramix 软件的专用运算核心，而不再使用 Mykerinos 卡上的 DSP 芯片来完成 Pyramix 软件的运行和信号处理。但是 Mykerinos 卡及其 I/O 子卡依然负责为 Pyramix 系统提供音频输入 / 输出通道及其物理接头。

2. MassCore 与 Hours 音频转换器结合的方案

Hours 是 Merging 公司开发的基于 Ravenna 网络音频协议的多功能音频转换器，也是 Merging 公司目前主推的 Pyramix MassCore 系统硬件接口。在使用这套方案时，用户首先需要在计算机的机箱内插入一块 PCI-E 接口的 NET-MSC-GBEX1 以太网控制卡（如图 8.19 所示），然后安装 Pyramix 8 软件和 MassCore 驱动。在进行适当的设置以后，就可以利用网线将 Hours 与 NET-MSC-GBEX1 连接起来，组成强大的网络音频系统。目前，用户只能使用 Windows 7 32bit 操作系统来实现这一配置方案。

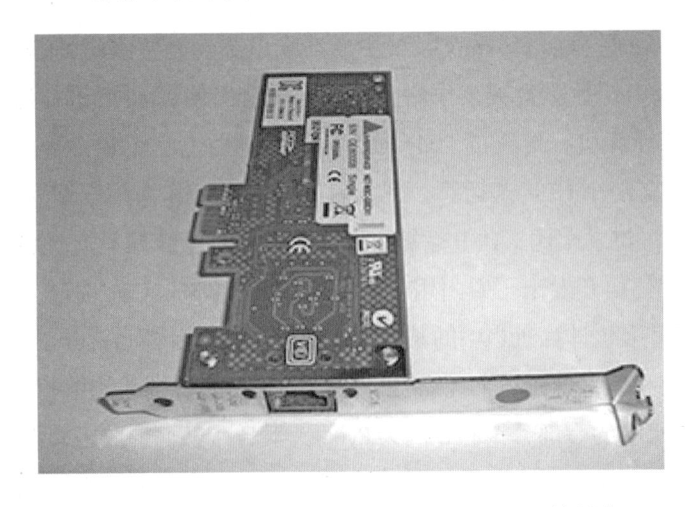

图 8.19　Merging NET-MSC-GBEX1 以太网控制卡

Horus 是一台非常强大的多功能音频转换器。它能够使用 Ravenna 网络音频协议进行音频信号的传输，支持采样率从 44.1 至 384kHz 的 PCM（DXD）/DSD 信号，最多可实现 176 个输入通道和 178 个输出通道。其中包括：通过 6 个扩展插槽（共有 4 种可供选择的 A/D、D/A 扩展卡）实现的 48 通道 Mic/Line 输入或 48 通道 Line 输出、24 通道 AES/EBU 输入/输出、64通道MADI输入/输出（光纤或同轴），另外还提供一个MADI扩展插槽（使用专门的 MADI 扩展卡）和一个耳机输出接口。除此以外，Horus 还具有 LTC/MIDI/RS422 同步信号接口（以太网接口）和 Word Clock 接口（BNC），如图 8.20 所示。Horus 并非是 Pyramix 系统独有的音频转换器，它还可以与任何能够支持 Ravenna 网络音频协议的工作站主程序配合工作，比如 Pro Tools 10、Nuendo 6、Cubase 7 和 Sequoia 12。

图 8.20　Merging Horus 多功能音频转换器

（二）Pyramix 软件

Pyramix MassCore 系统的主程序是 Pyramix 软件，目前的最高版本为 8.1。该软件的构成方案为：一个基本程序 + 不同的软件包 + 可选功能授权。基本程序为 Pyramix LE 软件，该软件提供了 Pyramix 的用户界面和主要功能。在这基础上，用户可以按照不同领域的制作要求，选择 Broadcast（广播）、Music（音乐）、Mastering（母带处理器）、Post（后期制作）四种不同的软件包，来扩展 Pyramix LE 的功能。此外，如果用户选择了某一个软件包，但是还需要其他软件包中的某些功能，或者另一些比较特殊的功能（如专业降噪插件等），就可以通过购买可选功能授权来实现。

在 MassCore 驱动的支持下，Pyramix 软件可以使用 64bit 浮点的内部处理精度。其最大特点在于，它能够支持采样频率从 44.1kHz 到 384kHz 的 PCM 信号，也能够支持采样频率从 2.8224MHz（DSD64）到 11.2MHz（DSD256）的 DSD 信号。Pyramix 软件在对 DSD 信号进行编辑的时候，是将它转换为一种称为 DXD 的信号来实现的。DXD（Digital eXtreme Definition，数字极限精度）并非是一种特殊的信号，只是对 352.8kHz（44.1kHz 的 8 倍）或 384kHz（48kHz 的 8 倍）PCM 信号的另一种称呼而已。另外，通过 Hours 等音频转换器，

Pyramix MassCore 系统还可以实现模拟信号、PCM 信号与 DSD 信号之间的相互转换。

目前，Pyramix 软件支持 VS3 和 VST 格式的插件，全部通过 CPU 完成运算。

（三）可选的控制台

Merging 公司并没有为 Pyramix 软件设计独有的控制台，而是让它广泛支持了各种控制协议，从而能够使用市场上大部分的控制台、带有软件控制功能的调音台，以及 MIDI 控制器。目前，Pyramix 软件能够支持的控制协议包括：

- Oasis（Open Audio System Integration Solution，开放性音频系统集成方案）协议。使用该协议的控制台和带有软件控制功能的调音台包括 Smart TV 公司的 Tango 2 控制台、Stagetec 公司的 Aurus 调音台、AMS Neve 公司的调音台、Harrison 公司的 GLW 调音台等。
- Eucon 协议。该协议为 Avid 品牌的控制台和调音台所独有。前文曾经提到的用于 Pro Tools 系统的 Artist 系列控制台和 System 5-MC 大型控制台，也可以通过该协议控制 Pyramix 软件。
- MIDI/HUI 协议。利用小型控制台和 MIDI 控制器所广泛采用的 HUI 协议（基于 MIDI 标准），Pyramix 软件能够通过 MIDI 信号（以 USB 连接方法为主）被很多这种类型的设备所控制。

二、Pyramix Native 系统

Pyramix Native 系统是目前 Pyramix 系统当中的低端版本，它允许用户在 Windows 7 32bit 或 64bit 操作系统，以及 Windows XP SP3 操作系统下，使用任何支持 ASIO 驱动的声卡来进行 Pyramix 软件的运行。不过此时，Pyramix 软件的通道数量会减少到 128 个，并且不支持 DSD 信号，对 PCM 信号的支持也降低到最高 192kHz（不支持 DXD 信号）。

Pyramix Native 系统也允许用户通过 ASIO 驱动及 Ravenna 协议使用 Horus 音频转换器。但是此时，用户只能使用 Windows 7 32bit 或 64bit 操作系统，而且需要安装专门的 Merging Ravenna ASIO 驱动，并进行相应的设置。

在 ASIO 驱动下，Pyramix 软件的内部运算精度为 32bit 浮点。它不再拥有 MassCore 驱动所提供的独占某些 CPU 核心的功能，在信号传输过程中的延时大小也直接取决于声卡的性能。不过，Pyramix 软件依然可以使用 VS3 和 VST 插件进行信号处理。

第三节　SADiE 系统

SADiE 是英国 Prism Sound 公司研制的数字音频工作站系统，该公司也是音频业内非

常著名的 AD/DA 转换器和音频测量设备的生产厂商。SADiE 系统在国内的用户并不多，但是在国际上却广受欢迎，在电视台、电台的录音和音频编辑领域，以及古典音乐录音及母带制作领域有着相当广泛的应用，其最大客户是英国的 BBC 电台。

与 Pro Tools 系统和 Pyramix 系统一样，早期的 SADiE 系统也是基于 DSP 运行的。但是从 5.0 版本开始，SADiE 软件可以脱离 DSP，完全使用 CPU 运行，并与任何支持 ASIO 驱动的专业声卡一起工作。而从 6.0 版本开始，Prism Sound 公司不再将 SADiE 软件与 SADiE 硬件系统绑定在一起，用户可以单独购买 SADiE 6 软件，用个人电脑上的 CPU 和自己的声卡来运行；也可以在购买 SADiE 6 软件后，再购买 SADiE 硬件系统，通过该硬件系统的 DSP 运行 SADiE 6 软件，并获得配套的输入 / 输出接口（部分 SADiE 硬件附带有 SADiE 5 软件，如果用户觉得功能够用，可以不必购买 SADiE 6 软件）。

一、SADiE 6 软件

SADiE 6 软件和 Pyramix 6 以上版本的软件一样，既可以单独通过 CPU 运行，也可以通过专门的 SADiE 硬件系统来运行。但是，二者的不同之处在于，SADiE 6 软件在使用 SADiE 6 硬件系统运行时，是通过 DSP 完成运算的；而 Pyramix 6 以上版本的软件在配合 Merging 公司的硬件产品运行时，尽管使用了 MassCore 驱动，但仍然是通过 CPU 完成运算的。因此，SADiE 6 软件实际上更像是 Pro Tools 软件：单独运行的 SADiE 6 软件与 Pro Tools 9 以上版本的软件非常类似（都通过 CPU 运算），而配合 SADiE 6 硬件系统运行的 SADiE 6 软件与 Pro Tools HD 9 以上版本的软件非常类似（都通过 DSP 运算）。

SADiE 6 软件被划分为六个具体的型号：SADiE 6 Lite、SADiE 6 Pro、Radio Producer、Post Suite、Mastering Suite 和 Sound Suite。这些软件型号拥有相同的界面，只是在具体的功能上有所差异。所有版本的 SADiE 6 软件都支持 DX 和 VST 格式的插件，后四种版本还可以选装 Cedar 公司为其提供的降噪插件组合。

二、SADiE 硬件系统

与 Pro Tools HD/HD Native/HDX 系统不同，SADiE 硬件系统几乎都是进行整机销售的，用户不再需要单独购买计算机。也就是说，所谓的 SADiE 硬件系统并不只是 DSP 卡和 I/O 接口，而是一台安装有 DSP 卡和 I/O 接口的台式计算机主机，同时也安装好了 Windows 操作系统。其中，有一些主机当中还安装了工作站主程序（SADiE 5 或 Multi-track Recorder 软件），用户在购买了这种系统后，只要需要连接上自己的显示器、鼠标和键盘，就立刻能够开始工作。

目前，SADiE 硬件系统分为 Studio System（录音棚系统）、Location Recorder（现场录

音机）和 Multitrack System（多轨系统）三个系列。

（一）Studio System 系列

Studio System 系列产品主要针对录音棚后期制作而设计，分为 PCM4、PCM8、PCM-H8、PCM-H16 四种型号。它们的机箱外形相同，但是在输入/输出接口的种类和数量上有所不同，而且可编辑的通道数量也存在差异，如图 8.21 所示。此外，PCM4 和 PCM8 带有 SADiE 5 软件，而 PCM-H8 和 PCM-H16 不带有主程序，用户需要购买 SADiE 6 软件与之配合使用。

图 8.21　SADiE Studio System 系列产品的主机箱

（二）Location Recorder 系列

Location Recorder 系列产品主要针对现场多轨录音而设计，共分为 LRX2 Live、Live H64 和 Live H128 三种型号。其中，Live H64 和 Live H128 使用与 Studio System 系列产品类似的机箱，并使用专门的 Multi-track Recorder 软件，分别具有 64 和 128 个通道的多轨录音功能。而 LRX2 Live 则是一个设计独特的产品，它并非一台计算机主机，而是一个结合了控制台的 USB 声卡（带有 DSP），专门用来配合笔记本电脑进行现场录音。此时，用户可以通过笔记本电脑运行附赠的 Multi-track Recorder 软件，并以 LRX2 Live 作为控制台以及信号的输入/输出接口，也可以购买 SADiE 6 软件来替换 Multi-track Recorder 软件，从而获得更为突出的信号编辑能力。LRX2 Live 具有三个扩展插槽，可以选择安装四种不同类型的 Slither 扩展卡，从而获得最多 48 通道模拟输入，或者 56/64 通道 MADI 信号的输入/输出能力，如图 8.22 所示。

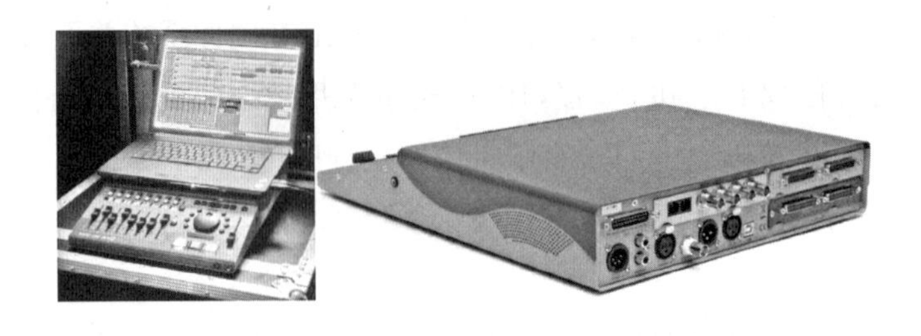

图 8.22　配合笔记本电脑使用的 LRX2 Live 及其背板

（三）Multitrack System 系列

Multitrack System 系列产品主要针对多轨录音及后期制作领域而设计，共分为 LRX2、PCM-H64 和 PCM-H128 三种型号。实际上，该系列产品当中的硬件系统与 Location Recorder 系列产品的硬件系统是完全相同的（其对应关系从产品名称上就可以看出），只不过所有 Multitrack System 系列产品都同时提供了 Multi-track Recorder 软件和 SADiE 5 软件。如果用户觉得 SADiE 5 软件的性能不足以满足要求，还可以单独购买 SADiE 6 软件与该系列的硬件系统配合使用。

三、可选的扩展设备

Prism Sound 公司专门为 SADiE 系统设计了多种扩展设备，包括控制台、Slither 扩展卡、视频扩展设备、时间码和机器控制信号 I/O 卡、外部接口盒等等，用户可以根据需要进行选择。其中，SADiE 系统专用的控制台包括 Master（主控）和 Fader（推子）两种模块（使用 RS-422 接头），二者可以进行自由配置，并通过选配的“时间码和机器控制信号 I/O 卡（CATCard）”与 SADiE 硬件系统进行连接，或者使用专用的 USB 接口与用户自己的电脑进行连接，如图 8.23 所示。

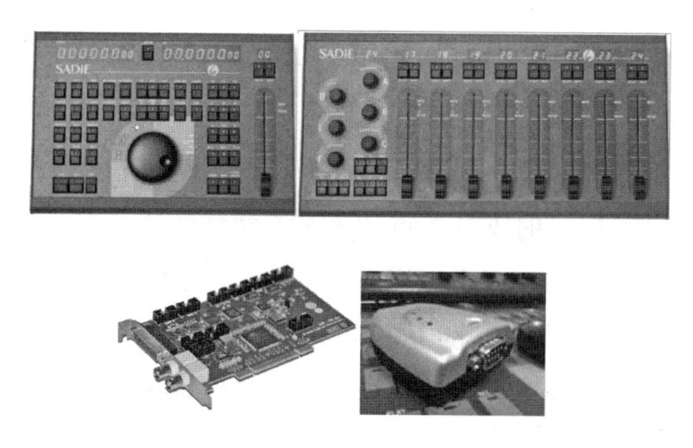

图 8.23　SADiE 系统专用的控制台（Master 与 Fader 模块）
及 CAT Card（用于和 SADiE 硬件系统连接），专用 USB 接口（用于和用户自己的电脑连接）

第四节　Fairlight 系统

Fairlight 数字音频工作站系统由澳大利亚 Fairlight 公司研制，主要针对电台 / 电视台节目制作、影视声音后期制作及音乐录音领域。Fairlight 系统在国内几乎没有个人用户，其主要用户为专业节目制作机构，如中央电视台、四川电视台、南京电影制片厂等。在国际上，Fairlight 系统也主要用于标清或高清节目的伴音制作，如 2010 年南非世界杯环绕声制作系统和2010年温哥华冬奥会开、闭幕式现场回放系统，等等。

Fairlight系统与之前介绍的所有数字音频工作站系统最大的不同在于，它的主程序的运算核心既不是CPU，也不是DSP，而是FPGA（FieldProgrammable Gate Array，现场可编程门阵列）。FPGA与DSP一样属于嵌入式处理器，但是它能够提供更为自由的硬件配置，并通过并行处理实现更高的效率。但是FPGA不能使用C或C++等高级语言进行编程，而必须使用VHDL等硬件描述性语言，因此编程效率不及DSP。

一、Fairlight系统的核心

Fairlight系统的核心是一块称为CC–1 Crystal Core Card（水晶核心卡）的信号处理卡，使用PCI–E接口。CC–1卡使用Altera公司的FPGA构架，能够支持最高384kHz采样频率的数字音频信号，提供72条单声道至7.1声道的混音总线，以及最多230个通道的物理输入/输出（模拟或数字），如图8.24所示。不过，CC–1卡不支持像Pro Tools HDX卡或Pyramix Mykerinos卡那样的级联方式，在一台计算机的机箱当中只能插入一块CC–1卡。

图8.24　Fairlight CC–1 Crystal Core Card

CC–1卡在内部运算精度上采用一种特殊的动态精度优化（Dynamic Resolution Optimization）算法，即可以同时支持浮点和固定点两种算法。对于均衡处理，它可以支持72bit浮点运算，甚至支持72bit固定点运算；对于信号混合，则采用36bit浮点运算，而对于仪表显示等功能，采用的是16bit固定点运算。这种根据对象的不同采取不同精度算法的处理方式，能够在一定程度上降低系统成本，并保证最重要的处理对象获得最高的运算精度。

二、Fairlight系统的I/O接口和主程序

在PC计算机和CC–1卡的基础上，Fairlight系统还需要加入一定的I/O接口和工作站主程序，才能进行正常工作。

（一）I/O接口

与Pro Tools HD/HD Native/HDX系统一样，Fairlight系统必须配备一定的I/O接口，这

些接口分为接口盒（机箱外）和接口卡（机箱内）两种，前者包括 SX–36 和 SX–20 两种型号，后者则包括 SX–12 和 SX–8 两种型号，它们都同时提供音频输入 / 输出和同步信号接头。其中，SX–36 是最新型号的接口盒，它通过 DVI–D 接口与 CC–1 卡进行连接，能够为 Fairlight 系统提供 30 个输入和 36 个输出通道，以及常用的同步信号接头，如图 8.25 所示。此外，用户还可以选配 GPI/O 接口卡和 MADI 接口卡，为 Fairlight 系统提供额外的外设控制能力及更多的 MADI 接头。

图 8.25　Fairlight SX–36 接口盒

（二）DreamⅡ软件

Fairlight 系统的主程序称为 DreamⅡ，目前的最高版本为 4。它必须运行在 Windows 操作系统下，能够通过 CC–1 卡的运算，为 Fairlight 系统提供 192 个音频轨的同时播放、64 个音频轨的同时录音，以及 230 个软件调音台通道的混音能力，还支持两个标清或高清视频数据流，并能够通过桥接的方式支持 VST 格式的插件。此外，作为一款主要用于画面伴音节目制作的软件，Dream Ⅱ还支持大量的常用视频文件格式，以及 AAF、OMF、MXF、AES31 等交互式音频文件格式，如图 8.26 所示。

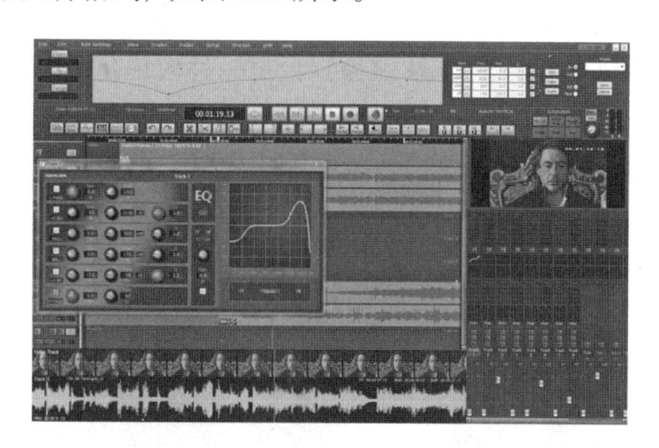

图 8.26　Fairlight Dream Ⅱ 4 软件

三、Fairlight 系统的分类

所有的 Fairlight 系统都需要配备上述的 PC 计算机、CC–1 卡、I/O 接口和 Dream Ⅱ软

件。在此基础上上，为了加强Fairlight系统的操控性，还可以配备某些型号的专用控制台，而Fairlight系统正是按照所配备的控制台型号进行分类的。目前，Fairlight系统主要分为Solo、Xynergi和EVO三种。

（一）Solo系统

Solo系统是Fairlight系统当中最简单的一种。实际上，它就是一种不加入任何控制台的Fairlight系统，只能通过鼠标和键盘完成操作。

（二）Xynergi系统

Xynergi系统是在Solo系统的基础上加入Xynergi系列控制台而实现的。Xynergi系列控制台分为Xynergi XCS键盘模块和XE-6推子模块两部分，键盘模块是必须选购的，而推子模块则可根据需要进行自由配置，如图8.27所示。

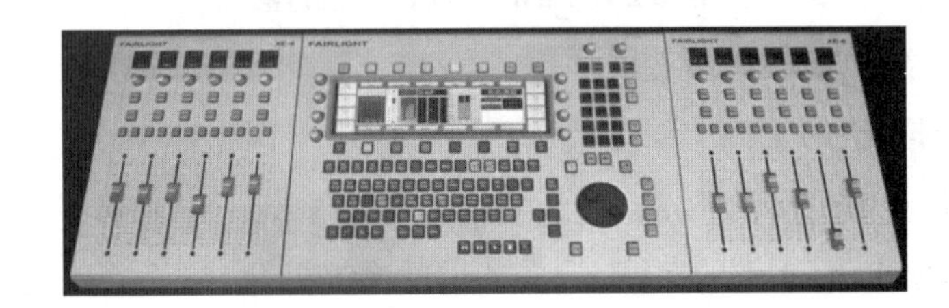

图8.27　Fairlight Xynergi控制台（一个键盘模块，两个推子模块）

（三）EVO系统

EVO系统是Fairlight系统当中档次最高的产品，主要是在Solo系统的基础上加入EVO系列控制台而实现的。EVO系列控制台是一种模块化设备，包括键盘模块（与Xynergi控制台的键盘模块相同）、推子模块、监听模块、旋钮模块、监听模块、自动化控制模块、显示器等，甚至还包括各种形式的控制台底座和支架，用户可以根据需要进行自由搭配，如图8.28所示。

图8.28　Fairlight EVO系列控制台

思考与研讨题

1. 常见的 Pro Tools 系统有哪几种?

2. Pro Tools HD、HD Native、HDX 系统是如何构成的?它们在软件算法上的区别是什么?

3. Pyramix 的 MassCore 驱动的主要功能是什么? Pyramix MassCore 系统与 Pyramix Native 系统有什么区别?

4. SADiE 系统的主要类型有哪些?

5. Fairlight 系统在运算核心上的最大特点是什么?

延伸阅读

1. Avid 公司官方网站:www.Avid.com。
2. Avid 公司中文网站:www.Avid.cn/CN。
3. Merging 公司官方网站:www.merging.com。
4. SADiE 系统官方网站:www.sadie.com。
5. Fairlight 公司官方网站:www.fairlight.com.au。
6. Fairlight 中国网站:www.fairlightchina.com。

参考文献

1. 胡泽，雷伟 . 计算机数字音频工作站 . 北京：中国广播电视出版社，2005.

2. 胡泽 . 数字音频工作站 . 北京：中国广播电视出版社，2003.

3. 胡泽，赵新梅 . 流媒体技术与应用 . 北京：中国广播电视出版社，2006.

4. 卢官明，宗昉 . 数字音频原理及应用 (第 2 版). 北京：机械工业出版社，2012.

5. 程伊兵 . 自己动手做声音——声音合成与制作基础 . 北京：中央音乐学院出版社，2004.

6.〔美〕肯 · C · 波尔曼 (Ken C. Pohlmann) 著，夏田译 . 数字音频技术 (第 6 版). 北京：人民邮电出版社，2013.

7.〔美〕David Miles Huber、Robert E.Runstein 著，李伟，叶欣，张维娜译 . 现代录音技术 . 北京：人民邮电出版社，2013.

8.〔美〕Bruce Bartlett、Jenny Bartlett 著，朱慰中译 . 实用录音技术 . 北京：人民邮电出版社，2010.

9. 丁乔，张磊，周君 .MIDI 手册（修订版）. 北京：人民邮电出版社，2013.

10.〔美〕Andrea Pejrolo、Richard DeRosa 著，夏田、刘捷译 . 现代音乐人编曲手册——传统管弦乐配器和 MIDI 音序制作必备指南 . 北京：人民邮电出版社，2010.

11.〔美〕Miller Puckette 著，夏田译 . 电子音乐技术 . 北京：人民邮电出版社，2011.

12.〔美〕Martin Russ 著，夏田译 . 声音合成与采样技术（第三版）. 北京：人民邮电出版社，2011.

13.〔美〕John Hechtman、Ken Benshish 著，胡泽译 . 音频接线指南：常用音视频连接件接线方法 . 北京：人民邮电出版社，2011.

14.〔英〕RoeyIzhaki 著，雷伟译 . 混音指南 . 北京：人民邮电出版社，2010.

15.〔美〕Alexander U.Case 著，雷伟译 . 灵活的混音——针对多轨混音的专业音频技巧 . 北京：人民邮电出版社，2010.

16.〔美〕Mike Collins. A Professional Guide to Audio Plug-ins and Virtual Instruments. 北京：Focal Press，2003.

17. midifan 电子杂志：magazine.midifan.com.

本书写作过程中参考了以下网站的资料，并使用了一些相关图片，在此表示感谢：
1. midifan 网站：www.midifan.com
2. 音频应用网站：www.audiobar.net
3. 叉烧网：www.exound.com
4. 数码多：www.soomal.com
5. 百度百科：baike.baidu.com
6. 维基百科：en.wikipedia.org
7. Sweetwater：www.sweetwater.com
8. Thomann：www.thomann.de

图书在版编目(CIP)数据

数字音频工作站原理/雷伟著.--北京:中国传媒大学出版社，2014.2(2024.7 重印)
(录音艺术专业“十二五”规划教材)
ISBN 978-7-5657-0947-0

Ⅰ.①数… Ⅱ.②雷… Ⅲ.③数字音频技术—高等学校—教材 Ⅳ.④TN912.2

中国版本图书馆 CIP 数据核字(2014)第 055326 号

录音艺术专业“十二五”规划教材

数字音频工作站原理
SHUZI YINPIN GONGZUOZHAN YUANLI

著　　者	雷　伟
责任编辑	姜颖昳
装帧设计指导	吴学夫　杨　蕾　郭开鹤　吴　颖
设计总监	杨　蕾
装帧设计	刘鑫等平面设计创作团队
责任印制	李志鹏

出版发行	中国传媒大学出版社		
社　　址	北京市朝阳区定福庄东街 1 号	**邮　　编**	100024
电　　话	86-10-65450528　65450532	**传　　真**	65779405
网　　址	http://cucp.cuc.edu.cn		
经　　销	全国新华书店		

印　　刷	北京中科印刷有限公司
开　　本	787mm×1092mm　1/16
印　　张	18.5
字　　数	383 千字
版　　次	2014 年 4 月第 1 版
印　　次	2024 年 7 月第 4 次印刷

书　　号	ISBN 978-7-5657-0947-0/TN·0947	**定　　价**	49.00 元

本社法律顾问:北京嘉润律师事务所　郭建平

致力专业核心教材建设　提升学科与学校影响力

中国传媒大学出版社陆续推出

我校 15 个专业“十二五”规划教材约 160 种

播音与主持艺术专业（10 种）

广播电视编导专业（电视编辑方向）（11 种）

广播电视编导专业（文艺编导方向）（10 种）

广播电视新闻专业（11 种）

广播电视工程专业（9 种）

广告学专业（12 种）

摄影专业（11 种）

录音艺术专业（12 种）

动画专业（10 种）

数字媒体艺术专业（12 种）

数字游戏设计专业（10 种）

网络与新媒体专业（12 种）

网络工程专业（11 种）

信息安全专业（10 种）

文化产业管理专业（10 种）

本书更多相关资源可从中国传媒大学出版社网站下载
网址：http://cucp.cuc.edu.cn
责任编辑：姜颖昳　　　意见反馈及投稿邮箱：jyingyi@126.com
联系电话：010-6578 3601